# 禽的生产与经营

Qin de Shengchan yu Jingying

## （第二版）

主 编 尤明珍 张 玲

高等教育出版社·北京

## 内容提要

本书是中等职业教育国家规划教材,是根据教育部颁布的中等职业学校禽的生产与经营教学基本要求,并参照有关行业的职业技能鉴定规范,以及中级技术工人等级考核标准,在第一版的基础上修订而成。

本书系统地介绍了家禽品种、孵化、饲养管理、疾病防治和经营管理的知识与技能。全书分为养禽场的规划与设计、家禽品种、孵化技术、蛋鸡规模化生产、肉鸡规模化生产、鸭的规模化生产、鹅的规模化生产、特禽生产、养禽场综合卫生防疫技术、养禽场经营管理,共 10 个项目。项目后附有测试题;针对课堂讲授内容设计的技能训练,其内容与国家制定的家禽饲养工、家禽孵化工职业资格标准相对应,以利于学生毕业时获得学业证书及职业资格证书,增强学生的岗位适应能力。

本书同时配套学习卡资源,按照本书最后一页"郑重声明"下方的使用说明进行操作,可获取电子教案与本课程相关的图片、视频资料和试题答案等教学资源。

本书适用于中等职业学校养殖类专业,也可作为乡镇干部、农民实用技术培训教材和农村成人文化学校教材,以及养殖者自学用书。

**图书在版编目(C I P)数据**

禽的生产与经营 / 尤明珍,张玲主编.--2 版.--

北京:高等教育出版社,2022.1

ISBN 978-7-04-057086-1

Ⅰ.①禽… Ⅱ.①尤… ②张… Ⅲ.①养禽学-中等

专业学校-教材 Ⅳ.①S83

中国版本图书馆 CIP 数据核字(2021)第 197375 号

| | | | | | | | |
|---|---|---|---|---|---|---|---|
| 策划编辑 | 方朋飞 | 责任编辑 | 方朋飞 | 封面设计 | 张雨微 | 版式设计 | 李彩丽 |
| 插图绘制 | 李沛蓉 | 责任校对 | 刘 莉 | 责任印制 | 韩 刚 | | |

| | | | | |
|---|---|---|---|---|
| 出版发行 | 高等教育出版社 | 网　　址 | http://www.hep.edu.cn | |
| 社　　址 | 北京市西城区德外大街 4 号 | | http://www.hep.com.cn | |
| 邮政编码 | 100120 | 网上订购 | http://www.hepmall.com.cn | |
| 印　　刷 | 北京印刷集团有限责任公司 | | http://www.hepmall.com | |
| 开　　本 | 889mm×1194mm 1/16 | | http://www.hepmall.cn | |
| 印　　张 | 14.5 | 版　　次 | 2002 年 4 月第 1 版 | |
| | | | 2022 年 1 月第 2 版 | |
| 字　　数 | 300 千字 | | | |
| 购书热线 | 010-58581118 | 印　　次 | 2022 年 1 月第 1 次印刷 | |
| 咨询电话 | 400-810-0598 | 定　　价 | 29.90 元 | |

# 第二版前言

近年来,随着畜牧科技的进步,养禽业发展速度很快,规模化、集约化、生态化程度不断提高,养禽场的经营管理模式也发生了变化。为了适应21世纪培养实用型职业技术人才的需要,我们根据当前养禽业发展的趋势,参考相关资料,对第一版《禽的生产与经营》进行了修改和扩充,编写了第二版教材。

全书共分为10个项目,包括养禽场的规划与设计、家禽品种、孵化技术、蛋鸡规模化生产、肉鸡规模化生产、鸭的规模化生产、鹅的规模化生产、特禽生产、养禽场综合卫生防疫技术和养禽场经营管理等内容。修订后的教材,更贴近当前养禽生产实际,注重理论与实践的融合,便于学做结合;每个项目的开头有学习提要,每个任务结束有随堂练习,每个项目后面附有项目测试,便于学生课后复习和掌握,有兴趣的学生可按照所附"参考文献"查阅相关文献,以深入了解养禽业的发展。本书深入浅出,可供全国职业院校和职业高中养殖类专业师生教学使用,也可供广大家禽养殖户参考。

"禽的生产与经营"课程建议学时为64学时,其中课堂学习40学时,实验实训24学时。实验实训可根据学校具体情况灵活安排,既可穿插在各任务后,也可在学完相关项目后统一安排。各项目参考学时如下:

| 项　目 | 内　容 | 课堂学习 | 实验实训 |
| --- | --- | --- | --- |
| 项目1 | 养禽场的规划与设计 | 2 | |
| 项目2 | 家禽品种 | 2 | 2 |
| 项目3 | 孵化技术 | 4 | 4 |
| 项目4 | 蛋鸡规模化生产 | 6 | 6 |
| 项目5 | 肉鸡规模化生产 | 4 | 2 |
| 项目6 | 鸭的规模化生产 | 4 | 2 |
| 项目7 | 鹅的规模化生产 | 4 | 2 |
| 项目8 | 特禽生产 | 4 | 2 |
| 项目9 | 养禽场综合卫生防疫技术 | 4 | 2 |
| 项目10 | 养禽场经营管理 | 6 | 2 |
| 合计 | | 40 | 24 |

　　本书同时配套学习卡资源。按照本书最后一页"郑重声明"下方的使用说明进行操作,可获取本书的电子教案、习题答案等相关教学资源。

　　第二版由尤明珍、张玲担任主编,王涛、扶国才、李小芬、袁旭红参加了修订工作。编写人员分工:王涛编写项目9,尤明珍编写项目3、项目5,扶国才编写项目1,李小芬编写项目6、项目10,张玲编写项目2、项目7,袁旭红编写项目4、项目8。

　　鉴于编者水平有限,尚有诸多不完善之处,恳请读者提出宝贵意见,不吝指正。读者意见反馈信箱为:zz_dzyj@ pub.hep.cn。

编　者

2021 年 3 月

# 第一版前言

本教材是依据教育部颁布的中等职业学校养殖专业禽的生产与经营教学基本要求,并结合 21 世纪现代养殖业发展对实用人才的需求而编写的。

《禽的生产与经营》是养殖专业的一门主干课教材。为了满足现代养殖业对生产第一线的技术人员和经营管理人员的需求,我们在编写时力求从职业岗位分析入手,以能力本位教育为核心,将禽的生产、禽病防治与禽场经营管理的相关知识与技能融于一体,注重学生的实践技能和综合素质的培养。在内容安排上,注意融入当代家禽生产的新知识、新技术、新工艺、新方法,并与相应工种的职业技能鉴定规范衔接,力求充分体现实用性、适用性和针对性。

按照教学基本要求,本教材主要介绍鸡、鸭、鹅的生产,并以蛋鸡生产为重点。考虑到我国部分地区水禽品种资源丰富,利用自然条件发展节粮型养鸭业和养鹅业的潜力较大,故适当增加了水禽生产的内容。各地在组织教学活动时,可根据当地情况灵活选用本教材内容。在教学方法和手段上,要改革传统的教学方法,合理选用投影、多媒体、课件、标本等教学手段,探索新的教学方法,充分利用专业教室、多媒体教室、实验室及实习牧场等教学场所,利用产教结合的培养途径,努力提高教学效果。

本教材由尤明珍、王志跃任主编。具体的编写分工是:尤明珍编写第 3、5 章,王志跃编写绪论、第 7 章,王涛编写第 1、8 章,吉俊玲编写第 2、4 章,陈宏军编写第 6、9 章,黄炎坤也参加了部分内容的编写。本教材在送交教育部全国中等职业教育教材审定委员会审定前,特邀请扬州大学赵万里教授和江苏畜牧兽医职业技术学院陈桂银高级畜牧师审阅,谨此表示诚挚的谢意。在本教材的编写过程中,得到了江苏省教育厅职社处和江苏畜牧兽医职业技术学院领导的关心和支持,在此一并表示衷心的感谢。

本教材已通过教育部全国中等职业教育教材审定委员会的审定,其责任主审为汤生玲,审稿人为吴建华、贺英,在此,谨向专家们表示衷心的感谢!

由于禽流感愈来愈成为防控重点,本书在第 8 次印刷时,着重对禽流感和新城疫的防控内容进行了修正,同时也修正了一些用药安全方面的内容。为促进教学,在中等职业教育教学资源网——禽的生产与经营的相关资源中,为每章配置了一套试题,并附有答案,网址为 http://sve.hep.com.cn。

　　由于编者的水平和时间所限,书中缺点和不当之处在所难免,诚恳希望有关专家和师生批评指正。

编　者

2001 年 4 月

2006 年 5 月补充

# 目　　录

# 项目 1

## 养禽场的规划与设计

 学习提要

> ■ **知识点**
>
> 1. 养禽场场址选择的原则。
>
> 2. 养禽场场址选择要点。
>
> 3. 养鸡场的内部规划要求。
>
> 4. 水禽养殖场的建筑要求。
>
> ■ **技能点**
>
> 1. 鸡舍设计。
>
> 2. 水禽舍设计。

## 任务 1.1 养禽场场址的选择

【课堂学习】

养禽场建设要按照无公害生产环境标准和卫生防疫的要求,坚持节约耕地、避免公害和经济实用的原则进行科学选址和合理布局。本节介绍养禽场场址选择的原则及选择要点。

### 一、养禽场场址选择的原则

**1. 无公害生产原则**

养禽场区域内的土壤土质、水源水质、空气及周围环境等应符合无公害生产标准,不应在公害地区建养禽场。

**2. 有利于卫生防疫原则**

选址时要注意对当地历史疫情做详细的调查研究,分析该地是否适合建养禽场。特别要注意附近的兽医站、畜牧场、屠宰场、集贸市场离拟建养禽场的距离、方位及有无自然隔离条件等,尤其注意不要在旧养禽场上建新养禽场。

**3. 生态和可持续发展原则**

养禽场选址和建设要有长远规划,做到可持续发展,为未来养禽场的扩大留有一定的扩建空间。要注意养禽场不能对周围环境造成污染。选择场址时,应该考虑处理粪便、污水和废弃物的条件和能力,确保养禽场废弃物经过处理后再排放,使养禽场不致造成污染而破坏周围的生态环境。

**4. 节约耕地和经济性原则**

新建养禽场应尽量不占或少占用耕地,充分利用荒地、山坡等,建场时应注意节约,降低建场成本。

## 二、养禽场场址的选择要点

养禽场的建设首先要根据养禽场的性质、任务和所要达到的目标正确选择场址。主要是对拟建场地做好自然条件和社会条件的调查研究。

（一）自然条件

**1. 地势与地形**

养鸡场的场地要求地势高燥,至少要高出当地历史最高洪水线,地下水位要距地表 2 m 以上,并避开低洼潮湿地和沼泽地。地势平坦并有斜坡,坡度最好在 1°～2°。场地地形宜开阔整齐,避免过多的边角和过于狭长。

由于水禽有 2/3 的时间在陆地活动,因此在水源附近要有沙质土壤、土层柔软、弹性大的陆上运动场。土壤要有良好的透气性和透水性,以保证场地干燥。舍内也要保持干燥,不能潮湿,更不能被水淹,因此,鸭、鹅舍场地也应稍高些,略向水面倾斜,至少要有 5°～10° 的小坡度,以利于排水。

**2. 水源与水质**

水源水量要充足,水质应经过化验,符合卫生要求,没有自来水的地方,最好打深井取水,深井的水质要符合饮用水标准;河水和池塘水未经消毒处理,不宜作为养禽场的水源。

**3. 土壤与土质**

土质要求不能黏性太重,以排水良好、导热性弱、微生物不易繁殖、雨后容易干燥的沙壤土为佳。

（二）社会条件

**1. 位置适宜**

养禽场场地应远离大城市、生活饮用水水源保护区、风景名胜区、自然保护区的核心区及缓冲区、城市和城镇中居民区、文教科研区、医疗区等人口集中地区和工业区等。场址周围

5 km 内,不能有畜禽屠宰场,也不能有排放污水或有毒气体的化工厂、农药厂、居民区等。

水源是水禽活动、洗澡和交配的重要场所,因此,水禽场选址时应尽量利用有天然水域的地方,靠近湖泊、池塘、河流等水域。水面尽量宽阔,水深 1~1.5 m,以流动水源最为理想,岸边有一定的坡度,供水禽自由上下。周围缺水的禽舍可建造人工水池或水旱圈,其宽度与水禽舍的宽度相同。

**2. 交通便利**

养禽场的产品、饲料以及各种物资的进出,运输所需的费用相当大,建场时要选在交通方便的地方,尽可能距离主要集散地近些,最好有公路、水路或铁路连接,以降低运输费用;但绝不能在车站、码头或交通要道(公路或铁路)的近旁建场,否则不利于防疫卫生,而且环境嘈杂,易引起家禽的应激反应,影响生长和产蛋。一般要求距铁路 1 000 m 以上,距主要公路或航道 500 m 以上,距次要公路 200~300 m 为宜。养殖场之间的距离也应不小于 1 500 m。

**3. 电源可靠**

现代工厂化养禽场需要有充足的水电供应,机械化程度越高的养禽场对电力的依赖性越强。养禽场又多建于远郊或偏远的地方,因此,电源要稳定、可靠、充足。机械化养禽场或孵化厂应当双路供电或自备发电机,以便输电线路发生故障或停电检修时能够保障正常供电。

**4. 面积足够**

养禽场应有足够的面积,既能满足目前规模的饲养量需要,又有一定的发展余地,以便将来扩大生产。租用场地建造大型养禽场,应考虑足够长的经营年限,以确保固定资产投入的有效使用和回报。

**5. 排污条件良好**

养禽场的粪水不能直接排入河流,以免污染水源和危害人民健康。养禽场的周围最好有农田、蔬菜地或果林场等,这样可把养禽场的粪水与周围的农田灌溉结合起来,也可利用养禽场粪水与养鱼结合,有控制地将污水排向鱼塘。否则,要建化粪池进行污水的无害化处理,切不可将污水任意排放。

 随堂练习

1. 养禽场选址应遵循哪些原则?
2. 养禽场选址时应做哪些调查?

## 任务 1.2 养鸡场的规划及鸡舍设计

【课堂学习】

养鸡场场址选定之后,要根据场地的地形、地势和当地主导风向,计划和安排场内不同建筑功能区,并根据养鸡场的生产工艺和环境工程管理等设计参数,进行合理的鸡舍设计。本节介绍养鸡场内部规划、鸡舍类型及鸡舍设计技术。

## 一、养鸡场内部规划

养鸡场的性质、规模不同,建筑物的种类和数量亦不同。对于农村规模不大的专业户养鸡场来说,由于建筑物的种类和数量较少,布局较方便。而对一些较大的养鸡场来说,由于建筑物的种类和数量较多,布局要求就很高。但无论建筑物的种类和数量多或少,都必须合理布局,才能经济有效地发挥各类建筑物的作用。

养鸡场应根据生产功能分区规划,各区之间要建立最佳的生产联系和卫生防疫条件。规划时应根据地势和主导风向合理分区,生活区安排在上风口和地势最高的地方,接着是办公区、生产区,病鸡隔离和污物管理区应位于全场的下风向和地势最低的地方,并与生产区(鸡舍)保持一定的卫生间距。

生产区内应根据主导风向,按孵化室、育雏舍、育成舍、成鸡舍等顺序排列设置。如主导风向为南风,则把孵化室和育雏舍排在南侧,成鸡舍安排在北侧。孵化室与鸡舍要分开,孵化室与场外联系较多,故应与鸡舍有一段距离。若孵化室与鸡舍尤其是成鸡舍相距太近,在孵化器换气时,就有可能将成鸡舍的病菌带进孵化器,造成对孵化器及胚胎、雏鸡的污染。辅助生产区如饲料库、饲料加工厂、蛋库、兽医室和车库等应接近生产区,要求交通方便,但又与生产区有一定距离,以利于防疫。养禽场按地势、风向分区规划见图1-1。

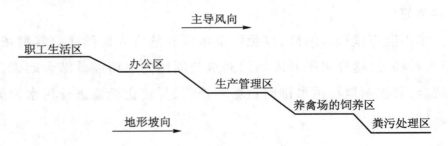

图1-1 养禽场按地势、风向分区规划示意图

## 二、鸡舍的基本要求

### 1. 具有良好的保温防暑性能

鸡舍建筑上要考虑隔热能力和鸡舍散热能力,特别是屋顶结构,要设法减少夏季太阳辐射热的进入和冬季冷风的渗透,克服昼夜温差和季节变动对舍内环境的影响。

### 2. 通风良好

开放式鸡舍一般靠门窗通风,如果鸡舍跨度大,可在屋顶安装通风管,管下部安上通风控制闸门。密闭式鸡舍用风机强制通风,开放式鸡舍窗户的面积与鸡舍地面面积的比一般为1∶6。

### 3. 防潮湿

鸡舍要保持干燥,一般雏鸡舍要求相对湿度控制在60%～65%,育成舍及蛋鸡舍要求相对湿度55%～65%。为此,鸡舍应建在地势较高的地方,地面最好是水泥地面。

### 4. 阳光充足

阳光充足主要是对开放式鸡舍而言。鸡舍应尽量选择朝南向阳的方位,并保证窗户达到一定的有效采光面积。鸡舍同时应设计辅助照明的设施,保证光照充足。

### 5. 密度适宜

鸡舍内饲养如果密度过大,会降低增重,减少产蛋,提高鸡群的死亡率;如果密度过小,鸡舍利用率会降低。所以应保持适宜的密度。

### 6. 便于消毒防疫

鸡舍必须清洗、消毒。为保证消毒效果,要求鸡舍墙面光滑,地面抹上水泥并设墙裙。鸡舍的入口处应设有消毒池。窗户应有防兽防鼠功能。

## 三、鸡舍的类型

### 1. 普通鸡舍(开放式鸡舍)

这种类型鸡舍有窗户,全部或大部分靠自然的空气流通来通风换气;由于自然通风的换气量较小,若鸡舍不添置强制通风设备,一般饲养密度较低。鸡舍内的采光是依靠窗户进行自然采光,昼夜的时间长短随季节的转换而变化,故舍内的温度基本上也是随季节的转换而升降。

开放式鸡舍按屋顶结构的不同,通常分为单坡式鸡舍、双坡式鸡舍、气楼式鸡舍、半气楼式鸡舍、拱式鸡舍和双坡歧面(人字)式鸡舍6种(图1-2)。

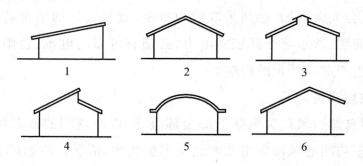

图1-2　鸡舍屋顶式样示意图

1.单坡式　2.双坡式　3.气楼式　4.半气楼式　5.拱式　6.双坡歧面式

(1)单坡式鸡舍跨度小,多带运动场,适合小规模养鸡,环境条件易受自然条件的影响。

(2)双坡式鸡舍跨度大,适宜大规模机械化养鸡,舍内采光和通风条件较差。

（3）气楼式和半气楼式鸡舍通风和采光较双坡式好，但造价稍高。

（4）拱式鸡舍造价低，用材少，屋顶面积小，适宜缺乏木材、钢材的地方。

（5）双坡歧面式鸡舍采光条件好，弥补了双坡式的不足，适用于北方寒冷地带。

普通鸡舍的优点：造价较低，投资较少，在设有运动场和喂给青饲料的条件下，对饲料的要求不十分严格，比较适用于气候较为暖和、全年温差不太大的地区。

普通鸡舍的缺点：鸡的生理状况与生产性能均受外界自然条件变化的影响，生产的季节性极为明显。同时，由于属开放式管理，鸡体通过昆虫、野禽、土壤、空气等各种途径感染疾病的机会较多，占地面积大，用工较多，不利于均衡生产和保证市场的正常供给。

**2. 密闭式鸡舍**

密闭式鸡舍的屋顶及墙壁都采用隔热材料封闭起来，有进气孔和排风机，无窗户。舍内采光常年靠人工光照控制，安装有轴流风机，机械负压通风。通过变换通风量大小和气流速度的快慢来调控舍内的温、湿度。采用加强通风换气量降温，在鸡舍的进风端设置空气冷却器等方式。

密闭式鸡舍的优点：能够减弱或消除不利的自然因素对鸡群的影响，使鸡群能在较为稳定、适宜的环境下充分发挥品种潜能，稳产高产。可以有效地控制和掌握育成鸡的性成熟，较为准确地监控营养和耗料情况，提高饲料转化率。因鸡舍几乎处于密闭的状态下，可以防止野禽与昆虫的侵袭，大大减少了污染的机会，从而减少了经自然媒介传播的疾病，有利于卫生防疫管理。由于机械化程度高，饲养密度大，降低了劳动强度，同时由于采用了机械通风，鸡舍之间的间隔可以缩小，节约了生产区的建筑面积。

密闭式鸡舍的缺点：要求较高的建筑标准和较多的附属设备，投资费用高；鸡群由于得不到阳光的照射，且接触不到土壤，所以必须供给全价饲料，以保证鸡体获得全面的营养物质，否则鸡群会出现某些营养缺乏症；由于饲养密度大，鸡群大，隔离、消毒及投药都比较困难，鸡彼此互相感染疾病的机会大大增加，必须采取极为严密、效果良好的消毒防疫措施，确保鸡群健康；由于通风、照明、饲喂、饮水等全部依靠电力，必须有可靠的电源，否则遇有停电，特别是在炎热夏季，会对养鸡生产造成严重的影响。

**3. 简易节能开放型鸡舍**

简易节能开放型自然通风鸡舍侧壁上部全部敞开，以半透明的或双幅塑料编织布的双层帘，或双层玻璃钢的多功能通风窗为南北两侧壁围护结构，依靠自然通风、自然采光，利用太阳能、鸡群体热和棚架藤蔓植物遮阳等自然生物环境条件；不设风机，不采暖，以塑料编织布或双层玻璃钢两用通风窗，通过卷帘机或开窗机控制启闭开度和檐下出气缝组织通风换气。通过长出檐的亭檐效应和地窗扫地风及上下通风带组织对流，增强通风效果，达到鸡舍降温的目的。通过南向的薄侧壁墙接收太阳辐射热能的温室效应和内外两层卷帘或双层窗，达到冬季增温和保温效果。

在不同地区和条件下,简易节能开放型鸡舍有两种构造类型,即砌筑型和装配型。砌筑型开放鸡舍,有轻钢结构大型波状瓦屋面,钢混结构平瓦屋面,砖拱薄壳屋面,混凝土结构梁、板、柱、多孔板屋面等多种;装配型鸡舍复合板块的复合材料也有多种:面层有金属镀锌板、金属彩色板、铝合金板和玻璃钢板等;芯层(保温层)有聚氨酯、聚苯乙烯等高分子发泡塑料,以及岩棉、矿渣棉、矿石纤维材料等。

简易节能开放型鸡舍适用性强,蛋鸡各个生理阶段均可适应;全国各地大、中、小型鸡场和养鸡专业户均可选用,尤其以太阳能资源充足的地区冬季效果最佳。

**4. 笼舍结合式塑料鸡棚**

该鸡舍将简易鸡笼同鸡棚连接成为一体,寒冷季节采用塑料薄膜覆盖(图1-3)。它以角铁、钢筋混凝土预制柱或砖墩、木桩、竹竿作立柱和纵横支架,用竹片或铁丝网制成笼底(像兔笼底),铁丝或小竹竿等制成栏栅,栏栅外侧挂食槽、水槽。笼体双列,中间为人行道,便于饲养员操作。笼的上部架起双坡层顶,以草和泥或石棉板覆盖,借以避雨遮阳。若要多养鸡,也可以垂直架设2~3层笼。当气温降至8℃以下时,将塑料薄膜从整个鸡棚的顶部向下罩住以保温;当平均气温升到18℃以上时,塑料薄膜全部掀开;在温差较大的季节可以半闭半开或早晚闭白天开,以此调节气温和通风。这是一种经济实用的新型鸡舍。

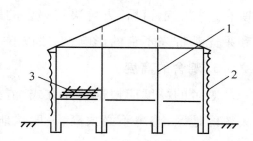

图1-3 笼舍结合式塑料鸡棚
1. 立柱 2. 外挂保湿帘 3. 底网

## 四、鸡舍的设计

**1. 鸡舍的朝向**

鸡舍朝向以坐北朝南最佳,这种朝向的鸡舍,冬季采光面积大,吸热保温好;夏季又不受太阳直晒,通风好,具有冬暖夏凉的特点,有利于鸡的产蛋和生长发育。在找不到朝南的合适场址时,朝东南或朝东的也可以考虑,但绝对不能在朝西或朝北的地段建造鸡舍,因为这种西北朝向的房舍,夏季迎西晒太阳,使舍内闷热,不但影响生长和产蛋,而且还会造成鸡中暑死亡;冬季招迎西北风,舍温低,鸡的耗料多,产蛋少。

**2. 鸡舍的间距**

生产区内的鸡舍应根据地势、地形、风向等合理布局,各鸡舍应平行整齐排列,鸡舍与鸡舍之间留足采光、通风、消防、卫生防疫间距。若距离过大,则会占地太多、浪费土地,并会增加道路、管线等基础设施投资,管理也不便。若距离过小,则会加大各鸡舍间的干扰,对鸡舍采光和通风防疫等都不利。一般情况下,鸡舍间的距离以不小于鸡舍高度的3~5倍可满足要求。

### 3. 鸡舍的长度

鸡舍的长度取决于整批转入鸡舍的鸡数、鸡舍的跨度、机械化的水平与设备质量。机械化程度高、设备良好的鸡舍,长度可长些,但鸡舍过长则机械设备的制造和安装难度较大;鸡舍太短,则机械效率比较低,房舍的利用也不经济;同时,鸡舍的长度也要便于实行定额管理,适合于饲养人员的技术水平。按建筑规模,鸡舍长度一般为 66 m、90 m、120 m,中小型普通鸡舍为36 m、48 m、54 m。

### 4. 鸡舍的跨度

鸡舍的跨度一般要根据屋顶的形式、内部设备的布置及鸡舍类型等决定。通常双坡式、气楼式等形式的鸡舍要比单坡式及拱式的鸡舍跨度大一些。笼养鸡舍要根据鸡笼排的列数,并留有适宜的走道后,方可决定鸡舍的跨度。开放式鸡舍,其跨度不能太大,否则对鸡舍的通风和采光都带来不良的影响,一般以 6~9 m 为宜;采用机械通风的跨度可达 9~12 m。

### 5. 鸡舍的高度

鸡舍的高度应根据饲养方式、清粪方法、跨度与气候条件而决定。跨度不大、平养、气候不太热的地区,鸡舍不必太高,一般从地面到屋檐口的高度为 2.5 m 左右;而跨度大、夏季气温高的地区,又是多层笼养,可增高到 3 m 左右。

### 6. 鸡舍的屋顶

屋顶是鸡舍最上层的屋盖。屋顶的形式有多种,除平养跨度不大的鸡舍有用单坡式屋顶外,一般常用的是双坡式。在气温较高、雨量较多的地区,屋顶的坡度宜大些,但任何一种屋顶都要求防水、隔热和具有一定的负重能力。在南方气温较高、雨量多的自然环境下,鸡舍屋顶更应注意防水和隔热,最好设置顶棚,填充稻壳、锯末屑等物,以利于隔热。屋顶两侧的下沿应留有适当的檐口,以便于遮阳挡雨。

### 7. 鸡舍的墙壁

墙壁是鸡舍的围护结构,要求防御外界风雨侵袭、隔热性良好,为舍内创造适宜的环境。墙壁的有无、多少或厚薄,主要决定于当地的气候条件和鸡舍的类型。在气温高的地区,可建造四面无墙壁的简易大棚式鸡舍,四周无壁,只建屋顶,但四周必须围以网眼较细的铅丝网,以防野兽的侵入,也可建南侧敞开的三面墙鸡舍。气候温和的地区,墙壁的厚度可薄一些;气温寒冷地区,墙体适当加厚。墙外面用水泥抹缝,内墙用水泥或白石灰盖面,以便防潮和利于冲刷。

### 8. 鸡舍的地面

地面要求高出舍外地 30 cm,防潮,平坦。面积大的永久性鸡舍,一般地面与墙裙均应敷抹水泥,并设有下水道,以便冲刷和消毒。在地下水位高及比较潮湿的地区,应在地面下铺设防潮层(如石灰渣、炭渣、油毛毡等)。在北方的寒冷地区,如能在地面下铺设一层空心砖,则更为理想。对于农村简易鸡舍,如为沙质或透气性良好的土壤,也可用其自然地面养鸡,以减少投资,但在鸡群转出后,应铲除一层旧土,重新垫上新土并消毒。

**9. 鸡舍的门窗**

鸡舍的门宽应以所有设施和工作车辆都能顺利进出为度。一般单扇门高 2 m、宽 1 m;双扇门高 2 m、宽 1.6 m(2×0.8 m)。为方便车辆进出,门前可不留门槛,有条件的可安装弹簧推拉门。鸡舍的窗户要考虑到鸡舍的采光系数和通风。窗户面积若过大,冬季保温困难,夏季通风性能虽良好,但受反射热也较多,加之照度偏高,使鸡烦躁不安,容易发生啄癖。窗户面积若太小,会造成夏季通风量不足,舍内积热难散,气味难闻,鸡群极为不适,同时,窗户太小也会影响鸡群的光照。总之,必须合理地确定窗户的大小。窗户的位置,笼养宜高,平养宜低。网上或棚状地面养鸡,在南北墙的下部一般应留有通风窗,窗的尺寸为 30 cm×30 cm,并在内侧蒙以铅丝网和设有外开的小门,以防禽兽入侵和便于冬季关闭。

**10. 鸡舍的通道**

鸡舍通道的宽狭,必须考虑到人行和操作方便。通道过宽会减少房舍的饲养面积,过窄则给饲养管理工作造成不便。通道的位置也与鸡舍的跨度大小有关,跨度小的平养鸡舍,常将通道设在北侧,其宽约 1 m;跨度大的鸡舍,可采用两走道,甚至是四走道。

 **随堂练习**

1. 养鸡场内应如何安排各功能区?
2. 鸡舍的基本要求有哪些?
3. 鸡舍有哪些类型,各有何特点?

## 任务 1.3 水禽养殖场的规划及水禽舍设计

**【课堂学习】**

水禽养殖场场址选定后,要进行合理规划,科学设计水禽舍。本节介绍水禽养殖场的布局、水禽养殖场的建筑要求和水禽舍的设计技术。

### 一、水禽养殖场的布局

水禽养殖场一般包括行政区、生活区和生产区三大区域。各区域间应采用绿化带或围墙严格分开,生活区、行政区要远离生产区。生产区四周要有防疫沟,要留两道通道。一是正常工作的清洁道,另一是处理病死鸭、鹅及粪便的污道,两道不能交叉。生产区内,育雏舍安置在上风向,然后依次是后备舍和成年舍,成年舍在下风向。种禽舍要距离其他舍 300 m 以上。兽医室在禽舍的下风位置。焚烧炉和污道的出口处设在下风向处。

## 二、水禽养殖场的建筑要求

水禽养殖场的建筑应以简单实用为原则,满足水禽的基本要求,即冬暖夏凉、空气流通、光线充足、便于饲养管理;有利于防疫卫生消毒,经济耐用。一般来说,一个完整的平养舍应包括禽舍、陆上运动场和水上运动场3个部分,如图1-4、图1-5所示。三者的比例一般为1∶(1.5~2)∶(1.5~2)。

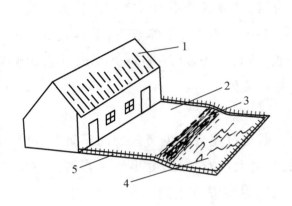

图1-4　种鸭舍布局外观图　　　　　　　　　　图1-5　种鹅舍侧面和平面图

1.鸭舍　2.陆上运动场　3.斜坡　4.水上运动场　5.围篱　　　1.鹅舍　2.产蛋间　3.陆上运动场　4.凉棚　5.水上运动场

## 三、水禽舍的设计

### (一) 鸭舍设计

鸭舍普遍采用房屋式建筑,一般分为育雏舍、育成鸭舍、种鸭舍或产蛋鸭舍3类。

#### 1. 育雏舍

育雏舍要求保温性能良好、干燥透气。房屋顶高6 m,宽10 m,长20 m,房舍檐高2~2.5 m,窗与地面面积之比一般为1∶(8~10)。南窗离地面60~70 cm,设置气窗,便于空气调节,北窗面积为南窗的1/3~1/2,离地面100 cm左右,窗子与下水道的出口要装上铁丝网,以防兽害。育雏舍地面最好用水泥或砖铺成,以便于消毒。

#### 2. 育成鸭舍

育成鸭舍要求能遮风挡雨,夏季通风,冬季保暖,室内干燥。规模较大的鸭场,育成鸭舍可参照育雏鸭舍建造。

#### 3. 种鸭舍或产蛋鸭舍

种鸭舍分为舍内和运动场两部分(图1-4)。成年鸭怕热不怕冷,因此,对成年鸭舍的要求不严格。鸭舍通常有单列式和双列式两种,单列式鸭舍冬暖夏凉,较少受地区和季节的限制,故是一种较好的设计。种鸭舍一般屋檐高2.6~2.8 m,窗与地面面积比要求1∶8以上,南窗大一些,离地面60~70 cm,北窗可小一些,离地面100~120 cm,在鸭舍北侧设有过道。舍内地面用水泥或砖砌成,并有适当坡度。周围设置产蛋箱,每4只产蛋母鸭设置一个产蛋箱。

### （二）鹅舍设计

鹅舍可分为育雏舍、肥育舍、种鹅舍等。一般来说,鹅舍采用南、南偏东或南偏西的朝向,东北地区以南向、南偏东向为宜。鹅舍的适宜温度应在5~20℃,舍内要光线充足,干燥通风。由于不同阶段鹅的生理特点不同,对环境的要求也不同,不同鹅舍的建筑要求和条件也不相同。

**1. 育雏舍**

雏鹅体温调节能力较差,对环境温度要求较高,因此育雏舍要有良好的保温性能,舍内干燥,通风良好,最好安装天花板,以利隔热保温。注意地面干燥,地面应比舍外高25~30 cm,用水泥或三合土制成,以利冲洗、消毒和防止鼠害。

育雏舍的建筑面积应根据所饲养鹅种的类型和周龄不同而异。育雏舍前应设一运动场,场地平坦而略向沟倾斜,以防雨天积水。

**2. 肥育舍**

肉鹅生长快,体质健壮,对环境适应能力增强,饲养比较粗放,以放牧为主的肥育鹅可不专设肥育舍,一般利用旧民房或用竹木搭成能遮风雨的简易棚舍即可。

**3. 种鹅舍**

种鹅舍要求防寒隔热性能好,光线充足。舍檐高1.8~2 m,窗面积与舍内地面面积比为1∶(10~12),舍内地面比舍外高10~15 cm。一般生产用鹅场,在鹅舍的一角设有产蛋间,如要作个体记录,应设有自闭产蛋箱。种鹅舍外要设陆上运动场和水上运动场,陆上运动场的面积应为鹅舍面积的1.5~2倍,周围要有围栏或围墙,一般高80 cm左右,周围种植树木,既可绿化环境,又可作为夏季的凉棚。水上运动场的面积应大于陆上运动场,周围可用竹竿或渔网围住,围栏深入水下,高出水面80~100 cm。

### （三）运动场的设计

**1. 陆上运动场**

陆上运动场是鸭鹅休息和运动的场所,要求沙质壤土地面,渗透性强,排水良好。若条件允许可铺上三合土地面、红砖地或水泥地面。运动场的地面为鸭鹅舍的1.5~2倍,坡度以20°~25°为宜,既基本平坦,又不易积水。运动场面积的1/2应搭设凉棚或栽种葡萄等植物形成遮阳棚,以利冬晒夏荫及供舍饲饲喂之用。

**2. 水上运动场**

水上运动场供鸭鹅洗毛、纳凉、采食水草、饮水和配种用。可利用天然沟塘、河流、湖泊,也可利用人工浴池。周围用1~1.2 m高的竹篱笆或用水泥或石头砌成围墙,以控制鸭鹅群的活动范围。人工浴池一般宽2.5~3 m,深1 m以上,用水泥砌成。水上运动场的排水口要有一沉淀井,排水时可将泥沙、粪便等沉淀下来,避免堵塞排水道。

 随堂练习

1. 水禽场内应如何安排各功能区？

2. 水禽养殖场的建筑要求有哪些？

3. 如何设计水禽的运动场？

## 项目测试

一、填空题

1. 养禽场选址时应遵循_____、_____、_____和_____原则。

2. 开放式鸡舍按屋顶结构的不同，分为____、____、____、____、____和____ 6 种。

二、判断题

1. 为方便运输，养鸡场应建在主干道附近。　　　　　　　　　　　　（　　　）

2. 一般来说，鸡舍朝向以坐北朝南最佳。　　　　　　　　　　　　　（　　　）

三、简答题

1. 鸡舍的基本要求有哪些？

2. 水禽养殖场的建筑有哪些要求？

四、问答题

试比较开放式鸡舍和密闭式鸡舍各有何优缺点。

# 项目 2

## 家禽品种

 学习提要

■ **知识点**

1. 家禽品种分类的方法。

2. 家禽品种的产地、经济用途、外貌特征和生产性能。

■ **技能点**

根据图片、幻灯片、标本或活禽,能辨认典型的家禽品种。

## 任务 2.1　家禽品种的分类

【课堂学习】

品种的形成不仅与自然条件和饲养管理条件密切相关,而且也随着人类需要和当时的社会经济条件以及文化的发展而变化。本节主要介绍按形成过程和特点分类法和标准品种分类法。

### 一、按形成过程和特点分类

家禽品种按其形成过程和特点分为地方品种、标准品种和现代禽种 3 类。

**1. 地方品种**

我国是家禽地方品种最多的国家。迄今为止,已报道的家禽品种有 200 多个。1989 年出版的《中国家禽品种志》收录了 52 个地方品种,其中鸡品种 27 个,鸭品种 12 个,鹅品种 13 个。地方品种适应性强,肉质鲜美,具有某项突出特点,但生产性能普遍较低,商品竞争力差,不适宜高密度饲养。

**2. 标准品种**

标准品种是指 20 世纪 50 年代以前育成的,并得到家禽协会或家禽育种委员会承认的品种。其主要特点是具有较好的外貌特征和生产性能,遗传性能稳定,生产性能比地方品种高,需要良好的饲养管理条件和经常的选育工作来维持其特性。

**3. 现代禽种**

现代禽种是专门化的商品品系或配套品系的杂种禽,不能纯繁复制。在配套杂交种中,按其经济用途分为蛋用品系和肉用品系。蛋用品系有白壳蛋系、褐壳蛋系、绿壳蛋系和粉壳蛋系,肉用品系在我国有快大型和优质型之分。现代禽种多以育种场或公司的名字与编号命名,具有优异的生产性能和较强的生活力,能适应商品竞争的需求;遗传基础比较狭窄,如现代白壳蛋鸡主要来自白来航鸡,褐壳蛋鸡多来自洛岛红、浅花苏赛斯等高产品系,绿壳蛋鸡主要来自新杨蛋鸡和三凰蛋鸡等品系,粉壳蛋鸡主要来自雅康蛋鸡和星杂 444 等品系。

## 二、标准品种分类法

标准品种分类法把家禽分为类、型、品种、品变种和品系(表 2-1)。

表 2-1　家禽主要标准品种分类简表

| 禽种 | 类 | 型 | 品种 | 品变种 |
|------|------|------|------|------|
| 鸡 | 地中海 | 蛋用 | 来航 | 单冠白、玫瑰冠褐等 |
|  | 美洲 | 兼用 | 洛岛红 | 单冠、玫瑰冠 |
|  | 美洲 | 兼用 | 洛克 | 白洛克、芦花洛克等 |
|  | 亚洲 | 肉用 | 狼山 | 黑狼山、白狼山 |
|  | 英国 | 肉用 | 科尼什 | 白科尼什、红科尼什 |
| 鸭 | 中国 | 肉用 | 北京鸭 |  |
|  | 英国 | 蛋用 | 康贝尔鸭 | 卡叽-康贝尔鸭等 |
| 鹅 | 中国 | 肉用 | 中国鹅 | 中国白鹅、中国灰鹅 |
|  | 欧洲 | 肥肝 | 郎德鹅 |  |
| 火鸡 | 美洲 | 肉用 | 青铜色火鸡 |  |

**1. 类**

按家禽的原产地划分为亚洲类、美洲类、地中海类和欧洲大陆类等。

**2. 型**

按家禽的用途分为蛋用型、肉用型、兼用型和观赏型。

（1）蛋用型：以产蛋数量多为主要特征,如来航鸡(图 2-1)。

（2）肉用型：以生长快、体重大、肉质好为主要特征,如白科尼什鸡(图 2-2)。

（3）兼用型：其体形外貌和生产性能介于蛋用型和肉用型之间,如洛岛红(图 2-3)。

（4）观赏型：以羽毛羽色特异、体态特殊或性凶好斗为特征,属专供人们观赏和娱乐的鸡种,如丝羽乌骨鸡(图 2-4)、斗鸡、长尾鸡等。

图 2-1　白来航鸡

图 2-2　白科尼什鸡

图 2-3　洛岛红鸡

图 2-4　丝羽乌骨鸡

### 3. 品种

家禽品种是指在一定的社会经济和自然条件下,通过人类的选种选配和培育所形成的血缘相同、性状一致、性能相似及遗传稳定,有一定结构和足够数量的纯合类群。

### 4. 品变种

在品种中根据羽色、冠形等的不同划分为不同的品变种,如来航鸡按冠形(单冠、玫瑰冠)、羽色(白色、黄色、褐色、黑色等)分为 12 个品变种。

### 5. 品系

在品种或品变种下按照性状特点和选育方法的不同划分为品系。凡在生产利用方面有突出经济价值的品系称为专用品系,如肉用品系、蛋用品系、兼用品系和药用品系等;而在一个繁育体系中配套位置固定,具有专门特点的品系,则称为专门化品系。配套系指用于配套杂交的专门化品系。现代家禽生产多采用四系配套杂交,充分利用了杂种优势。

随堂练习

家禽品种分类的方法及依据是什么?

## 任务 2.2　常见品种介绍

【课堂学习】

掌握家禽的品种类型,了解品种的生产性能,才能有针对性地选择家禽品种。本节主要介绍常见的鸡、鸭、鹅品种。

## 一、鸡的主要品种

### （一）鸡的地方品种

我国幅员辽阔,地方鸡种资源极为丰富。我国部分地方鸡种的经济用途、外貌特征及生产性能见表 2-2。

表 2-2　我国部分地方鸡种一览表

| 品种 | 原产地 | 经济用途 | 外貌特征 | 生产性能 |
|---|---|---|---|---|
| 仙居鸡 | 浙江仙居 | 蛋用型 | 体形较小、结实紧凑匀称,动作灵敏,富神经质型。毛色有黄、白、黑、麻雀斑色等多种。胫色有黄、青及肉色等 | 年产蛋 180~200 枚,平均蛋重 43 g,蛋壳淡褐色。成年公鸡体重约 1.5 kg,母鸡 1.0 kg 左右 |
| 固始鸡 | 河南固始 | 兼用型 | 毛色以黄色、黄麻为主,青腿青脚青喙,冠有单冠和复冠两大类。体形小的多属"直尾型",体大者属"佛手尾" | 6~7 月龄开始产蛋,年产蛋 96~160 枚,蛋重 48~60 g,蛋壳棕褐色。成年公鸡体重 2~2.5 kg,母鸡 1.2~2.4 kg |
| 寿光鸡 | 山东寿光 | 兼用型 | 体形有大、中两个类型。头大小适中,单冠,冠、肉髯、耳和脸均为红色,眼大有神,喙、跖、趾为黑色,皮肤白色,羽毛黑色 | 大型寿光鸡成年平均体重公鸡3.8 kg,母鸡 3.1 kg,年产蛋 90~100 枚;中型寿光鸡平均体重公鸡 3.6 kg,母鸡 2.5 kg,年产蛋 120~150 枚。一般 8~9 月龄开始产蛋,蛋重平均 65 g 以上 |
| 萧山鸡 | 浙江萧山 | 兼用型 | 体形大,单冠,冠、肉髯和耳叶均为红色。喙、胫黄色,颈羽黄黑相间 | 6~7 月龄开始产蛋,年产蛋 130~150 枚,蛋重 50~55 g,蛋壳褐色。成年公鸡体重 2.5~3.5 kg,母鸡 2.1~3.2 kg |
| 庄河鸡 | 辽宁庄河 | 兼用型 | 体高颈长,胸深背长,羽色多为麻黄色,尾羽黑色,喙、胫黄色 | 成年体重大型公鸡 2.9 kg,母鸡3.3 kg,开产日龄 210 d 左右,年产蛋量 160 枚,平均蛋重 62 g,蛋壳褐色 |

续表

| 品种 | 原产地 | 经济用途 | 外貌特征 | 生产性能 |
|---|---|---|---|---|
| 浦东鸡 | 上海 | 肉用型 | 体形近方形,骨粗脚高,羽毛疏松。母鸡羽毛多为黄色、麻黄色或麻褐色,公鸡多为金黄色或红棕色。单冠,喙、脚为黄色或褐色,皮肤黄色 | 7~8月龄开产,年产蛋120~150枚,蛋重55~60 g,蛋壳红褐色。成年公鸡体重4~4.5 kg,母鸡2.5~3 kg |
| 北京油鸡 | 北京郊区 | 肉用型 | 分为黄色油鸡和红褐色油鸡两个类型。黄色油鸡羽毛浅黄色,单冠,冠多皱褶成 S 型,冠毛少或无,脚爪有羽毛。当地人常称之为"凤头、毛腿、胡子嘴" | 年产蛋120枚左右,蛋重60 g,性成熟期平均264 d。成年公鸡体重2.5~3.0 kg,母鸡2~2.5 kg |
| 惠阳鸡 | 广东惠阳 | 肉用型 | 黄羽,黄喙,黄脚,黄胡须,短肢。头中等大小,单冠直立。胸较宽深,胸肌丰满 | 年产蛋70~90枚,蛋重47 g。85 d活重达1.1 kg,成年公鸡体重2 kg,母鸡1.5 kg。就巢性较强 |
| 桃源鸡 | 湖南桃源 | 肉用型 | 体格高大,近正方形。公鸡羽毛黄红色,母鸡多为黄色,单冠。公鸡头颈直立,胸挺,背平,脚高,尾羽翘起。母鸡头略小,颈较短,羽毛疏松,身躯肥大 | 开产日龄195~255 d,年产蛋100~120枚,蛋重57 g,蛋壳淡黄色。成年公鸡体重3.5~4 kg,母鸡2.5~3 kg |
| 鹿苑鸡 | 江苏鹿苑 | 肉用型 | 体躯宽深,羽毛以淡黄和黄麻两色为主,喙黄,脚黄,皮黄 | 年产蛋120~140枚,蛋重52 g,蛋壳深褐色。成年公鸡3 kg左右,成年母鸡2 kg以上 |

## （二）鸡的标准品种

鸡的标准品种多达 200 余个,部分鸡标准品种的经济用途、外貌特征及生产性能见表2-3。

表 2-3 部分鸡的标准品种一览表

| 品种 | 原产地 | 经济用途 | 外貌特征 | 生产性能 |
|---|---|---|---|---|
| 单冠白来航鸡 | 意大利 | 蛋用型 | 体形轻小紧凑,羽毛白色,冠大,公鸡的冠较厚而直立,母鸡冠较薄而倒向一侧;皮肤、喙、胫均为黄色,耳叶白色,性情活泼好动,善飞跃 | 一般 5 月龄开产,年产蛋200~300枚,蛋重54~60 g,蛋壳白色。成年公鸡体重2.0~2.5 kg,母鸡1.5~2.0 kg |

续表

| 品种 | 原产地 | 经济用途 | 外貌特征 | 生产性能 |
|------|--------|----------|----------|----------|
| 白科尼什 | 英国 | 肉用型 | 豆冠,羽毛白色,喙、胫、皮肤均为黄色,喙短粗而弯曲,站立时体躯高昂,好斗性强。肉用性能好,体躯大,胸宽,腿部肌肉发达 | 早期生长速度快,60 日龄体重可达1.5~1.75 kg;产蛋量低,平均产蛋120枚,蛋重54~57 g,蛋壳浅褐色。成年公鸡体重 4.5~5.0 kg,母鸡体重 3.5~4.0 kg,目前一般用作肉用仔鸡的父本 |
| 洛岛红鸡 | 美国 | 兼用型 | 有玫瑰冠和单冠两个品变种。羽毛为酱红色,冠、肉髯、耳叶和脸为鲜红色。喙褐黄色,胫黄色或带微红的黄色,皮肤黄色 | 6 月龄开始产蛋,年产蛋 160~180枚,蛋重60~65 g,蛋壳红褐色,但深浅不一。成年公鸡体重 3.5~3.8 kg,母鸡 2.2~3.0 kg。现用作商品蛋鸡的父本 |
| 新汉夏鸡 | 美国 | 兼用型 | 体形与洛岛红鸡相似,但背部较短,羽毛颜色略浅。单冠,体大,适应性强 | 母鸡 7 月龄左右开产,年产蛋170~200 枚,蛋重60 g,蛋壳深褐色。成年公鸡体重3.0~3.5 kg,母鸡2.0~2.5 kg |
| 横斑洛克鸡 | 美国 | 兼用型 | 体形浑圆,全身羽毛呈黑白相间的横斑。单冠,冠和耳叶为红色。喙、胫和皮肤均为黄色 | 6~7 月龄开产,年产蛋 170~180 枚,高产群达 230~250 枚,蛋重 50~55 g,蛋壳淡褐色。成年公鸡体重4.0~4.5 kg,母鸡 3.0~3.5 kg |
| 白洛克鸡 | 美国 | 兼用型 | 白羽,单冠,喙、胫、皮肤皆黄色。胸、腿肌肉发达,羽色洁白,成为现代杂交肉鸡的专用母系 | 年产蛋 150~160 枚,蛋重 60 g 左右,蛋壳褐色。成年公鸡体重 4~4.5 kg,母鸡 3~3.5 kg |
| 狼山鸡 | 中国 | 兼用型 | 颈部挺立,尾羽高耸,背呈 U 形,胸部发达,体高腿长,外貌威武雄壮。全身羽毛黑色或白色,单冠,耳叶白色,喙、眼、胫黑色,胫外侧有羽毛,皮肤白色 | 7~8 月龄开产,年产蛋量 160~170 枚,最高达 282 枚,蛋重57~60 g,蛋壳褐色。成年公鸡 3.5~4.0 kg,母鸡2.5~3.0 kg |
| 丝羽乌骨鸡 | 中国 | 观赏型 | 身体轻小,行动迟缓。外貌总结为"十全"特征:紫冠、缨头、绿耳、胡子、五爪、毛脚、丝毛、乌骨、乌皮、乌肉。另外,眼、跖、趾、内脏和脂肪呈乌黑色 | 年产蛋 100 枚左右,蛋重 40~45 g,蛋壳淡褐色,就巢性强。成年公鸡4.5~4.7 kg,母鸡 3.5 kg |

## （三）现代鸡种

现代鸡种的特点是品种专门化,生产性能高,商品禽多为杂交禽。现在饲养的家禽品种除了少数地方品种之外,大多是由育种公司提供的商业品种。这些商业品种绝大部分是由前面提到的几种标准品种选育来的,并多以公司或选育者的姓名命名商品名称。下面分别介绍部分蛋鸡的商业品种(表 2-4)和肉鸡的商业品种(表 2-5)。

### 1. 蛋鸡的商业品种

表 2-4 著名商品代蛋鸡的主要生产性能

| 鸡种 | 壳色 | 50%开产日龄 | 72 周龄入舍鸡产蛋/枚 | 产蛋总重/kg | 平均蛋重/g | 料蛋比 | 育成期成活率/% | 产蛋期存活率/% |
|---|---|---|---|---|---|---|---|---|
| 京白 938 | 白色 | 160 | 282~293 | 16.88~17.42 | 63 | 2.49:1 | 94 | 94 |
| 海兰 W-36 | 白色 | 155 | 285~310 | 18~20 | 63 | (1.96~1.99):1 | 97~98 | 90~94 |
| 伊莎褐 | 褐色 | 168 | 285 | 18.2 | 63.5~64.5 | 2.3:1 | 98 | 93 |
| 迪卡褐 | 褐色 | 154~161 | 305 | 19.8 | 65 | 2.28~2.43:1 | 99 | 95 |
| 罗曼褐 | 褐色 | 152~158 | 285~295 | 18.2~18.8 | 63.5~64.5 | (2.3~2.4):1 | 97~98 | 94~96 |
| 海赛克斯褐 | 褐色 | 145 | 299 | 20.4 | 63.2 | 2.24:1 | 97 | 94.2 |
| 雅康蛋鸡 | 粉色 | 161 | 265~280 | 16.5~17.4 | 62 | | 96~97 | 92~94 |
| 星杂 444 | 粉色 | 154~161 | 265~280 | 17.66~17.8 | 63.2~64.6 | 2.53:1 | 92 | 91.3~92.7 |
| 新杨蛋鸡 | 绿色 | 161 | 227~238 | 11.5 | 48.8-50 | | 95~97 | |
| 三凰蛋鸡 | 绿色 | 147~154 | 190~205 | 10.6 | 50~55 | 2.3:1 | | |

### 2. 肉鸡的商业品种

表 2-5 著名商品代肉鸡的主要生产性能

| 鸡种 | 42 日龄 | | 49 日龄 | | 56 日龄 | |
|---|---|---|---|---|---|---|
| | 体重/kg | 料肉比 | 体重/kg | 料肉比 | 体重/kg | 料肉比 |
| 爱拔益加肉鸡 | 1.78 | 1.74 | 2.45 | 1.91 | 2.91 | 2.09 |
| 艾维茵肉鸡 | 1.86 | 1.85 | 2.29 | 1.97 | 2.72 | 2.12 |
| 红布罗肉鸡 | 1.59 | 1.84 | 1.95 | 1.96 | 2.32 | 2.08 |
| 狄高肉鸡 | 1.82 | 1.84 | 2.24 | 1.96 | 2.66 | 2.09 |
| 罗斯肉鸡 | 1.67 | 1.89 | 2.09 | 2.01 | 2.2 | 2.15 |
| 罗曼肉鸡 | 1.60 | 1.90 | 2.10 | 2.04 | 2.35 | 2.20 |
| 伊莎肉鸡 | 1.75 | 1.84 | 2.15 | 1.98 | 2.55 | 2.12 |

## 二、鸭的品种

我国是世界上养鸭最多的国家,有十分优良的鸭种资源,产于我国的北京鸭是世界著名的肉用标准品种(图 2-5),其生长快、肉质好、易肥育、产蛋多的优点被世人普遍公认,国外不少优良鸭种都有北京鸭的血缘。英国培育的康贝尔鸭是世界上著名的蛋用型标准品种。部分鸭的品种见表 2-6。

图 2-5　北京鸭

表 2-6　部分鸭品种及其生产性能

| 品种 | 经济用途 | 主要外貌特征 | 成年体重/kg | | 初产月龄 | 年产蛋/枚 | 蛋重/g |
|------|---------|------------|------|------|---------|----------|--------|
| | | | 公 | 母 | | | |
| 北京鸭 | 肉用型 | 外形匀称,头较大,颈粗短,背宽体长,胸深丰满,腹圆,尾短而翘。母鸭腹部丰满,脚粗短,蹼宽而厚。全身羽毛洁白,喙、脚为橘红色,虹彩蓝灰色,初生雏鸭绒毛金黄色,称为"鸭黄" | 4~4.5 | 3.5~4 | 5~6 | 150~200 | 90~95 |
| 瘤头鸭 | 肉用型 | 黑色瘤头鸭的羽毛具有墨绿色光泽,喙肉红色有黑斑,皮瘤黑红色,胫、蹼多为黑色,虹彩浅黄色。白羽瘤头鸭的喙呈粉红色,皮瘤鲜红色,胫、蹼为黄色,虹彩浅灰色。黑白花的瘤头鸭喙为肉红色带黑斑,皮瘤红色,胫、蹼黑色 | 3.7~5 | 2~2.5 | 6~7 | 80~120 | 70~80 |
| 樱桃谷鸭 | 肉用型 | 全身羽毛白色,少数有零星黑色杂羽。喙、胫、蹼都是橘红色。体形硕大,体躯呈长方块形。公鸭头大,颈粗短,脚较短 | 4~4.5 | 3.5~4 | 5~6 | 210~220 | 85~90 |

| 品种 | 经济用途 | 主要外貌特征 | 成年体重/kg | | 初产月龄 | 年产蛋/枚 | 蛋重/g |
|------|----------|--------------|------|------|----------|----------|--------|
| | | | 公 | 母 | | | |
| 绍兴鸭 | 蛋用型 | 红毛绿翼梢和带圈白翼梢。前者母鸭以红棕色麻羽为主,性情温驯,适于圈养。后者以棕黄麻色为主,颈中部有 2~4 cm 宽的白色羽环。公鸭羽毛较深,主翼羽、尾羽及头颈部羽毛带墨绿色光泽,母鸭相似 | 1.35~1.5 | 1.35~1.5 | 4~5 | 250~300 | 66~68 |
| 金定鸭 | 蛋用型 | 体格中等,体躯较长,外形清秀,体形轻而结实。头部和颈上部羽毛具有翠绿色光泽,无明显白羽颈环,胸部棕色。脚胫橘红色,爪黑色 | 1.6~1.7 | 1.75 | 4~5 | 260~300 | 70~72 |
| 康贝尔鸭 | 蛋用型 | 公鸭头、颈、尾部羽毛为古铜色,其余部位羽毛为卡其色(茶褐色);母鸭头、颈部羽毛为深褐色,其余部位为茶褐色。公鸭的喙墨绿色,胫、蹼橘红色;母鸭的喙浅褐色或浅绿色;胫、蹼为黄褐色 | 2.3~2.5 | 2.0~2.3 | 4~5 | 260~300 | 70 |
| 高邮鸭 | 兼用型 | 公鸭的头部及颈上均为深绿色,背、腰为褐色花毛,前胸棕色,腹部白色,喙淡青色,俗称"乌头白档青嘴雄"。母鸭为米黄色麻雀羽色毛 | 3~3.5 | 2.5~3 | 6 | 180 | 80~85 |
| 建昌鸭 | 兼用型 | 体躯宽阔,头大颈粗。公鸭头、颈上部羽毛墨绿色,具光泽,前胸及鞍羽红褐色,腹部羽毛银灰色,尾羽黑色,喙墨绿色,故有"绿头、红胸、银肚青嘴公"的描述。母鸭羽毛浅褐色,麻雀羽居多 | 2.2~2.5 | 2~2.3 | 5~6 | 130 | 73~75 |

## 三、鹅的品种

中国鹅按羽毛分为白鹅和灰鹅两种,根据体重又可分为大、中、小 3 型,根据经济用途分类如产肥肝的郎德鹅、产蛋多的豁眼鹅、产绒多的皖西白鹅等。大型品种如狮头鹅(图 2-6),中型品种如溆浦鹅、四川白鹅,小型品种如豁眼鹅、太湖鹅。部分鹅的品种见表 2-7。

图 2-6　狮头鹅

表 2-7　部分鹅品种及其生产性能

| 品种 | 经济用途 | 主要外貌特征 | 成年体重/kg | | 初产月龄 | 年产蛋/枚 | 蛋重/g |
| --- | --- | --- | --- | --- | --- | --- | --- |
| | | | 公 | 母 | | | |
| 籽鹅 | 小型肉用 | 全身羽毛洁白,颈细长,无咽袋或偶有咽袋,头顶有缨状头髻,头上额包较小,眼虹彩为灰色。腹部不下垂,喙胫及蹼皆为橙黄色 | 4.0~4.5 | 3.0~3.5 | 6 | 100 | 130 |
| 豁眼鹅 | 小型肉用 | 全身羽毛白色,体形小而紧凑,体躯呈长方形,背平宽,腹部略下垂。鹅头较小,肉瘤不大,眼成三角形。喙、肉瘤、蹼呈橘黄色,眼睑呈淡黄色,虹彩呈蓝灰色 | 4.5~5.0 | 3.5~4.0 | 6~6.3 | 120 | 130 |
| 太湖鹅 | 小型肉用 | 除眼梢、头颈、腰背部有少量灰褐色斑点外,全身羽毛皆白。喙、胫、蹼均为橘红色,头瘤姜黄、眼睑浅黄,虹彩灰蓝色。胫细长,无咽袋 | 4.5 | 3.5 | 5.3 | 78.8~93.3 | 135.3 |

续表

| 品种 | 经济用途 | 主要外貌特征 | 成年体重/kg | | 初产月龄 | 年产蛋/枚 | 蛋重/g |
|---|---|---|---|---|---|---|---|
| | | | 公 | 母 | | | |
| 雁鹅 | 中型肉用 | 头部圆形略方,有黑色肉瘤,呈桃形或半球形。喙黑色,胫、蹼多为橘红色,爪黑色。体躯呈长方形,胸深广,背宽平,有腹褶,个别鹅颌下有小咽袋。成年鹅羽毛呈灰褐色或深褐色,颈的背侧有一条明显的灰褐色羽带 | 6.0 | 4.5~5.0 | 6 | 35~45 | 150 |
| 皖西白鹅 | 中型肉用 | 体形中等,头顶有橘黄色肉瘤,公鹅体躯略长,母鹅呈圆形。胸部丰满,体态高昂。全身羽毛白色,喙橙黄色,胫、蹼橘黄色。有少数鹅颌下有咽袋,少数个体顶部有顶心毛 | 5.5~5.6 | 5~6 | 6 | 25 | 142 |
| 四川白鹅 | 中型肉用 | 全身羽毛洁白,喙橘黄色,胫、蹼橘红色,虹彩蓝灰色。公鹅体形较大,头颈稍粗,额部有一半圆形的橘黄色肉瘤;母鹅头清秀,颈细长,肉瘤不太明显 | 5.0~5.5 | 4.5~4.9 | 6~8 | 60~80 | 146 |
| 狮头鹅 | 大型肉用 | 体形硕大,体躯呈方形,头大颈粗,前躯略高。头部前额肉瘤发达,向前突出,覆盖于喙上。喙短,质坚实,黑色。胫粗蹼宽,胫、蹼都为橙红色,有黑斑。背面羽毛、前胸羽毛及翼羽均为棕褐色,全身腹面的羽毛白色或灰白色 | 8.5~9.5 | 7.5~8.5 | 7~8 | 25~35 | 220 |
| 郎德鹅 | 肉用肥肝 | 体形大,背宽胸深,腹部下垂,喙尖而短,颈粗短。全身羽毛灰褐色,背部羽色较深,接近黑色,而在胸部毛色较浅呈银灰色,腹部羽色乳白色 | 7~8 | 6~7 | 7 | 35~40 | 180~200 |

续表

| 品种 | 经济用途 | 主要外貌特征 | 成年体重/kg | | 初产月龄 | 年产蛋/枚 | 蛋重/g |
| --- | --- | --- | --- | --- | --- | --- | --- |
| | | | 公 | 母 | | | |
| 莱茵鹅 | 肉用肥肝 | 体形中等偏小,全身羽毛洁白,喙、跖、蹼呈橘黄色,初生雏绒毛灰白色,随着生长周龄增加而逐渐变化,至 6 周龄时变为白色羽毛 | 5~6 | 4.5~5 | 7~8 | 50~60 | 150~190 |

 **随堂练习**

1. 地方品种、标准品种和现代品种各有何特点?

2. 说出下列品种的产地、经济类型、外貌特征和生产性能:白来航鸡、白科尼什鸡、北京鸭、康贝尔鸭、狮头鹅。

 **知识拓展**

## 肉鸽品种简介

**1. 王鸽**

王鸽是美国培育的世界著名的肉鸽品种,多以白色和银色为主。白羽王鸽全身羽毛洁白,鼻瘤紧贴,眼大有神,眼球为深红色,胫爪为枣红色。成年种鸽 700~850 g。年产仔鸽 6~8 对。银羽王鸽体躯宽而深广,羽毛银灰带棕色,翅羽有两条巧克力色带,腹部和尾部浅灰色。颈环橙黄色,胫爪紫红色。性情温顺,生命力强。成年银羽王鸽体重一般 800~1 000 g。

**2. 卡奴鸽**

卡奴鸽是由美国培育而成的中型肉鸽,成年鸽体重 740~960 g,年产 8~10 对,高产的可达12 对以上。就巢性强,育雏性能好,可充当保姆鸽。以白色为最好。

**3. 鸾鸽**

鸾鸽原产于意大利,为世界上体形最大的肉鸽品种。羽色以黑、灰色为主。它体大深宽,颈粗长,大腿丰满而粗壮,胫呈红色。尾长且末端钝圆。成年公鸽体重 1 400 g,母鸽体重1 250 g,年产仔鸽 7~8 对。性情温顺,不善飞翔,适应性好。但繁殖力较差,雏鸽生长慢,因体大笨拙常压坏和踏碎种蛋。

**4. 贺姆鸽**

贺姆鸽是美国培育而成的。羽毛紧密,躯体结实,无脚毛,羽色有雨点、灰、红、黑色等。体形小,但乳鸽肥美多肉,并带有玫瑰花香味。年产仔鸽 7~8 对,耗料较少,是培育新品种或改良鸽种的好亲本。

**5. 石歧鸽**

石歧鸽产于我国的广东省,是我国最好的肉鸽品种。体长、翼长、尾长,标准羽色为灰色、花雨色。成年鸽体重 700~800 g,年产乳鸽 8~10 对。抗病力强,适应性广,容易饲养,但其卵壳较薄,孵化时易被踏破。

## 鹌鹑品种简介

**1. 蛋用型**

(1) 日本鹌鹑:日本鹌鹑是利用中国野生鹌鹑经 65 年驯化育成的。以体形小、产蛋多、纯度高而著称于世。其体羽呈栗褐色,夹杂黄黑色相间的条纹。成年公鹌鹑重 110 g,母鹌鹑 140 g。6 周龄开产,年产蛋 250~300 个,蛋重 10.5 g。

(2) 中国白羽鹌鹑:中国白羽鹌鹑由北京市种禽公司种鹌鹑场等单位联合育成。体羽洁白,偶有黄色条斑。成年公鹌鹑体重 145 g,母鹌鹑体重 170 g,40~45 日龄开产,年产蛋 265~300 枚,蛋重 11.5~13.5 g。繁殖期日耗料 23~25 g,料蛋比为 2.73：1。

**2. 肉用型**

(1) 迪法克 FM 系肉鹌:迪法克 FM 系肉鹌由法国迪法克公司育成,又称巨型肉用鹌鹑。体羽呈黑褐色,间杂有红棕色的直纹羽毛。种鹌 42 日龄开产,蛋重 13~14.5 g,料重比 2.13：1,成年鹌重 300~350 g。

(2) 中国白羽肉鹌:中国白羽肉鹌由北京市种鹌鹑场等单位选育而成。体形同迪法克鹌鹑,种鹌 40~50 日龄开产,蛋重 12.3~13.5 g,成年母鹌重 200~250 g。

(3) 莎维麦特肉鹌:莎维麦特肉鹌由法国莎维麦特公司育成。体形硕大,种鹌 35~45 日龄开产,年产蛋 250 枚以上,蛋重 13.5~14.5 g,35 日龄平均体重超过 220 g,料重比为 2.4：1,成年鹌鹑最大体重超过 450 g。

## 雉鸡品种简介

据研究,雉鸡只有 1 个种,分 31 个亚种,我国境内有 19 个亚种,其中有 16 个亚种为我国特有。目前,世界上人工养殖的雉鸡主要是由这些亚种驯化或杂交而成。

东北雉鸡:东北雉鸡是 20 世纪 80 年代初,由中国农业科学院特产研究所等单位用我国环颈雉东北亚种驯化选育而成。该鸡体轻灵活,成年公雉体重 1 100~1 300 g,成年母雉 800~1 000 g。公雉头部眶上有明显的白眉,颈环完全,且腹侧稍宽,胸部红褐色,体细长;母雉体形纤小,腹部呈浅黄褐色。年产蛋 20~40 枚,蛋重 25~30 g。东北雉鸡野性较强,善于飞翔,肉质细腻,肉味鲜美,深受消费者喜爱。

## 【技能训练 2-1】家禽品种识别

【目标要求】　通过展示或放映家禽品种图片、幻灯片、挂图等,使学生能从体形外貌上区分不同类型的家禽,认识一些著名的或者当地饲养较多的鸡、鸭、鹅品种,了解其生产性能,获得认识品种的基本技能。

【材料用具】　家禽品种照片、幻灯片、挂图、标本、幻灯机和投影仪等。

【方法步骤】

（1）展示家禽品种图片、幻灯片、挂图等,介绍不同类型鸡、鸭、鹅的主要外貌特征。

（2）鸡、鸭、鹅品种的识别:提供实物或图片,让学生识别鸡、鸭、鹅的代表品种,并说明产地、经济类型和主要生产性能。

（3）有条件的应带领学生到实习禽场直接参观,现场对比识别或把活禽带到现场（实验室）,增强感性认识。

【实习作业】

1. 列表比较所识别家禽品种的产地、经济类型、主要外貌特征和生产性能。

| 品种 | 产地 | 经济类型 | 主要外貌特征 | 生产性能 |
|---|---|---|---|---|
|  |  |  |  |  |
|  |  |  |  |  |

2. 比较说明白壳蛋鸡与褐壳蛋鸡,快大型肉鸡与优质型肉鸡,蛋鸭与肉鸭在生产性能和外貌特征方面的不同点。

| 不同点　　　类型 | 外貌特征 | 生产性能 |
|---|---|---|
| 白壳蛋鸡 |  |  |
| 褐壳蛋鸡 |  |  |
| 快大型肉鸡 |  |  |
| 优质型肉鸡 |  |  |
| 蛋鸭 |  |  |
| 肉鸭 |  |  |

## 项目测试

一、名词解释

1. 品种：

2. 品变种：

3. 品系：

4. 标准品种：

二、填空题

1. 按国际公认的标准品种分类方法将家禽分为_____、_____、_____和_____。

2. 当地目前饲养的商品杂交鸡褐壳蛋系的主要鸡种是_____、_____、_____等；当地的优良地方品种有_____和_____等。

3. 洛岛红鸡育成于_____国，属_____类，_____型鸡。

4. 白色单冠来航鸡产于意大利，它属_____类，_____型，来航鸡品种，是世界最优秀的品种之一。

5. 现代养鸡业的品种分类法根据其_____将鸡分为_____和_____。

6. 列举 3 个肉鸽品种名称：_____、_____、_____。

三、选择题

1. 下列鹅品种中产蛋量最多的是（　　）。

A. 狮头鹅　　　　　B. 太湖鹅　　　　　C. 郎德鹅　　　　　D. 豁眼鹅

2. 海兰 W-36 是（　　）蛋鸡。

A. 白壳蛋鸡系　　　B. 褐壳蛋鸡系　　　C. 驳壳蛋鸡系　　　D. 粉壳蛋鸡系

3. 雅康蛋鸡属（　　）。

A. 白壳蛋鸡系　　　B. 褐壳蛋鸡系　　　C. 粉壳蛋鸡系　　　D. 地方品种

4. （　　）是兼用型鸡。

A. 白色来航　　　　B. 科尼什　　　　　C. 新汉夏　　　　　D. 泰和鸡

四、判断题

1. 白色单冠来航鸡蛋的蛋壳颜色为白色，故它属于白壳蛋系的鸡。　　　　　（　　　）

2. 爱维茵肉鸡是美国育成的现代商品杂交鸡，属肉鸡系。　　　　　　　　　（　　　）

3. 白壳蛋系的鸡羽毛是白色的，褐壳蛋系的鸡羽毛是褐色的。　　　　　　　（　　　）

4. 北京鸭是标准品种鸭。　　　　　　　　　　　　　　　　　　　　　　　（　　　）

5. 咔叽康贝尔鸭是蛋用型鸭。　　　　　　　　　　　　　　　（　　　）

6. 有色羽的鸡产的蛋是有色蛋壳的蛋。　　　　　　　　　　　（　　　）

7. 科尼什是肉用型鸡。　　　　　　　　　　　　　　　　　　（　　　）

8. 河南斗鸡是玩赏型鸡。　　　　　　　　　　　　　　　　　（　　　）

# 项目 3

## 孵化技术

学习提要

### ■ 知识点

1. 家禽的胚胎发育过程。

2. 人工孵化的条件。

3. 孵化机的类型与结构。

4. 孵化效果的检查与分析。

### ■ 技能点

1. 种蛋的选择与消毒。

2. 孵化机的操作与管理。

3. 鸡胚胎发育的生物学检查。

4. 初生雏的处理。

## 任务 3.1 家禽的胚胎发育

【课堂学习】

家禽的胚胎发育是在禽蛋中进行的,分为在种蛋形成过程中的发育和孵化过程中的发育两个阶段。本节重点介绍禽蛋的基本结构和种蛋在孵化过程中的发育。

### 一、禽蛋的结构

禽蛋可分为胚盘(胚珠)、蛋黄、蛋白、蛋壳膜和蛋壳 5 个部分(图 3-1)。

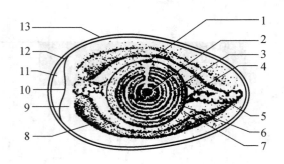

图 3-1　禽蛋的结构

1. 胚盘　2. 蛋黄心　3. 黄蛋黄　4. 白蛋黄　5. 系带　6. 蛋黄膜　7. 内稀蛋白
8. 外浓蛋白　9. 外稀蛋白　10. 内壳膜　11. 气室　12. 外壳膜　13. 蛋壳

**1. 胚盘（胚珠）**

胚盘（胚珠）是指位于蛋黄表面的淡色小圆点，没有受精的，称为胚珠；已受精的，称为胚盘。外观胚盘中央呈透明状，称为明区，周围颜色较暗不透明，称为暗区。而胚珠没有明暗区之分，都呈不透明的白色。胚盘是胚胎发育的原基。

**2. 蛋黄**

蛋黄位于蛋的中央，其外有蛋黄膜包围而呈球形。蛋黄在形成过程中，由于昼夜新陈代谢的节律使蛋黄色素呈现深浅相间的分层结构，形成图 3-1 中的黄蛋黄和白蛋黄。蛋黄可以为胚胎发育提供营养。

**3. 蛋白**

蛋白是带黏性的半流动透明胶体，紧包着蛋黄，按其成分和黏性，由内向外分为内浓蛋白（即系带）、内稀蛋白、外浓蛋白、外稀蛋白。在蛋黄两端附有螺旋状系带，具有保护胚盘（胚珠）的作用。蛋白供给胚胎发育所需的大部分营养物质。

**4. 蛋壳膜**

蛋壳里面有两层蛋壳膜，紧贴蛋壳的一层叫外壳膜，紧贴蛋白的一层叫内壳膜，两层之间在钝端形成气室。在蛋的孵化过程中，气室随胚龄增加而日渐增大。蛋壳膜具有防止水分过度蒸发和阻止微生物入侵的作用。

**5. 蛋壳**

蛋壳位于蛋的最外层，蛋壳上有许多气孔与内外相通。蛋壳外有一层极薄的胶护膜，可阻止蛋内水分蒸发，防止外界微生物的侵入。随着保存时间的延长或孵化，胶护膜逐渐消失。蛋壳的主要成分为碳酸钙，供给胚胎发育所需的矿物质。

## 二、禽蛋的形成过程

禽蛋是在母禽的生殖道内形成的，通过输卵管伞部、膨大部、峡部、子宫部、阴道部而产出

的,过程如下(图3-2):

(1)进入输卵管伞部:性成熟的母禽卵巢上有不同发育阶段的卵泡,其中成熟卵泡破裂后排出卵黄,立即被输卵管的伞部所接纳,并在此与进入输卵管的精子受精,形成受精卵。受精卵在输卵管伞部停留约30 min。

(2)进入膨大部:随着输卵管的蠕动,卵黄旋转进入膨大部,首先分泌浓蛋白扭成系带,再分泌内稀蛋白、外浓蛋白和外稀蛋白。形成中的蛋在膨大部停留约3 h,靠膨大部的蠕动而进入峡部。

(3)进入峡部:在峡部形成内、外壳膜,同时渗入少量的水分。在峡部停留约75 min后,进入子宫部。

(4)进入子宫部:通过壳膜渗入子宫分泌的子宫液(其主要成分为水分和盐),使蛋的质量增加近一倍,此时,蛋壳膜鼓胀成蛋形。随后在蛋壳膜上沉积蛋壳和色素,又在蛋壳外面形成一层胶护膜。蛋在子宫部停留时间最长,可达18~20 h,最后到达阴道部。

(5)进入阴道部:在阴道部停留约30 min后,在神经和激素共同作用下,通过泄殖腔将蛋产出。

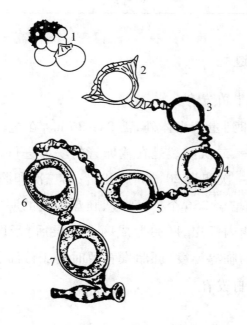

图3-2　禽蛋的形成过程

1.卵发育成熟　2.卵排入输卵管伞部并在此受精　3.在膨大部形成系带　4.在蛋白分泌部包以稀蛋白和浓蛋白
5.在峡部形成内、外壳膜　6.在子宫部渗入盐和水分　7.在蛋壳膜上沉积蛋壳、色素和胶护膜

## 三、常见的畸形蛋及其形成原因

常见的畸形蛋有双黄蛋(或多黄蛋)、无黄蛋、软壳蛋(或无壳蛋)、异物蛋及变形蛋等。畸形蛋的形成原因见表3-1。

表 3-1　畸形蛋的种类和形成原因

| 种类 | 表现 | 形成原因 |
|------|------|----------|
| 双黄蛋 | 蛋特别大,每个蛋有两个蛋黄 | 由于母禽受惊或物理压迫,使卵泡破裂,提前与成熟的卵一同排出,两个卵黄,一个成熟,另一个尚未成熟 |
| 无黄蛋 | 蛋特小,无蛋黄 | 蛋白分泌部机能旺盛,出现浓蛋白凝块,有的还含有卵巢出血的血块 |
| 软壳蛋(或无壳蛋) | 无硬蛋壳,只有壳膜 | 饲养原因:饲料中缺乏钙、磷、维生素 D<br>病理原因:子宫机能失常,输卵管内寄生蛋蛭,母禽受惊,药品或疫苗使用不当 |
| 异物蛋 | 蛋中有血块、肉斑等 | 卵巢出血的血块,卵泡脱落随卵黄进入输卵管,有寄生虫等 |
| 变形蛋 | 长形、扁形、腰鼓形,蛋壳起皱及砂壳等 | 输卵管机能失常,子宫机能失调或收缩反常等 |
| 蛋包蛋 | 蛋特大,破壳后内有一正常蛋 | 蛋形成后产出前,母禽受惊或某些生理反常,导致输卵管逆蠕动 |

## 四、家禽的胚胎发育过程

### (一)胚胎在蛋形成过程中的发育

从卵细胞受精成为受精卵到蛋产出体外,需 24~26 h。在这段时间内,受精卵要经过多次卵裂及复杂的分化过程。第一、二次卵裂是在输卵管的峡部进行,第一次卵裂在卵细胞受精后 3~5 h 开始,第二次卵裂在第一次卵裂 20 min 后开始;第三次卵裂也在峡部进行,分裂出 8~16 个细胞,到子宫后 4~5 h 细胞增至 256 个。胚胎从胚盘中央的明区开始发育,形成两个不同的细胞层,外层叫外胚层,内层叫内胚层,胚胎形成两个胚层后,蛋即产出。蛋产出体外后,由于外界气温低于胚胎发育所需的临界温度,胚胎发育暂时处于停滞状态。

### (二)胚胎在孵化过程中的发育

**1. 禽蛋的孵化期**

禽蛋的孵化期是指家禽胚胎在体外发育成雏禽所需的时间。正常情况下,各种家禽的孵化期为:鸡 21 d,鸭 28 d,番鸭 33~35 d,鹅 31 d。在一般情况下,孵化期上下浮动 12 h 左右。孵化期过长或过短都是不正常的,对孵化率和雏禽品质都有不良影响。

实际生产中,禽蛋的孵化期会因环境影响因素的不同而略有差异。

(1)孵化温度:孵化温度偏高时孵化期缩短,孵化温度偏低时孵化期延长。

(2)种蛋保存时间:种蛋保存时间长,孵化期略延长。

(3)蛋重:同一禽种内,重型品种的出壳时间晚于轻型品种。

（4）气候：炎热地区比寒冷地区孵化时间短。

**2. 孵化期中的胚胎发育过程**

受精蛋入孵后，胚胎继续发育，很快形成中胚层，禽胚的所有组织器官都是由内、外、中3个胚层发育形成的。外胚层形成皮肤、羽毛、喙、趾、眼、耳、神经系统以及口腔和泄殖腔的上皮等；内胚层形成消化器官和呼吸器官的上皮及内分泌腺体等；中胚层形成肌肉、生殖系统、排泄器官、循环系统和结缔组织等。

从形态看，孵化过程中胚胎发育大致分为4个时间段：早期（鸡第1~4 d、鸭第1~5 d、鹅第1~6 d）为内部器官发育阶段；中期（鸡第5~14 d、鸭第6~16 d、鹅第7~18 d）为外部器官发育阶段；后期（鸡第15~20 d、鸭第17~27 d、鹅第19~29 d）为禽胚的生长阶段；最后（鸡第21 d、鸭第28 d、鹅第30~31 d）为出壳阶段，雏禽长成，破壳而出。鸡胚胎不同发育阶段的特征见图3-3和表3-2。

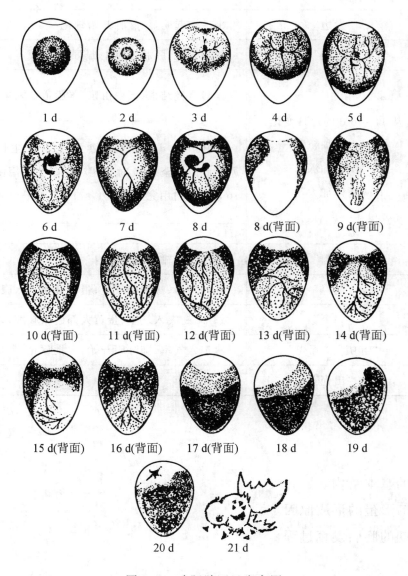

图3-3  鸡胚胎逐日发育图

表 3-2 鸡胚胎发育不同时期的特征

| 胚龄/d | 照蛋特征（俗称） | 胚胎发育的主要特征 |
|---|---|---|
| 1 | "鱼眼珠" | 器官原基出现 |
| 2 | "樱桃珠" | 出现血管，胚胎心脏开始跳动 |
| 3 | "蚊虫珠" | 眼睛色素沉着，出现四肢原基 |
| 4 | "小蜘蛛" | 尿囊明显可见，胚胎头部与胚蛋分离 |
| 5 | "单珠" | 眼球内黑色素大量沉着，四肢开始发育 |
| 6 | "双珠" | 胚胎躯干增大，活动力增强 |
| 7 | "沉" | 出现明显鸟类特征，可区分雌雄性腺 |
| 8 | "浮" | 四肢成形，出现羽毛原基 |
| 9 | "发边" | 羽毛突起明显，软骨开始骨化 |
| 10～10.5 | "合拢" | 尿囊合拢，胚胎体躯生出羽毛 |
| 11 | 从 11～16 d 的逐日变化："血管加粗""颜色加深""胚体加大" | 尿囊合拢结束，蛋白由浆、羊膜道输入羊膜囊中 |
| 12 | | |
| 13 | | 鸡胚由 13 d 起开始吞食蛋白，胚胎生长迅速，骨化作用急剧。此阶段至 16 d 时鸡胚对蛋白的利用由吞食到消化吸收，16 d 时蛋白用完 |
| 14 | | |
| 15 | | |
| 16 | | |
| 17 | "封门" | 蛋白全部输入羊膜囊内 |
| 18 | "斜口" | 胚胎转身，喙伸向气室，蛋黄开始进入腹腔 |
| 19 | "闪毛" | 颈部、翅突入气室，蛋黄大部进入腹腔，尿囊萎缩 |
| 20 | "起嘴"、"啄壳" | 喙进入气室，肺呼吸开始，大批啄壳，少量出雏 |
| 21 | "出壳" | 出雏结束 |

 随堂练习

1. 简述禽蛋的基本结构。

2. 分析常见畸形蛋的形成原因。

3. 简述孵化期的胚胎发育过程。

知识拓展

## 胚外膜的形成及其机能

家禽胚胎发育早期形成 4 种胚外膜,即卵黄囊、羊膜、浆膜和尿囊。

**1. 卵黄囊**

卵黄囊是最早形成的胚膜。就鸡而言,孵化第 2 d 开始出现卵黄囊,随后逐渐生长覆盖于卵黄的表面。入孵第 4 d 覆盖卵黄表面 1/3,第 6 d 达到 1/2,孵化第 9 d 几乎覆盖于整个卵黄。卵黄囊是胚胎的营养器官、造血器官和呼吸器官。

**2. 羊膜和浆膜**

在孵化后 33 h 左右开始出现羊膜头褶,第 2 d 覆盖于胚胎的头部并逐渐包围胚胎的身体,第 4 d 在胚胎背部合拢,将胚胎整个包围起来形成两层膜,靠近胚胎内层的叫羊膜,转向外包围整个蛋的内容物的称浆膜。浆膜以后又与尿囊共同结合成尿囊浆膜。羊膜和浆膜间形成羊膜腔,羊膜腔内充满羊水,起着缓冲震动、平衡压力、保护胚胎的作用。

**3. 尿囊**

尿囊位于羊膜和卵黄囊之间,从孵化的第 2 d 末至第 3 d 初开始生出,生长迅速,鸡胚尿囊约在 10 d 时包围整个蛋内容物,在蛋的尖端合拢。尿囊与胚胎的消化管相连,胚胎排泄的废物蓄积其中。尿囊布满发达的血管,胚胎通过尿囊血液循环,吸收蛋中的营养物质和蛋壳中的矿物质,并于气室和气孔处吸入外界的氧气,排出二氧化碳。尿囊到孵化末期逐渐萎缩,后连同囊内存留的胚胎代谢产物等残留在蛋壳内。

5 胚龄和 10 胚龄胚外膜模式图分别见图 3-4 和图 3-5。

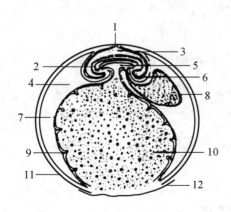

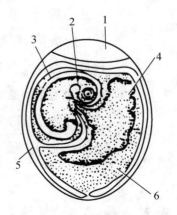

图 3-4　5 胚龄胚外膜模式图　　　　图 3-5　10 胚龄胚外膜模式图

1.浆羊膜峭　2.神经管　3.羊膜腔　4.浆羊膜腔　　　1.气室　2.胚胎　3.羊膜　4.卵

5.消化管　6.羊膜　7.卵黄囊　8.尿囊　　　黄囊　5.尿囊绒毛膜　6.蛋白

9.卵黄囊隔膜　10.卵黄　11.浆膜　12.卵黄膜

## 胚胎发育过程中的物质代谢

孵化期胚胎的物质代谢变化主要取决于胚膜的发育程度。孵化前两天胚膜尚未形成,胚胎只通过简单的渗透方式直接利用蛋黄中的葡萄糖,所需的氧气也从糖类(碳水化合物)分解而来。

孵化 2 d 后,卵黄囊血液循环形成,胚胎主要依靠卵黄囊血管吸收蛋黄中的营养物质和氧气。

孵化 5~6 d 后,尿囊血液循环形成,胚胎除靠卵黄囊吸收营养外,还靠尿囊吸收蛋白和蛋壳中的营养,此时尿囊已接近壳膜,还可以经过蛋壳气孔吸收外界的氧气。尿囊合拢以后,胚胎的物质代谢和气体交换都增强,并可大量利用脂肪,蛋内温度随脂肪代谢增强而升高,孵化后期可高出正常孵化温度。孵化中后期,胚胎开始大量吸收利用蛋白质,形成体组织和器官,到临近出壳时,蛋白质被用尽,尿囊萎缩,胚胎开始肺呼吸,并只靠卵黄囊吸收蛋黄中的营养物质,这时以脂肪代谢为主,蛋温升高,呼吸量加大,胚胎需要的氧气量和排出的二氧化碳量急剧增加。

## 鸡胚胎发育的主要特征口诀

入孵第一天,"血岛"胚盘边。二出卵、羊、绒,心脏开始动。

三天尿囊现,胚、血蚊子见。四天头尾出,像只小蜘蛛。

五天公母辨,明显黑眼点。六天喙基出,头躯像双珠。

七天生卵齿,胚沉羊水里。八显肋、肝、肺,羊水胚浮游。

九天软骨硬,尿囊已窜筋。十天龙骨突,尿囊已合拢。

十一背毛生,血管粗又深。十二身毛齐,肾、肠作用起。

十三筋骨全,蛋白进羊腔。十四全毛见,胚胎位置变。

十五翅成形,胚趾生硬鳞。十六显髯冠,蛋白快输完。

十七蛋白空,小头门已封。十八气室斜,头弯右翅下。

十九闪毛起,雏叫肺呼吸。二十破壳多,蛋黄腹腔缩。

二十一雏满箱,雌雄要分辨。二十二已过半,扫盘照毛蛋。

孵化好与坏,温、气最依赖。牢记辩证法,规律掌握好。

## 任务 3.2　种蛋的选择、消毒与储运

【课堂学习】

本节介绍种蛋的选择、消毒和储运技术。

## 一、种蛋的选择

### （一）种蛋的质量标准

科学挑选种蛋是禽蛋孵化质量与鸡场产品质量的保证,应按照以下原则来挑选。

**1. 种蛋的来源**

种蛋应来源于遗传性能稳定、生产性能优良、公母比例恰当的健康种禽群。

**2. 种蛋的形状与质量**

种蛋的外形和大小要符合本品种标准,过大或过小的蛋不宜作种蛋。正常外形的蛋为椭圆形,过长、过短或过圆的蛋不宜作种蛋。鸡的种蛋以 50~65 g 为宜;蛋用型鸭的种蛋以 65~75 g 为宜,肉用型鸭的种蛋以 80~95 g 为宜;小型鹅的种蛋以 125~140 g 为宜,大型鹅的种蛋以160~200 g为宜。

**3. 蛋壳的质地与色泽**

种蛋的蛋壳要求致密均匀,厚薄适度,无裂缝。壳面粗糙的"沙皮蛋"、蛋壳过厚的"钢皮蛋",以及薄壳蛋、裂纹蛋等都不能作为种蛋。蛋壳的颜色应该符合该品种(品系)的标准,如京白 904、罗曼白蛋鸡的蛋壳为白色;伊莎褐蛋鸡的蛋壳为褐色;雅康浅壳蛋鸡、京白 939 蛋鸡的蛋壳为粉色。

**4. 蛋壳表面的清洁度**

种蛋的壳面要清洁,被粪便、破蛋液、湿垫料等玷污的蛋都不能用来孵化。因为蛋壳表面的污物会堵塞蛋壳上的气孔,影响蛋内的气体交换,不利于胚胎发育,尤其是被污物污染后,细菌容易侵入,导致死胎增加,孵化率下降,雏禽质量降低。

**5. 种蛋的内部品质**

种蛋的内部品质通常用灯光透视或抽样剖视的方法检查。应选择气室小、系带和蛋黄完整、蛋内无异物(如血斑、肉斑)的蛋作种蛋。

### （二）种蛋的选择方法

**1. 感官法**

种蛋的蛋形、大小、清洁程度等可用肉眼检查;裂纹蛋和破损蛋可通过轻轻碰撞发出的破裂音,将其剔出。

**2. 透视法**

种蛋的蛋壳结构、气室大小和位置、血斑、肉斑等情况,采用照蛋器作检查,可更准确判断。

**3. 抽样剖检法**

通过抽样剖视,进一步判断种蛋的内部品质。

## 二、种蛋的消毒

种蛋自母禽体内产出时是无菌的,但在进入孵化箱孵化的过程中易受污染,因此,这一过程中一般要经过两次消毒。第一次消毒是在种蛋收集后立即进行;第二次消毒是对经过储运的种蛋在入孵前进行消毒处理,以防止经过第一次消毒后的种蛋在储运过程中被重复污染。

种蛋消毒的方法很多,以福尔马林熏蒸法较为方便而有效,是目前最常用的方法。

(1)福尔马林熏蒸法:即每立方米空间用福尔马林溶液30 mL,高锰酸钾15 g。称好高锰酸钾放入陶瓷容器内(其容积至少比福尔马林溶液大4倍),再将所需福尔马林溶液小心倒入陶瓷容器,二者相遇发生剧烈反应,可产生大量甲醛气体杀灭病原菌。密闭30 min后排出余气。

(2)新洁尔灭消毒法:以1∶1 000(即以5%的原液加50倍的水)溶液喷于种蛋表面或在40~45℃的该溶液中浸泡3 min。

(3)碘液消毒法:将种蛋置于0.1%的碘溶液(10 g碘片或10 g碘化钾,加入10 kg水中即成)内浸泡0.5~1 min。

(4)有效氯消毒法:将种蛋浸入含有活性氯1.5%的漂白粉溶液中,3 min后取出晾干即可。

(5)紫外线照射消毒法:紫外线光源离种蛋40 cm,照射1 min,再从背面照射一次。

### 三、种蛋的储运

#### (一)种蛋的储存

**1. 种蛋的储存期**

种蛋不超过1周的孵化率较高,因此,种蛋储存期最好在3~5 d。种蛋储存时间延长,孵化率会降低,孵化期也会延长。若储存时间超过1周,要求每天翻蛋1~2次。

**2. 种蛋储存库**

种蛋储存库要求隔热防潮性能好,清洁,无灰尘,无蚊蝇鼠害。有条件的孵化厂的蛋库可装上空调、自动制冷或加温的设施,以保持一定的温湿度。小规模的个体孵化户可利用地窖保存种蛋。

(1)储存温度:由于家禽胚胎发育的临界温度是23.9 ℃,保存种蛋时超过这个温度,禽胚就会开始发育,尽管发育程度有限,但细胞的代谢仍然会加速禽胚的衰老和死亡。

储存温度也不能过低,若低于10 ℃,孵化率就受影响;低到0 ℃,种蛋就会因受冻而失去孵化能力。因此,种蛋储存最适宜的环境温度是15~18 ℃。若储存期在1周以内,以15~16 ℃为宜;储存期超过1周,则以12 ℃左右为宜。

(2)储存湿度:种蛋储存期间,蛋内的水分会通过蛋壳上的气孔不断向周围环境中蒸发。空气的相对湿度低,水分蒸发快,胚胎细胞易失水而丧失孵化能力;相对湿度过高,易导致种蛋内外暗藏的微生物萌发,种蛋易生霉。因此,种蛋库相对湿度一般要求在70%~80%。

**（二）种蛋的运输**

**1. 种蛋的包装**

种蛋启运前应先包装完好，以确保种蛋的质量。最好用特制的纸箱和蛋托（图 3-6）包装种蛋。专用蛋箱可放 5 层 10 个蛋托（也有的可放 6 层 12 个蛋托），每个蛋托一般装 30 枚种蛋，每箱共放种蛋 300 枚（12 个蛋托的可放 360 枚）。若无特制蛋托，可用黄板瓦楞纸制成方格，每格放一枚种蛋，层与层之间有黄板瓦楞纸隔开。

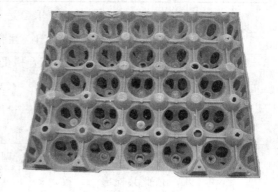

图 3-6　蛋托

**2. 种蛋的运输**

运输种蛋要选择快速而平稳的运输工具，且要事先进行清洗和消毒。夏季运输时要注意避免阳光曝晒，防止雨淋；冬季运输时要注意保温，防止冻裂。

 **随堂练习**

1. 怎样选择合格种蛋？
2. 种蛋的储存应注意哪些问题？
3. 常用的种蛋消毒方法有哪些？

## 【技能训练 3-1】种蛋的选择与消毒

**【目标要求】**　通过训练，要求学生掌握种蛋的选择方法，学会种蛋的熏蒸消毒法。

**【材料用具】**　合格种蛋和各种畸形蛋各若干枚，熏蒸消毒药品（福尔马林、高锰酸钾），照蛋器，粗天平，1 000 mL 烧杯，玻璃皿，消毒柜或熏蒸消毒室等。

**【方法步骤】**

**1. 种蛋选择（表 3-3）**

（1）调查种蛋的来源：种蛋应来源于饲养管理正常、健康高产、受精率高的种禽群；蛋龄要短，储存时间不超过 7 d 为宜。

（2）看蛋形：通过目测观察蛋的外形，选择符合品种标准、蛋形正常的蛋作种蛋，剔除外形过长或过圆的蛋。选择大小适中的椭圆形种蛋，剔除过大、过小、过长、过圆的种蛋。

（3）蛋壳质量的选择：选择壳色符合品种要求，蛋壳致密均匀的蛋作种蛋，剔除壳色异常、蛋壳过薄、过厚及壳面粗糙的蛋。通过观察和轻碰听音，剔除裂纹蛋。

（4）检查内部品质：使用照蛋器对种蛋进行灯光透视，选择气室小，蛋黄清晰、浮于蛋中间,蛋内无血斑、肉斑或其他异物的蛋作种蛋。通过灯光透视还可进一步将肉眼难以发现的裂纹蛋剔除。

表 3-3 种蛋的选择

| 调查来源 | 1. 种蛋来源是否符合要求○是 ○否<br>2. 蛋龄:产蛋日:年 月 日(注:登记日距产蛋日不超过 7 d) |
| --- | --- |
| 感官检查 | 1. 共检蛋 枚,剔除不合格蛋 枚<br>2. 所检种蛋颜色为:○白色 ○粉色 ○褐色 ○绿色<br>剔除壳色异常、蛋壳过薄、过厚、壳面粗糙、有裂纹的蛋<br>依此共检出 枚 |
| 灯光透视 | 通过照蛋器进行灯光透视,剔除蛋内有血斑、肉斑或其他异物,蛋壳有裂纹的蛋<br>依此共检出 枚 |

**2. 种蛋的熏蒸消毒( 表 3-4)**

(1)测量并计算消毒柜或熏蒸室的容积。

(2)按消毒柜或熏蒸室的容积计算消毒药品的用量(一般情况下,每立方米空间用福尔马林溶液 30 mL,高锰酸钾 15 g)。

(3)将选择好的种蛋置于消毒柜或熏蒸室内。

(4)先将准确称量的高锰酸钾放入消毒容器内(常用陶瓷或陶土盆,其容积至少比福尔马林溶液体积大 4 倍),再缓慢加入福尔马林溶液,密闭 30 min 左右。消毒时室温应控制在 25~27℃,相对湿度 70%~80%。

(5)打开门窗通风,或采用抽风机排出剩余的甲醛气体。

表 3-4 种蛋熏蒸消毒

| 熏蒸药量的计算 | 消毒柜或熏蒸室体积: m³<br>福尔马林用量:30 mL × = mL<br>高锰酸钾用量:15 g × = g |
| --- | --- |
| 称 量 | 用量筒量取福尔马林 mL,用天平称取高锰酸钾 g,分别放置 |
| 放药熏蒸 | 先放高锰酸钾于熏蒸容器中,再缓慢加入福尔马林溶液,密闭消毒柜或熏蒸室 30 min<br>温度: ℃ 湿度: % |
| 通 风 | 熏蒸完毕,○打开门窗通风 min ○打开抽风机排风 min |

【实习作业】 完成表 3-3、表 3-4。

## 任务 3.3 人 工 孵 化

**【课堂学习】**

种蛋只有在适宜的条件下才能孵化成雏,本节介绍人工孵化过程中对温度、湿度、通风换气、翻蛋和凉蛋等的要求以及孵化机的结构与使用、管理要求。

### 一、人工孵化的条件及控制

#### (一)温度及其控制

**1. 温度对禽胚胎发育的影响**

温度是禽蛋孵化的最重要因素,它决定着胚胎的生长、发育和生活力。只有在适宜的温度下才能保证胚胎的正常发育,温度过高或过低都对胚胎的发育有害,严重时会造成胚胎死亡。温度偏高则胚胎发育快,导致胚胎生活力较弱,如果温度过高,超过42℃,经过2~3 h 就会造成胚胎死亡;温度较低则胚胎生长发育迟缓,如果温度低于24℃,经30 h 就会造成胚胎死亡。

**2. 最适孵化温度**

孵化温度常与家禽的品种、蛋的大小、孵化室的环境、孵化机类型和孵化季节等有很大关系。如水禽蛋含脂肪量高且蛋重大,孵化后期的温度应低于鸡蛋孵化后期的温度;蛋用型鸡的孵化温度略低于肉用型鸡的;气温高的季节低于气温低的季节等。一般情况下,鸡蛋的孵化温度保持在37.8℃左右,单独出雏的出雏器温度保持在37.3℃左右较为理想(图3-7)。

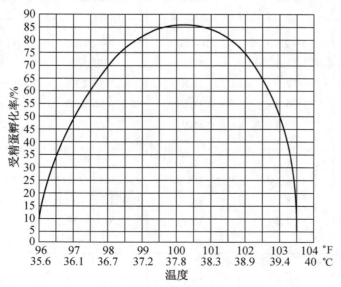

图 3-7　孵化温度对孵化率的影响

(相对湿度60%)

实际生产中主要是"看胎施温",即在不同孵化时期,根据胚胎发育的不同状态,给予最适宜的温度。在定期检查胚胎发育情况时,如发现胚胎发育过快,表示设定的温度偏高,应适当降温;如发现胚胎发育过慢,表示设定的温度偏低,应适当升温;胚胎发育符合标准,说明温度恰当。但调温幅度也不能过大,在实际生产中应根据胚胎发育程度灵活掌握。

**3. 电孵箱孵化的两种施温方案**

(1)恒温孵化:恒温孵化就是在整个孵化过程中,孵化温度保持不变。种蛋量少或者高温季节,宜分批入孵并采用恒温孵化方案。因为室温过高时,若采用整批孵化,孵化中、后期产生的代谢热势必过剩,而分批入孵能够利用代谢热作热源,既能减少自温超温,又可以节省能源。

(2)变温孵化:变温孵化也称降温孵化,即在孵化过程中,随胚龄增加逐渐降低孵化温度。种蛋量大时,一般采用整批入孵。此时孵化器内胚蛋的胚龄都是相同的,可采用阶段性的变温孵化方案。因为胚胎自身产生的代谢热随着胚龄的增加而增加。因此,孵化前期温度应高些,中后期温度应低些。

禽蛋的两种孵化施温参考方案见表3-5。

表3-5　鸡、鸭、鹅蛋的孵化温度　　　　　单位:℃

| 禽种类型 | 室温 | 孵化机内温度 恒温(分批) | 变温(整批) | | | | 出雏机内温度 |
|---|---|---|---|---|---|---|---|
| | | 1~17 d | 1~5 d | 6~12 d | | 13~17 d | 18~20.5 d |
| 鸡 | 18.3 | 38.3 | 38.9 | 38.3 | | 37.8 | 36.9 左右 |
| | 23.9 | 38.1 | 38.6 | 38.1 | | 37.5 | |
| | 29.4 | 37.8 | 38.3 | 37.8 | | 37.2 | |
| | 32.2~35.0 | 37.2 | 37.8 | 37.2 | | 36.7 | |
| | | 1~23 d | 1~7 d | 8~16 d | | 17~25 d | 26~30.5 d |
| 鹅 | 18.3 | 37.5 | 38.1 | 37.5 | | 36.9 | 36.4 左右 |
| | 23.9 | 37.2 | 37.8 | 37.2 | | 36.7 | |
| | 29.4 | 36.9 | 37.5 | 36.9 | | 36.4 | |
| | 32.2~35.0 | 36.4 | 36.9 | 36.4 | | 35.8 | |
| | | 1~23 d | 1~5 d | 6~11 d | 12~16 d | 17~23 d | 24~28 d |
| 蛋鸭 | 23.9~29.4 | 38.1 | 38.3 | 38.1 | 37.8 | 37.5 | 37.2 |
| | 29.4~32.2 | 37.8 | 38.1 | 37.8 | 37.5 | 37.2 | 36.9 |
| 大型肉鸭 | 23.9~29.4 | 37.8 | 38.1 | 37.8 | 37.5 | 37.2 | 36.9 |
| | 29.4~32.2 | 37.5 | 37.8 | 37.5 | 37.2 | 36.9 | 36.7 |

### （二）湿度及其控制

**1. 湿度对禽胚胎发育的影响**

湿度也是孵化的重要条件,对胚胎发育和破壳出雏有较大的影响。孵化湿度过低,蛋内水分蒸发过多,破坏胚胎正常的物质代谢,易发生胚胎与壳膜粘连,孵出的雏禽个头小且干瘦;湿度过高,影响蛋内水分正常蒸发,同样破坏胚胎正常的物质代谢。当蛋内水分蒸发严重受阻时,胎膜及壳膜含水过多而妨碍胚胎的气体交换,影响胚胎的发育,孵出的雏禽腹大,弱雏多。因此,湿度过高或过低都会对孵化率和雏禽的体质产生不良影响。

**2. 最适孵化湿度及其控制**

分批入孵时,孵化机内的相对湿度应保持在 50%～60%,出雏器内为 60%～70%。整批入孵时,应掌握"两头高、中间低"的原则,即在孵化初期(鸡 1～7 d)相对湿度控制在 60%～65%,便于胚胎形成羊水、尿囊液;孵化中期(鸡 8～18 d)相对湿度控制在 50%～55%,便于胚胎逐步排除羊水、尿囊液;出壳时(鸡 19～21 d)相对湿度控制在 65%～70%,防止绒毛与蛋壳粘连,有利于出雏。

### （三）通风换气

**1. 通风换气对孵化的影响**

胚胎发育过程中,需要不断吸入氧气,呼出二氧化碳。随着胚龄的增加,胚胎新陈代谢加强,其耗氧量和二氧化碳的排出量也随着增加,胚胎代谢过程中产生的热量也逐渐增多,特别是孵化后期,往往会出现"自温超温"现象,如果热量不能及时散出,将会严重影响胚胎正常生长发育,甚至积热致死。因此,通风换气既可以保持空气新鲜,又有助于驱散胚胎的余热,以利于胚胎正常发育。

**2. 通风换气的控制**

在正常通风条件下,孵化器内氧气含量不能低于 21%,二氧化碳含量控制在 0.5% 以下。否则,将导致胚胎发育迟缓,产生畸形,死亡率升高,孵化率下降。因此,正确地控制好孵化器的通风,是提高孵化率的重要措施。

新鲜空气中含氧气 21%,二氧化碳 0.03%,这对于孵化是合适的。孵化机内通风系统设计合理,运转、操作正常,能保证孵化室空气的新鲜,可以获得较高的孵化率。在孵化箱内一般都装有风扇。风扇不断地搅动空气,一方面保证箱内空气新鲜,满足胚胎生长发育的需要;另一方面还能使箱内温度、湿度均匀。箱体上都有进、排气孔,孵化初期,可关闭进、排气孔,随着胚龄的增加,逐渐打开,到孵化后期进、排气孔全部打开,尽量增加通风换气量。

通风换气与温度、湿度有着密切联系。通风不良,空气流动不畅,致使孵化器不同部位温差大,湿度大;通风过度,空气流通太大,将导致温度下降太快,湿度过低。所以,通风应适度。在生产中,要防止通风过度或通风量不足两种情况。在孵化期间特别是孵化前期,若加热指示灯长期发亮,说明孵化器内温度达不到所需的孵化温度,通风换气过度。若恒温指示灯长亮不灭或者上一批种蛋胚胎发育正常但在出雏期间闷死于壳内或啄壳后死亡,说明通风不良,应加大通风换气量。

### （四）翻蛋

翻蛋也称转蛋,就是改变种蛋的孵化位置和角度。

**1. 翻蛋的目的**

首先,翻蛋改变胚胎位置,防止胚胎与壳膜粘连;其次,翻蛋使胚胎各部受热均匀,有利于胚胎的发育;第三,翻蛋加强了胚胎的运动,可改善胎膜的血液循环。

**2. 翻蛋的方法**

正常孵化过程中,每隔 2 h 翻蛋一次,每次翻蛋的角度以水平位置为准,前俯后仰各 45°（图 3-8）,翻蛋时要做到轻、稳、慢,不要粗暴,以防止引起蛋黄膜和血管破裂,尿囊绒毛膜与蛋壳膜分离,死亡率增高。

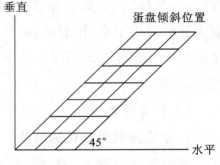

图 3-8　翻蛋角度示意图

### （五）凉蛋

**1. 凉蛋的目的**

家禽胚胎发育到中期以后,由于新陈代谢增强而产生大量生理热,因此,定时凉蛋有助于禽蛋的散热,保证禽蛋始终处于孵化的最适温度环境,有助于提高孵化率和雏禽品质。水禽蛋内脂肪含量高于鸡蛋,而且比鸡蛋大,单位质量所占的蛋壳表面积小于鸡蛋,从而使水禽蛋与外界的热交换速度较鸡蛋缓慢。因此,水禽蛋在孵化中期以后容易出现蛋温升高,致使孵化机内温度超高现象,影响孵化效果。为此,水禽蛋在孵化第 14 d 以后要定时凉蛋。

**2. 凉蛋的方法**

（1）孵化机内凉蛋:孵化机内凉蛋即关闭加温电源,开动风扇,打开机门。此法适用于整批入孵、气温不高的季节。

（2）孵化机外凉蛋:孵化机外凉蛋即将胚蛋连同蛋盘移出机外晾凉,向蛋面喷洒 25~30℃ 的温水。此法适用于分批入孵和高温季节。每昼夜凉蛋次数为 2~3 次,每次凉蛋 15~30 min,使蛋温降至 32℃ 左右。

机内通风凉蛋和机外喷水凉蛋均应根据室温和胚胎发育情况灵活掌握。如发现胚胎发育过快,超温严重,凉蛋时期应提前,凉蛋次数和时间要增加。某些专门为水禽蛋孵化而设计的孵化器,加大了通风量,并辅之以水冷降温,不凉蛋也可取得较好的孵化率。

 随堂练习

1. 禽蛋人工孵化的重要条件有哪些?

2. 孵化过程中为什么要翻蛋,翻蛋时应注意哪些问题?

3. 孵化过程中为什么要凉蛋,常用的凉蛋方法有哪些?

## 二、孵化机及其使用

### （一）孵化机的类型

**1. 平面孵化机**

平面孵化机有单层和多层之分,多采用电热管供温、棒状双金属片或水银电接点温度计等自动控温,也设有自动转蛋装置和匀温风扇。此类型孵化机孵化量少,现一般在珍禽种蛋的孵化或教学科研上使用。

**2. 立体孵化机**

立体孵化机根据箱体结构可分箱式孵化机和巷道式孵化机两大类。

（1）箱式孵化机:箱式孵化机根据蛋架结构又可分为蛋盘架式（图3-9）和蛋架车式（图3-10）两种。蛋盘架式的蛋盘架固定在箱内不能移动,入孵和操作不太方便。目前多采用蛋架车式电孵箱,蛋架车可以直接到蛋库装蛋,消毒后推入孵化机,减少了种蛋装卸次数。

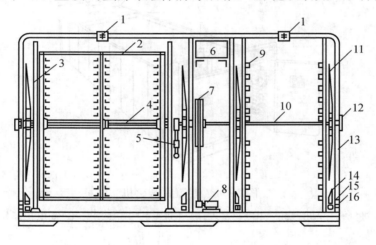

图3-9 蛋盘架式孵化机

1. 空气调节器 2. 承蛋盘架 3. 支架 4. 中心管 5. 转蛋蜗

6. 水箱 7. 皮带轮 8. 电动机 9. 蛋盘滑轨 10. 轴 11. 均温叶板

12. 轴承 13. 机体 14. 电热器 15. 水分蒸发器 16. 预热器

（2）巷道式孵化机（图3-11）:巷道式孵化机由多台箱式孵化机组合连体拼装,配备有空气搅拌和导热系统,容蛋量一般在7万枚以上。使用时将种蛋码盘放在蛋架车上,经消毒、预热后按一定轨道逐一推进巷道内,18 d后转入出雏机。机内新鲜空气由进气孔吸入,经加热加湿后从上部的风道由多个高速风机吹到对面的门上,大部分气体被反射下去进入巷道,通过蛋架车后又返回进气室。这种循环充分利用胚蛋的代谢热,箱内没有死角,温度均匀,所以较其他类型的孵化机省电,并且孵化效果好。

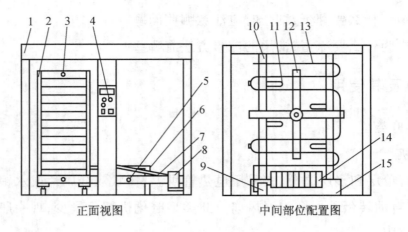

图 3-10　蛋架车式孵化机

1. 箱体　2. 蛋架车　3. 销钉　4. 控制面板　5. 销孔　6. 双摆杆机构

7. 曲柄连杆机构　8. 减速机　9. 泵　10. 支架　11. 加热器　12. 风扇

13. 冷却器　14. 加湿器　15. 水箱

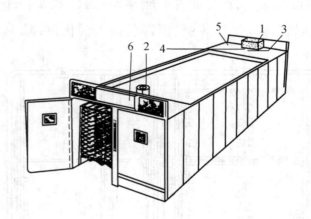

图 3-11　巷道式孵化机

1. 进气孔　2. 出气孔　3. 冷却水入口　4. 供湿孔　5. 压缩空气　6. 电控部分

## （二）孵化机的结构

孵化机一般包括箱体、承蛋装置、翻蛋装置、温度控制、湿度控制、通风装置和均温装置等。出雏机除没有翻蛋装置外，其他相同。

孵化机分孵化和出雏两部分。在中小型孵化机中，这两部分合在同一机体内。而在大型孵化机中，出雏部分单独分开，称出雏机。

## （三）利用孵化机孵化禽蛋

### 1. 做好孵化前的准备工作

孵化前根据具体情况先制定好孵化计划，安排好孵化进程。在正式孵化前 1~2 周要检修好孵化机，并对孵化室、孵化机进行清洗消毒，而后校对好温度计，试机运转 1~2 d，无异常时方可入孵。

**2. 上蛋操作**

上蛋就是将种蛋码到蛋盘上,蛋盘装在蛋车上或蛋盘架上放入孵化机内准备孵化的过程。种蛋应在孵化前 12 h 左右以钝端向上装入蛋盘中,并将蛋车或蛋盘架移入孵化室内进行预温。上蛋时间最好在下午 4:00 以后,这样大批出雏就可以在白天,工作比较方便。若实行分批孵化,一般鸡蛋 5~7 d,鸭蛋、鹅蛋 7~9 d 上蛋一次。上蛋时,注意将不同批次的种蛋在蛋盘上做上标记,放入孵化机时将不同批次种蛋交错放置,以利不同胚龄的种蛋相互调节温度,使孵化机内温度均匀。

**3. 日常管理**

(1)观察温度:孵化过程中应随时注意孵化温度的变化,观察调节仪器的灵敏程度。一般每隔 1~2 h 检查并记录一次孵化温度,温度不稳时应及时调整。

(2)观察湿度:经常观察孵化机内的相对湿度。没有自动调湿装置的孵化机,要注意增减水盘及定时加水调节水位高低等,以调节孵化湿度。自动控湿的孵化机,要经常检查各控制装置工作是否正常以及水质是否良好。使用干湿球温度计测量相对湿度时,应经常清洗或更换湿球上包裹的纱布。

(3)检查通风系统:定期检查孵化箱各进出气孔的开闭程度,经常观察风扇电机和皮带传动的情况。

(4)检查翻蛋操作:自动翻蛋的孵化机,应对其传动机构、定时器、限位开关及翻蛋指示等定时进行检查,注意观察每次翻蛋的时间和角度,及时处理不按时翻蛋或翻蛋角度达不到要求的不正常情况。没有设置自动翻蛋系统的孵化机,需要定时手工翻蛋,每次翻蛋时动作要轻,并留意观察蛋盘架是否平稳,发现有异常的声响和蛋架抖动时都要立即停止操作,待查明原因故障排除后再行翻蛋。

**4. 照蛋**

使用照蛋器通过灯光透视胚胎发育情况,及时拣除无精蛋和死胚蛋。整个孵化期中通常要照蛋 2~3 次,如鸡蛋孵化时,第一次照蛋在入孵后 5~6 d 进行,主要任务是拣出无精蛋和死胚蛋,观察胚胎发育情况。第二次照蛋一般在孵化的第 18 d 或第 19 d 进行,其目的一方面是观察胚胎的发育情况,另一方面是剔除死胚蛋,为移盘或上摊床作准备。有时在孵化的第 10~11 d 还抽检尿囊血管在蛋小头的合拢情况,以判定孵化温度的高低。

每次照蛋之前,应注意保持孵化室(或专用照蛋室)的温度在 25℃ 以上,防止照蛋时间长引起胚蛋受凉和孵化机内温度大幅度下降。照蛋操作力求稳、准、快,蛋盘放上蛋架车时一定要卡牢,防止翻蛋时蛋盘脱落。

**5. 凉蛋**

鸭蛋、鹅蛋孵化时通常要凉蛋。一般鸭蛋从孵化第 13~14 d 起,鹅蛋从孵化第 15 d 起开始凉蛋。鸡蛋孵化时是否凉蛋,应视孵化器的性能、孵化制度和孵化季节等灵活掌握。

**6. 移盘**

移盘就是将胚蛋从孵化机内移入出雏机内继续孵化,停止翻蛋,提高湿度,准备出雏。一般鸡蛋在孵化的第 18~19 d、鸭蛋在第 24~25 d、鹅蛋在第 26~27 d 时进行。移盘的动作要轻、稳、快。

**7. 出雏及助产操作**

鸡蛋孵化满 20 d 即开始出雏。这时要及时将已出壳并干了毛的雏鸡和空蛋壳拣出,拣雏时要求动作轻、快,防止碰破胚蛋和伤害雏鸡。不要经常打开机门,以防止机内温湿度下降过大而影响出雏。正常时间内出雏的,一般不进行助产,但在后期,要把内膜已橘黄或外露绒毛发干、在壳内无力挣扎的胚蛋轻轻剥开,分开黏膜和壳膜,把雏头轻轻拉出壳外,令其自己挣扎破壳。

**8. 孵化结束工作**

出雏结束后,应及时清扫出雏机内的绒毛、碎蛋壳等污物,对出雏室、出雏机及出雏盘等进行彻底清洗和消毒,然后晒干或晾干,准备下次出雏再用。整理好孵化记录,做好孵化效果统计。

**9. 常见故障应急处理**

(1)停电:在孵化过程中,如遇到突然停电而又不能立即发电或恢复供电,则可分别进行如下处理:

① 孵化前期停电(种蛋入孵 10 d 以内):如果确知停电时间不长(几小时以内),而孵化室的温度又在 21 ℃ 以上,那么只要迅速关闭进、出气孔和机门即可。如果室内温度较低,则需生火加温,最好使室温升至 27 ℃ 左右。

② 孵化中期停电(种蛋入孵 10 d 以上,进入出雏机前):要根据胚龄大小,采取相应措施。胚龄在 12 d 左右,停电时间又不长,可打开出气孔;停电时间延长,就要适当调盘。如果胚龄超过 15 d,停电时要立即打开箱门放温,然后再关闭 2~3 h,测定中心和上层的蛋温,发现蛋温升高时,要进行调盘。

③ 孵化后期停电(出雏期内):要先打开机门放温(气温低、蛋量少例外),放温时间长短,可根据室温、蛋温高低确定,注意调盘,必要时还要适当喷凉水以降温。

(2)孵化机故障:根据排除故障所需时间及胚龄长短,分别采取以下处理:

① 短时间内不能修复,另开空机。

② 如果出现故障时胚蛋已超过 10 d,可直接转入出雏机,并将出雏机温度调整到原来的孵化温度。

③ 如果出现故障时胚蛋在 10 d 以内,可将孵化 10 d 以上的另一台孵化机内的胚蛋转入出雏机,而将故障机内的胚蛋转入该机。

（3）雏鸡窒息：打开吊扇和排气扇，加速室内空气循环，并迅速疏散雏鸡盒,按窒息程度将雏鸡分类存放。然后将其放入 37.2 ℃、相对湿度 70% 的出雏机中,待恢复正常后取出即可。

 随堂练习

1. 孵化操作步骤有哪些？
2. 如果电孵箱孵化时突然停电,又没有发电机,应怎样处理？

 知识拓展

**看胎施温口诀（以鸡为例）**

3 天预检"蚊虫"清,4 天"蜘蛛"把壳叮,

5 天正好是"起珠",第一阶段即完成;

6 天"双珠"已出现,七沉八浮背"把边",

9 天"发边"长得猛,稳住温度实要紧,

11 天前全"合拢",第二阶段即完成;

此后变化不明显,血管加粗色渐深,

17 天时已"封门",第三阶段亦完成;

后期蛋温渐增高,眼皮感温显重要;

两种方法配合好,孵化效果就会好。

## 【技能训练 3-2】孵化机的使用

**【目标要求】**　通过训练,使学生掌握机器孵化的操作技术。

**【材料用具】**　孵化机,出雏机,控温仪,温度计,湿度计,孵化操作规程及有关的记录表等。

**【方法步骤】**

（1）认识孵化机的构造:根据实物顺序认识孵化机各部位的名称,了解其结构,熟悉其用法。

（2）电孵箱的操作:根据孵化操作规程,在教师的指导下进行种蛋选择、装盘消毒、预热、入孵、翻蛋、温湿度的观察、照蛋、移盘和出雏等各项实际操作。

（3）孵化日常管理:对正在运行的孵化机和出雏机的温度、湿度、通风孔的开启程度及翻蛋情况等进行观察,并做好相关数据记录。特别注意观察机器控制仪器的灵敏程度和准确度,

遇有不稳定的情况要及时调整。

（4）熟悉各种记录表格：熟悉孵化常用表格，如孵化工作日程计划表（表3-6）、孵化管理记录表（表3-7）、孵化情况一览表（表3-8），掌握安排孵化进程和孵化计划的方法。

【实习作业】　填写表3-6、表3-7、表3-8。

### 表3-6　孵化工作日程计划表　　　　　　____年____月____日

| 品种 | 批次 | 入孵时间 | 入孵种蛋数/枚 | 照蛋时间 | 出雏机消毒 | 移盘时间 | 出雏时间 | 雌雄鉴别 | 免疫接种 | 接雏时间 |
|------|------|----------|----------------|----------|------------|----------|----------|----------|----------|----------|
|      |      |          |                |          |            |          |          |          |          |          |

　　　　　　　　　　　　　　　　　　　　　　　　　　　　　　　　　　　孵化场：_____

注：除"批次"和"入孵种蛋数"外，表中各项填"日/月"。

### 表3-7　孵化管理记录表

第____批　　　　　　　　　　　　　　　　　　　　　　　　____年____月____日

| 时间 | 1号孵化机 | | | | 2号孵化机 | | | | 室内 | | 出雏机 | | 值班人员 |
|------|-----------|---|---|---|-----------|---|---|---|------|---|--------|---|----------|
|      | 温度/℃ | 湿度/% | 翻蛋 | 注水 | 温度/℃ | 湿度/% | 翻蛋 | 注水 | 温度/℃ | 湿度/% | 温度/℃ | 湿度/% | |
|      |        |        |      |      |        |        |      |      |        |        |        |        | |

　　　　　　　　　　　　　　　　　　　　　　　　　　　　　　　　　　　孵化场：_____

### 表3-8　孵化情况一览表　　　　　　____年____月____日

| 批次 | 品种 | 种蛋储存期/d | 入孵日期（日/月） | 入孵时间/h | 入孵蛋数/枚 | 照蛋 | | |
|------|------|--------------|-------------------|------------|-------------|------|---|---|
|      |      |              |                   |            |             | 无精/枚 | 死胚/枚 | 破蛋/枚 |
|      |      |              |                   |            |             |        |         |         |
|      |      |              |                   |            |             |        |         |         |

#### 孵化情况一览表（续）

| 出雏情况 | | | | | 受精率/% | 受精蛋孵化率/% | 入孵蛋孵化率/% | 健雏率/% | 出雏结束时间（日/月） |
|----------|---|---|---|---|----------|----------------|----------------|----------|----------------------|
| 移盘数/枚 | 健雏/只 | 弱雏/只 | 残死/只 | 死胎/枚 | | | | | |
|          |        |        |        |        | | | | | |
|          |        |        |        |        | | | | | |

　　　　　　　　　　　　　　　　　　　　　　　　　　　　　　　　　　　孵化场：_____

### 三、孵化效果的检查与分析

#### (一)衡量孵化效果的指标

**1. 受精率**

受精率指受精蛋个数占入孵蛋个数的比例(%),它是检查种禽饲养质量的重要指标,一般受精率要求在90%以上。

$$受精率=(受精蛋个数/入孵蛋个数)\times100\%$$

**2. 早期死胚率**

早期死胚率指孵化初期(一般指种蛋从入孵到第一次照检的时期)的死胚数占受精蛋数的比例(%)。正常情况下,早期死胚率在1%~2.5%范围内。

$$早期死胚率=(早期死胚数/受精蛋数)\times100\%$$

**3. 受精蛋孵化率**

受精蛋孵化率指出雏数占受精蛋数的比例(%)。它是衡量孵化效果的主要指标,一般要求在90%以上,高水平的可达93%以上。

$$受精蛋孵化率=(出雏数/受精蛋数)\times100\%$$

**4. 入孵蛋孵化率**

入孵蛋孵化率指出雏数占入孵蛋数的比例(%)。它是反映种鸡场和孵化场综合水平的指标,一般应达85%以上。

$$入孵蛋孵化率=(出雏数/入孵蛋数)\times100\%$$

**5. 健雏率**

健雏率指健康雏禽数占出雏数的比例(%),高水平应在96%~98%。

$$健雏率=(健雏数/出雏数)\times100\%$$

#### (二)孵化效果的检查

**1. 照蛋(验蛋)**

用照蛋器的灯光透视胚胎的发育情况,是检查孵化效果的有效方法之一,常用照蛋器见图3-12。通过照蛋可以判断胚胎发育是否正常,以便及时调整孵化条件或改善管理措施;还可以剔除无精蛋和死胚蛋,以提高蛋盘的利用率和孵化率。孵化期一般照蛋2~3次,每次照蛋的胚龄及照检情况见图3-13、图3-14和表3-9。

表3-9 每次照蛋的胚龄及照检情况

| 次别 | 头照 | 二照(抽检) | 三照 |
|------|------|------------|------|
| 照蛋 | 鸡5~6 | 鸡10~11 | 鸡19 |
| 胚龄/d | 鸭6~7 鹅7~8 | 鸭13~14 鹅15~16 | 鸭25~26 鹅28 |

续表

| 次别 | 头照 | 二照(抽检) | 三照 |
|---|---|---|---|
| 照蛋俗称 | "起珠""双珠" | "合拢" | "闪毛" |
| 无精蛋情况 | 蛋内透明,隐约呈现蛋黄浮动暗影,气室边缘界线不明显 | 蛋内透明,蛋黄暗影增大或散黄浮动,不易见暗影,气室增大,边缘界线不明显 | |
| 胚胎发育情况 活胚蛋 | 气室边缘界线明显,胚胎上浮,隐约可见胚体弯曲,头部大,有明显黑点。躯体弯,有血管向四周扩张,分布如蜘蛛状<br><br>弱胚体小,血管色浅、纤细,扩张面小 | 气室增大,边界明显,胚体增大,尿囊血管明显向尖端"合拢",包围全部蛋白<br><br>弱胚发育迟缓,尿囊血管还未合拢,蛋小头色淡透明 | 气室明显增大,边缘界线更明显,除气室外,胚胎占蛋的空间漆黑一团,只见气室边缘弯曲,血管粗大,有时见胚胎黑影闪动<br><br>弱胚气室边缘平齐,可见明显的血管 |
| 胚胎发育情况 死胚蛋 | 气室边缘界线模糊,蛋黄内出现一个红色的血圈或血线 | 气室明显增大,边界不明显,蛋内半透明,无血管分布,中央有死胚团块,随蛋转动而浮动,无蛋温感觉 | 气室增大,边界不明显,蛋内发暗,混浊不清,气室边缘有黑色血管,小头色浅,不温暖 |
| 照蛋目的 | 1. 观察初期胚胎发育是否正常<br>2. 剔除无精蛋和死胚蛋 | 1. 观察前中期胚胎发育是否正常<br>2. 剔除死胚蛋和头照遗漏的无精蛋 | 1. 观察中后期的胚胎发育是否正常<br>2. 剔除死胚蛋 |

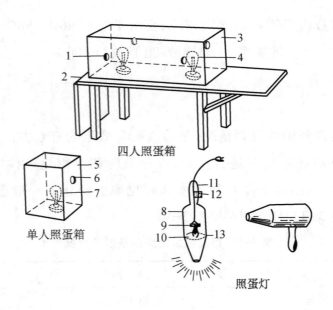

四人照蛋箱

单人照蛋箱

照蛋灯

图 3-12　常用照蛋器

1,6.照蛋孔　2.照蛋桌　3,5.照蛋箱　4,7.100 W 灯泡　8.铁皮外壳

9.手电筒灯座　10.8~12 V 电源　11.木柄　12.推式开关　13.手电筒反光碗

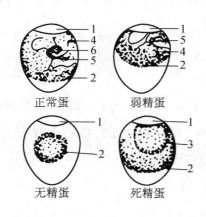

图 3-13　头照时各种蛋的特征

1.气室　2.卵黄　3.血圈　4.血管

5.胚胎　6.眼睛

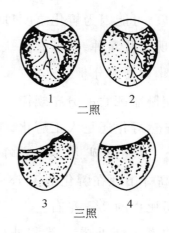

图 3-14　二照、三照时胚胎的变化

1,3.正常胚胎　2.弱胚　4.死胚

**2. 观察蛋重和气室的变化**

在孵化过程中,由于蛋内水分蒸发,胚蛋逐渐减轻,气室逐渐增大。正常情况下,在鸡蛋孵化的 1~19 d 中,蛋重减轻 10%~13%,平均每天减重 0.55% 左右。如果蛋的减重超出正常标准过多,则照蛋时气室很大,可能是孵化湿度过低,温度偏高和通风过大,水分蒸发过快;如果蛋的减重低于标准过多,则气室小,可能是湿度过大,蛋的品质不良。测定蛋重的方法是入孵前选出一盘蛋,作为测重对照标准用,并定时称重。每次测重前首先拣出无精蛋和中途死亡的胚蛋,然后称重,计算减重的比例,并与标准进行比较。

**3. 啄壳和出雏的观察**

(1) 观察啄壳和出雏的时间:孵化正常时,啄壳和出雏的时间比较一致、集中。如鸡蛋孵化时,20 d 开始出雏,20.5 d 时达到高峰,满 21 d 时应全部出齐。如果种禽营养不良或孵化温度偏低,则啄壳、出雏时间后延;如果孵化温度偏高,则啄壳、出雏时间提前。出雏时间过早、过迟或没有明显的出雏高峰都是孵化不正常的表现,会造成孵化率降低和雏禽品质变差。

(2) 观察初生雏:通过观察初生雏禽的质量来检查孵化效果。弱残雏数越少,健雏率越高,孵化效果越好。健雏绒毛洁净有光泽,卵黄吸收完全,脐口愈合良好,体形匀称,站立稳健,反应灵敏,叫声洪亮,大小适中;而弱雏绒毛混乱,腹大,卵黄吸收不完全,脐口愈合不良,体躯干瘪瘦小,站立不稳,反应迟钝。

**4. 死胎的病理剖检**

孵化条件不良和种蛋品质不好时,会导致孵化过程中胚胎的死亡,死亡的胚胎常常表现出许多病理变化。因此,出雏结束后应对死胎进行剖检。剖检时首先判定死亡日龄,注意皮肤、肝、胃、心脏等内部器官和胸、腹腔等的病理变化,以确定胚胎死亡的原因。如剖检时发现充血、溢血等现象,可能因为孵化温度过高;如发现雏禽有脑水肿现象,则可能因为维生素 $B_2$ 缺乏;如雏禽出现皮肤浮肿,则可能是缺乏维生素 $D_3$ 等。

### (三)孵化效果的分析

**1. 孵化期胚胎死亡的分布规律**

无论是自然孵化还是人工孵化,孵化期胚胎死亡不是平均分布的,而是存在着两个死亡高峰(图 3-15)。以鸡为例,第一个高峰出现在孵化前期的 3~5 d,死亡数占全部死亡数的15%~20%;第二个高峰出现在孵化的第 18~20 d,死亡数约占全部死亡数的50%。两个高峰期的死亡率共占全期死亡的 2/3 左右。

胚胎死亡率的高低受内部和外部两方面因素的影响。内部因素是指种蛋的内部品质,与种禽的饲养有关;外部因素是指孵化过程中所给予的孵化条件。第一个死亡高峰正是胚胎生长迅速以及形态变化显著的时期,从某种意义上说受内部因素影响较大。第二死亡高峰正是胚胎从尿囊呼吸过渡到肺呼吸时期,此时生理变化剧烈,需氧量增多,自温增加较快,易感染传染病,对孵化环境及管理要求较高。因而外部因素对第二个死亡高峰影响较大。

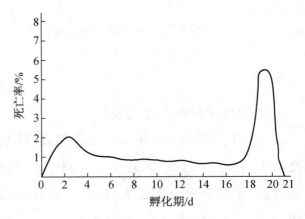

图 3-15　鸡胚正常死亡曲线

**2. 不同孵化阶段禽胚死亡原因分析**

(1)前期死亡(鸡 1~6 d、鸭 1~7 d、鹅 1~8 d):种禽的营养水平与健康状况不良,主要是缺乏维生素 A、维生素 $B_2$ 等;种蛋储存时间过长,保存温度过高或受冻;种蛋熏蒸消毒过度;孵化前期温度过高;种蛋运输时受剧烈震动等。

(2)中期死亡(鸡 7~12 d、鸭 8~15 d、鹅 9~17 d):种禽日粮中缺乏维生素 $B_2$ 和维生素 $D_3$ 等;脏蛋未消毒;孵化温度过高,通风不良;翻蛋不当等。

(3)后期死亡(鸡 13~18 d、鸭 16~23 d、鹅 19~25 d):种禽的营养水平差;气室小说明湿度过高;胚胎如有明显充血现象,说明有过一段时间高温;如胚胎发育极度衰弱,说明温度过低。

(4)闷死壳内:出雏时温度、湿度过高,通风不良等。

(5)啄壳后死亡:若小洞口黏液多,系高温高湿,通风不良;孵化温度过高、湿度过低;在胚胎利用蛋白营养时遇到高温;种禽健康状况不良,有致死基因;开始两周未翻蛋等。

具体孵化不良原因的分析见表 3-10。

表 3-10　孵化不良原因分析一览表

| 原因 | 新鲜蛋 | 第一次照蛋 | 中间抽检 | 第二次照蛋 | 死胎 | 初生雏 |
|---|---|---|---|---|---|---|
| 维生素 A 缺乏 | 蛋黄淡白 | 无精蛋多，死亡率高 | 发育略迟 | 生长迟缓，肾有盐类结晶的沉淀物 | 肾及其他器官有盐类沉淀物，眼睛水肿 | 带眼病的弱雏多 |
| 维生素 D 缺乏 | 壳薄而脆，蛋白稀薄 | 死亡率略有增高 | 尿囊发育迟缓 | 死亡率显著增高 | 胚胎有营养不良的特征 | 出壳拖延，初生雏软弱 |
| 核黄素缺乏 | 蛋白稀薄 | — | 发育略有迟缓 | 死亡率增高，蛋重损失少 | 死胚有营养不良的特征，绒毛蜷缩，脑膜浮肿 | 颈和脚麻痹，绒毛卷起 |
| 陈蛋 | 气室大，系带和蛋黄膜松弛 | 1～2 日龄死亡多，胚盘的表面有泡沫出现 | 发育迟缓 | 发育迟缓 | — | 出壳时间拖长 |
| 冻蛋 | 很多蛋的外壳破裂 | 1 日龄死亡率高，蛋黄膜破裂 | — | — | — | — |
| 运输不良 | 破蛋多，气室流动 | — | — | — | — | — |
| 前期过热 | — | 多数发育不好，充血、溢血和异位 | 尿囊早期包围蛋白 | 异位，心、胃和肝变形 | 异位，心、胃和肝变形 | 出壳早 |
| 后半期长时间过热 | — | — | — | 啄壳较早 | 很多胚胎破壳后死亡，蛋黄、蛋白未吸收好，卵黄囊、肠和心脏充血 | 出壳较早，但拖延时间长，体小、绒毛黏着，脐带愈合不良 |
| 温度不足 | — | 生长发育非常迟缓 | 生长发育非常迟缓 | 生长发育非常迟缓，气室边界平齐 | 尿囊充血，心脏肥大，蛋黄吸入，但呈绿色，肠内充满蛋黄和粪 | 出壳晚而拖延，幼雏不活泼，脚站立不稳、腹大，有时下痢 |

续表

| 原因 | 新鲜蛋 | 第一次照蛋 | 中间抽检 | 第二次照蛋 | 死胎 | 初生雏 |
|---|---|---|---|---|---|---|
| 湿度过大 | — | — | 尿囊合拢延迟 | 气室边界平齐,蛋重损失少,气室小 | 在啄壳时喙黏在蛋壳上,嗉囊、胃和肠充满液体 | 出壳晚而拖延,绒毛粘连蛋液,腹大 |
| 湿度不足 | — | 死亡率高,充血并黏在蛋壳上 | 蛋重损失大,气室大 | — | 外壳膜干而结实,绒毛干燥 | 出壳早,绒毛干燥、发黄,有时黏壳 |
| 通风换气不良 | — | 死亡率增高 | 在羊水中有血液 | 在羊水中有血液,内脏器官充血及溢血 | 在蛋的锐端啄壳 | — |
| 翻蛋不正常 | — | 蛋黄黏于壳膜上 | 尿囊尚未包围蛋白 | 在尿囊之外有剩余的蛋白 | — | — |

注:引自《家禽学》第 3 版,四川人民出版社,1993。

### (四) 提高孵化率的途径

**1. 提高种蛋受精率**

种禽饲喂中提供全价配合饲料,满足种禽正常生长发育和产蛋的营养需要,维持良好的种用体况,并防止疾病的发生。加强对种公禽的选择,并保持适当的雌雄比例。

**2. 确保入孵前种蛋的质量**

根据蛋重、蛋形、蛋壳质量及蛋的清洁度严格挑选种蛋。种蛋最好在产出后 3~4 d 内入孵。种蛋储存的环境要清洁卫生,掌握好温度、湿度及通风换气等环境条件。

**3. 保证适宜的孵化条件**

根据气候条件的不同、孵化机类型的差异、种蛋的遗传品质、入孵蛋的数量等因素,正确掌握适宜的孵化温度和湿度。保持孵化场和孵化机内的空气新鲜、清洁。抓住孵化过程中的两个关键时期,即孵化前期(1~7 d)注意保温,孵化后期(鸡 18~21 d,鸭 24~28 d,鹅 26~31 d)重视通风。

**4. 合理设计孵化流程,严格执行消毒程序**

孵化室设计要合理,种蛋质检、储存、消毒、孵化、出雏、存雏及发雏实行隔离操作,种蛋按一个顺序流向,以减少环节交叉带来疾病重复感染的机会。保持孵化室内外的清洁卫生,定期对孵化室的环境和孵化器具进行消毒。种蛋在集蛋后和入孵前都应认真进行熏蒸消毒,转盘后出雏机内也要进行熏蒸消毒。

随堂练习

1. 如何检查孵化效果？

2. 孵化后期胚胎死亡率过高,可能由哪些原因引起？

3. 结合生产实际,谈谈提高孵化率的综合措施。

# 【技能训练 3-3】胚胎发育生物学检查

**【目标要求】**　通过训练,要求学生掌握孵化过程中胚胎发育生物学检查的一般方法。

**【材料用具】**　孵化不同日龄的活胚蛋、死胚蛋,鸡胚发育图谱,照蛋器,镊子,手术剪,培养皿,电子秤等。

**【方法步骤】**

（1）照蛋:用照蛋器透视检查孵化 5~7 d、10~11 d、17~18 d 鸡胚的发育情况,比较各期的无精蛋、死胚、弱胚和正常胚的明显特征(见图 3-13、图 3-14)。

（2）蛋重变化的测定:入孵前称测一个盘的蛋重,计算平均每个蛋的质量。孵化过程中,分 3 个不同时期,剔除无精蛋和死胚蛋,称量所剩活胚蛋的质量,计算平均每个活胚蛋重,然后计算出各阶段的减重百分率并与正常减重率进行比较,以了解减重情况是否正常。鸡蛋孵化正常减重率见表 3-11。

表 3-11　鸡蛋孵化过程中的减重率

| 孵化日数/d | 6 | 12 | 19 |
|---|---|---|---|
| 减重/% | 2.5~4 | 19 | 12~14 |

（3）死胚剖检:打开死胚蛋并撕开壳膜,首先注意胚胎的位置,尿囊和羊膜的状态,从外形特征判定日龄。再按皮肤、绒毛、头、颈和脚的顺序,观察胚胎的外部形态,然后用小剪刀剖开体腔观察肠、胃、心、肺和肾等内部器官的病理变化。观察时注意有无充血、贫血、出血、水肿、肥大、萎缩、变性和畸形等,对照孵化不良原因分析表,判定胚胎死亡的原因。

（4）啄壳、出壳的观察:移蛋后一般每 6 h 观察一次破壳出雏情况,判断啄壳的时间是否正常,并注意啄壳的部位,有无粘连雏体或绒毛湿脏的现象。

（5）初生雏的观察:雏鸡孵出后,观察雏鸡的活动和结实程度、体重的大小、卵黄吸收情况、绒毛色素、雏体整洁程度和毛的长短,还应注意有无畸形、眼疾、蛋黄未吸入、脐带开口流血、骨骼短而弯曲、脚和头麻痹等。

**【实习作业】**　完成表 3-12。

表 3-12　胚胎发育生物学检查

| 照蛋检查 | 头照 | 总数/枚 | 正常/枚 | 无精/枚 | 弱胚/枚 | 死胚/枚 |
|---|---|---|---|---|---|---|
| | | | | | | |
| | 抽检 | 总数/枚 | | 正常/枚 | 弱胚/枚 | 死胚/枚 |
| | | | | | | |
| | 二照 | 总数/枚 | | 正常/枚 | 弱胚/枚 | 死胚/枚 |
| | | | | | | |
| 蛋重测定 | 胚龄/d | 6 | | 12 | | 19 |
| | 失重比例/% | | | | | |
| 死胚剖检 | 特征 | 胚龄判断 | | 死亡原因分析 | | |
| | | | | | | |
| | | | | | | |
| 啄壳出壳观察 | | | | | | |
| 初生雏观察 | | | | | | |

## 任务 3.4　初生雏的处理

【课堂学习】

　　初生雏出壳后及时处理,有利于提高雏鸡的成活率。本节介绍初生雏的分级、雌雄鉴别、免疫、断趾、包装和运输等技术。

### 一、初生雏的分级与暂存

#### (一) 初生雏的分级

　　雏禽孵出后稍经休息,就应按体质强弱、出雏时间、不同禽群或不同禽舍等进行分级。初生雏鸡的分级标准见表 3-13。

表 3-13　初生雏鸡的分级标准

| 鉴别项目 | 强雏特征 | 弱雏特征 |
|---|---|---|
| 精神状态 | 活泼健壮，眼大有神 | 呆立嗜睡，眼小细长 |
| 腹部 | 大小适中，平坦柔软，表明卵黄吸收良好 | 腹部膨大，突出，表明卵黄吸收不良 |
| 脐部 | 愈合良好，有绒毛覆盖，无出血痕迹 | 愈合不良，大肚脐，潮湿或有出血痕 |
| 肛门 | 干净 | 污秽不洁，有黄白色稀便 |
| 绒毛 | 长短适中，整齐清洁，富有光泽 | 过短或过长，蓬乱玷污，缺乏光泽 |
| 两肢 | 两肢健壮，站得稳，行动敏捷 | 站立不稳，喜卧，行动蹒跚 |
| 感触 | 有膘，饱满，温暖，挣扎有力 | 瘦弱、松软，较凉，挣扎无力，似棉花团 |
| 鸣声 | 响亮清脆 | 微弱，嘶哑或尖叫不休 |
| 体重 | 符合品种要求 | 过大或过小 |
| 出壳时间 | 多在 20.5~21 d 间按时出壳 | 扫摊雏、人工助产或过早出的雏 |

### （二）初生雏的暂存

健雏挑出后，需存放在专用的存雏室内，室内温度保持在 25~29℃，相对湿度保持在 65% 左右，空气新鲜。雏禽定量分盘存放，盘与盘可重叠堆放，但最下层要用空盘或木板垫起，防止存雏室温度过低造成雏禽挤压死亡。雏盘重叠堆放的高度也不能过高，堆与堆间应留有通风间隙，防止过热使雏禽出汗甚至闷热窒息死亡。雏禽在存雏室存放时间不可过久，应尽快完成相应的管理措施，并及时运往育雏舍喂水开食。

## 二、初生雏的雌雄鉴别

雏禽出壳后进行性别鉴定，在育种工作和生产中都具有重要的意义。蛋用型雏禽可将公雏及时淘汰或催肥后作肉用；肉用型雏禽实行雌雄分养，可以提高禽群的均匀度和饲料效率。初生雏禽的雌雄鉴别方法常见的有以下几种。

### （一）翻肛或触摸鉴别法

**1. 初生雏鸡的雌雄鉴别**

主要是用肉眼观察生殖突起的有无和状态。生殖突起是指翻开初生雏鸡的肛门后，在泄殖腔口下方的中央看到的一个微粒状突起。在其两侧斜向内方有呈八字形的皱襞，称为八字皱襞。雌雄雏鸡在胚胎发育初期都有生殖突起，但母雏在胚胎发育后期，开始退化，出壳前已消失。少数母雏退化的生殖突起仍有残留，但在组织形态上与公雏的生殖突起仍有差异。公雏的生殖突起充实、饱满，轮廓鲜明，表面紧张而有光泽，有弹性，用指头轻轻压迫不易变形，周围组织陪衬有力，八字皱襞明显。大部分母雏无生殖突起，少部分残留生殖突起，则表现为不充实，有萎缩感，缺乏弹力，周围组织陪衬无力，八字皱襞不明显（图 3-16、图 3-17）。

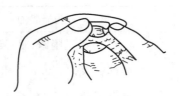

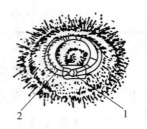

图 3-16　翻肛手势图　　　　　图 3-17　翻肛鉴别法
1. 生殖突起　2. 八字皱襞

**2. 初生雏鸭、雏鹅的雌雄鉴别**

鸭、鹅公雏具有伸出的外部生殖器,翻开肛门即可见 0.2~0.3 mm 状似芝麻的阴茎,容易准确判别。常用的鉴别方法有以下几种。

（1）翻肛鉴别法:用左手握雏,让鸭(鹅)雏头朝外、腹部朝上、背向下,呈仰卧姿势,肛门朝上斜向鉴别者。左手中指与无名指夹住雏鸭(鹅)两脚的基部,食指贴靠在雏鸭(鹅)的背部,拇指置于泄殖腔右侧,头及颈部任其自然(图 3-18A)。然后将右手的拇指和食指,置于泄殖腔左侧(图 3-18B),用左拇指、右拇指和食指轻轻翻开泄殖腔(图 3-18C)。如果在泄殖腔下方见到螺旋形皱襞,即为雄雏;若看不到螺旋形阴茎雏形,仅有呈八字状的皱襞,则为雌雏(图3-18D)。

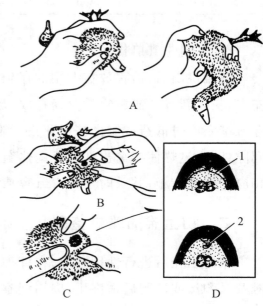

图 3-18　初生雏鸭(鹅)翻肛鉴别法
1. 八字状皱襞　2. 阴茎雏形

（2）捏肛鉴别法:以左手拇指、食指在鸭(鹅)颈部分开,握住雏鸭(鹅),右手拇指、食指即将肛门两侧捏住,上下或前后稍一揉搓,感到有一芝麻大小的小突起,尖端可以滑动,根端相对固定,即为阴茎。

（3）顶肛鉴别法:用左手捉住鸭(鹅),以右手的中指在鸭(鹅)的肛门部位轻轻往上一顶(食指与无名指则左右夹住体侧),如感觉有小突起,即为雄雏。

（4）雏鸭鸣管鉴别法:利用触摸公、母鸭鸣管大小的差异来鉴别雌雄。触摸时,左手大拇指与食指抬起鸭头,右手从腹部握住雏鸭,食指触摸颈基部,如有直径 3~4 mm 的小突起,雏鸭鸣叫时感觉到振动,即为公雏鸭(图 3-19)。

**3. 初生鹌鹑的雌雄鉴别**

左手团握或夹握鹌鹑,然后用左拇指、右拇指和食指轻轻翻开泄殖腔。在灯光下观察泄殖腔内黏膜颜色及是否有生殖突起。黏膜黄赤色又有生殖突起的为雄雏鹑,黏膜浅黑色而无生

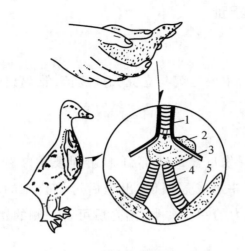

图 3-19 初生雏鸭鸣管鉴别法

1. 气管 2. 鸣管 3. 胸骨气管肌 4. 支气管 5. 肺

殖突起的为雌雏鹑（图 3-20）。

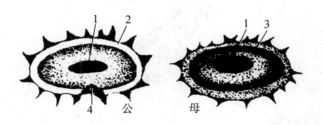

图 3-20 初生鹌鹑肛门鉴别法

1.直肠开口 2.黄赤色 3.浅黑色 4.生殖突起

### （二）自别雌雄法

利用伴性遗传原理，用特定的品种或品系杂交，所生的后代可根据羽毛的颜色和羽毛的生长速度等来自别雌雄。现代养鸡业中普遍采用的有以下两种方法。

**1. 银白色羽对金黄色羽**

银白色与金黄色是一对伴性基因，银白色为显性，金黄色为隐性。用银白色羽毛的母鸡与金黄色羽毛的公鸡交配，子一代中，公鸡为银白色羽毛，母鸡为金黄色羽毛。

**2. 慢生羽对快生羽**

慢生羽与快生羽是一对伴性基因，慢羽为显性，快羽为隐性。用慢生羽的母鸡与快生羽的公鸡交配，子一代中，公鸡为慢羽型，母鸡为快羽型。目前，褐壳蛋鸡一般应用羽色自别雌雄，白壳蛋鸡、肉鸡和褐壳蛋祖代鸡应用羽型自别雌雄。

### 三、初生雏的免疫及断趾

#### （一）初生雏的免疫

在孵化场内要接种的疫苗主要是鸡马立克氏病疫苗，雏鸡出壳后 24 h 内皮下注射鸡马立克氏病疫苗，以预防鸡马立克氏病。

#### （二）初生雏的断趾

为了防止公禽在交配时踩伤母禽的背部，1 日龄时要用断趾器截断其后趾、内趾的趾爪。另外，为了减少公鸡长大后啄斗造成冠损伤，出壳后可将公雏的鸡冠全部剪掉；对于雉鸡、野鸭、番鸭等长大后具有低飞能力的一些禽类，出壳后可将一侧的翅尖切掉（图 3-21）。

图 3-21　断趾示意图

### 四、雏禽的包装和发运

#### 1. 装箱

待运的初生雏禽需用专用的运雏箱装运（图 3-22）。运雏箱可用瓦楞纤维板或塑料制成。塑料运雏箱可重复使用，但用后必须认真洗涤和消毒。现普遍使用的运雏箱一般分隔成 4 个小室，每小室装 25 只，总容量为 100 只。这样可避免运输途中雏禽相互挤压造成损伤，也方便计数。在箱的底部应铺上柔软且吸湿力强的垫料，以防雏禽滑倒。运雏箱除侧壁设有通气孔外，箱底部四角还应设有 2~3 cm 高的地脚，也可将隔板延伸穿出箱底而构成地脚。

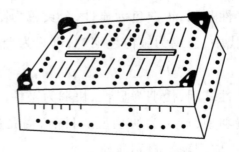

图 3-22　运雏箱

### 2. 填发出场合格证

无论买方现场提货,还是委托卖方托运,雏禽出场时均应填发种禽合格证、运输工具消毒证和检疫证等相关证件,式样见表 3-14、表 3-15、表 3-16。

**表 3-14 动物及动物产品运载工具消毒证明**

货主:                                                                        No

| | | | | |
|---|---|---|---|---|
| 经农业部批准印制 | 承运单位 | | | |
| | 运载工具名称 | | 运载工具号码 | |
| | 启运地点 | | 到达地点 | |
| | 装运前业经 | 消毒 | 消毒单位(章)  年  月  日 | |
| | 卸货后业经 | 消毒 | 消毒单位(章)  年  月  日 | |

注:1."消毒"前空隙填写所用消毒药的名称、浓度和消毒方法。

2.运载工具消毒证明有效期与当次运输动物或动物产品的检疫合格证明有效期相同。

**表 3-15 动物产地检疫合格证明**

畜主:                                                                        No

| | | | | |
|---|---|---|---|---|
| 经农业部批准印制 | 动物种类 | | 产地 | 乡(镇)  村 |
| | 单位 | | 数量(大写) | |
| | 免疫证号 | | 用途 | |
| | 本证自签发之日起_____内有效  动物检疫员(签章)  单位(章)  注:1.大中动物一头一证。  2.此证仅限县境内使用。  年  月  日签发 | | | |

注:猪、牛、马、羊等大中动物一头一证;同一畜主、同一来源、同一批次、同一运载工具的禽、兔等小动物可开具一张证明;数字须用大写汉字填写,第一个数字要靠近前框线,不要留下能填写数字的空格;有效期一般 1~2 d,最长不得超过 7 d;赛马等特殊用途的动物有效期可延长至 15 d。

**表 3-16　出县境动物检疫合格证明**

畜主：　　　　　　　　　　　　　　　　　　　　　　　　　　　　　　　　No

<table>
<tr><td rowspan="9">经农业部批准印制</td><td>动物种类</td><td></td><td>单　　位</td><td></td><td>数量（大写）</td><td></td></tr>
<tr><td>启运地点</td><td></td><td>到达地点</td><td></td><td>用途</td><td></td></tr>
<tr><td>备注</td><td></td><td colspan="4"></td></tr>
<tr><td colspan="3">本证自签发之日起_____内有效<br><br>动物检疫员（签章）<br><br>单位（章）<br><br>　　　　　　　　　　　年　月　日签发</td><td colspan="3">铁路（航空、水路）<br><br><br>动物防疫监督（盖章）<br><br><br>　　　　　　　　　年　月　日</td></tr>
</table>

注：1. 数量栏填写同一畜主、同一运载工具的动物数量，地点应填写起始和到达地点的县名。调运出省时，在县名前冠以省名。

2. 铁路（航空、水路）动物防疫监督机构（签章）：经派驻铁路、航空、水路的动物防疫监督机构和人员查验，符合规定或抽检未发现异常，动物防疫监督机构签字并加盖动物防疫监督机构或其派出机构专用章后放行；其他填写同《动物产地检疫合格证明》。

## 种禽合格证

兹有 _____ 从我场［种畜禽生产经营许可证号：（　　　　）_____］购买_____品种_____代种禽苗_____羽（套）或种蛋_____枚，经检验合格，特此证明。

　　　　　　　　　　　　　　　　　　供种单位（盖章）

　　　　　　　　　　　　　　　　　　质检人员（签名）

　　　　　　　　　　　　　　　　　　签发日期　　年　月　日

（第一联：供种单位留存）

-------------------- 盖 -------------------- 章 --------------------

## 种禽合格证

兹有 _____ 从我场［种畜禽生产经营许可证号：（　　　　）_____］购买_____品种_____代种禽苗_____羽（套）或种蛋_____枚，经检验合格，特此证明。

供种单位(盖章)

质检人员(签名)

签发日期　　年　月　日

（第二联：购种单位留存）

### 随堂练习

1. 初生雏暂存时应注意哪些问题？

2. 初生雏雌雄鉴别的方法有哪些？

### 知识拓展

## 初级孵化工上岗条件及工作要求

### （一）上岗条件

经本职业初级正规培训取得结业证书或在本职业连续见习工作1年以上者，且符合以下要求者均可上岗。

### （二）工作要求

初级孵化工的工作要求

| 工作内容 | 技能要求 | 相关知识 |
| --- | --- | --- |
| 种蛋管理 | 1.能进行种蛋标记<br>2.能收集、初选、消毒种蛋<br>3.能按品种、品系分类 | 1.品系种蛋的标记知识<br>2.集蛋、装箱、选择和消毒知识 |
| 孵化操作 | 1.能进行种蛋码盘入孵操作<br>2.能进行胚蛋照检、移盘操作<br>3.能进行拣雏操作<br>4.能对孵化设备进行清洗消毒<br>5.能进行孵化生产日常记录 | 1.种蛋码盘入孵操作知识<br>2.胚蛋照检、移盘操作<br>3.拣雏操作知识<br>4.常用消毒器具的使用知识<br>5.孵化生产记录知识 |
| 初生雏管理 | 1.能对初生雏进行计数、装箱操作<br>2.能对初生雏进行存放<br>3.能对初生雏进行免疫接种操作 | 1.初生雏计数、装箱知识<br>2.初生雏存放知识<br>3.初生雏免疫接种知识 |

## 中级孵化工上岗条件及工作要求

**（一）上岗条件**

具备以下条件之一者。

第一，取得本职业初级职业资格证书后，连续从事本职业工作 2 年以上，经本职业中级正规培训取得结业证书。

第二，取得本职业初级职业资格证书后，连续从事本职业工作 3 年以上。

第三，连续从事本职业工作 4 年以上。

第四，取得经劳动保障行政部门审核认定的，以中级技能为培养目标的中等以上职业学校本职业（专业）毕业证书。

第五，取得中专或大专本专业或相关专业毕业证书者。

**（二）工作要求**

### 中级孵化工的工作要求

| 工作内容 | 技能要求 | 相关知识 |
|---|---|---|
| 种蛋管理 | 1.能选留种蛋<br>2.能保存种蛋 | 1.种蛋选留标准知识<br>2.种蛋保存相关知识 |
| 孵化操作 | 1.能进行孵化机日常管理<br>2.能对停电采取应急措施<br>3.能统计孵化生产成绩 | 1.孵化机的使用知识<br>2.孵化停电应急措施的相关知识<br>3.孵化成绩的统计知识 |
| 初生雏管理 | 1.能进行初生雏剪冠、断趾操作<br>2.能进行鸡雏羽色、羽速性别鉴定<br>3.能进行鸭、鹅雏翻肛、捏肛性别鉴定 | 1.初生雏剪冠、断趾知识<br>2.初生雏羽色、羽速性别鉴定知识<br>3.鸭、鹅雏翻肛、捏肛性别鉴定知识 |

## 【技能训练3-4】初生雏鸡的处理

**【目标要求】** 通过训练，学会初生雏鸡分级、剪冠和断趾的方法，初步掌握初生雏鸡雌雄鉴别和马立克氏病疫苗接种的技术。

**【材料用具】** 初生雏鸡（能根据羽色和羽速自别雌雄的杂交一代）、鸡马立克氏病疫苗、眼科手术剪、去趾器、200 W 灯泡、连续注射器等。

**【方法步骤】**

（1）初生雏鸡的分级：根据初生雏的活力、蛋黄吸收和脐带愈合情况等进行强弱分级。

（2）剪冠：用眼科手术剪从前向后贴冠基部齐头剪去。

（3）断趾：用断趾器将第一、二趾指甲跟部的关节切去并烧灼止血。

（4）初生雏鸡的雌雄鉴别

① 羽速鉴别法：用慢羽母鸡与快羽公鸡交配，所生雏鸡慢羽是公雏，快羽是母雏。鉴别时打开雏鸡翅膀，观察主翼羽与覆主翼羽的相对长度。一般主翼羽长于覆主翼羽 2 mm 及其以上为快羽、母雏；主翼羽长于覆主翼羽 2 mm 以内，等于或短于覆主翼羽者为慢羽、公雏。

② 羽色和羽斑鉴别法：用带银白色基因的母鸡与带金黄色基因的公鸡交配，所生雏鸡银白色绒羽的是公雏，金黄色绒羽的是母雏。同样用横斑的母鸡与非横斑的公鸡交配，所生雏鸡横斑的是公雏，非横斑的是母雏。

③ 翻肛鉴别法：首先抓起雏鸡，以拇指和食指轻轻压迫其腹部排出胎粪，以利翻肛。鉴别时，以左手握鸡，将雏鸡颈部夹在中指与无名指之间，两脚夹在无名指与小指之间，用力要轻，不得损伤雏鸡。然后将左手拇指靠近腹侧，以右手食指和拇指按在肛门两旁，三指凑拢一挤，肛门即可翻开。在强光下观察生殖突起的有无，区别雌雄。翻肛的手势及雄雏的生殖突起见图3-16、图 3-17。

（5）免疫：初生雏经性别鉴定后，应立即接种鸡马立克氏病疫苗。其方法是用连续注射器在雏鸡的颈部皮下注射稀释后的疫苗，具体剂量按疫苗说明书执行。

【实习作业】　完成表 3-17。

表 3-17　初生雏鸡的处理

| 雏鸡分级 | 品种 | 雏鸡总数/只 | 健雏/只 | 弱雏/只 | 残次雏/只 |
|---|---|---|---|---|---|
|  |  |  |  |  |  |
| 雌雄鉴别 | 雏鸡总数/只 | | 雌雏/只 | | 雄雏/只 |
| 羽速鉴别 |  |  |  |  |  |
| 羽色鉴别 |  |  |  |  |  |
| 翻肛鉴别 |  |  |  |  |  |
| 剪　　冠 | 实际操作：　　只；　　成功：　　只；失败　　只。 | | | | |
| 断　　趾 | 实际操作：　　只；　　成功：　　只；失败　　只。 | | | | |
| 免　　疫 | 实际操作：　　只；　　成功：　　只；失败　　只。 | | | | |
| 体　　会 |  | | | | |

## 项目测试

一、名词解释

1. 胚盘（胚珠）：

2. 看胎施温：

3. 恒温孵化：

4. 变温孵化：

5. 受精率：

6. 受精蛋孵化率：

7. 入孵蛋孵化率：

8. 健雏率：

二、填空题

1. 禽蛋一般分为_____、_____、_____、_____和_____5个部分。

2. 种蛋保存最适宜的温度是_____,相对湿度是_____,时间一般以不超过_____为宜。

3. 在正常情况下,鸡的孵化期为_____天,鸭为_____天,鹅为_____天,番鸭为_____天。

4. 家禽胚胎发育早期形成的胚外膜是_____、_____、_____、_____。

5. 在孵化期翻蛋的目的是_____、_____、和_____,一般每隔_____小时翻蛋一次。

6. 鸡蛋孵化期内一般进行_____次照蛋,第一次在入孵后_____天进行,其目的是_____;中间抽检一般在_____进行,其目的是_____;第二次照蛋在_____进行,其目的是_____。

三、判断题

1. 种蛋自母禽体内产出到入孵一般要进行两次消毒。　　　　　　　　（　　）

2. 鸡蛋入孵第五天,照蛋时可见尿囊血管在蛋的大头合拢,俗称"合拢"。（　　）

3. 卵黄囊是最早形成的胚膜。　　　　　　　　　　　　　　　　　　（　　）

4. 种蛋分批入孵一般采用变温孵化,整批入孵一般采用恒温孵化。　　（　　）

5. 因为水禽蛋较鸡蛋大,所以孵化后期要凉蛋。　　　　　　　　　　（　　）

6. 胚蛋从孵化机内移入出雏机后应停止翻蛋,提高湿度。　　　　　　　　　　（　　）

7. 孵化过程中如遇停电,应尽快关闭进、排气孔和机门,以防散热。　　　　　（　　）

8. 用银白色羽毛的母鸡与金黄色羽毛的公鸡交配,子一代中,公鸡为金黄色羽毛,母鸡为银白色羽毛。　　　　　　　　　　　　　　　　　　　　　　　　　　　　　　　（　　）

四、简答题

1. 合格种蛋应符合哪些要求?

2. 简述 4 种胚外膜的主要功能。

3. 如何进行"看胎施温"?

4. 水禽蛋孵化中为什么要进行凉蛋,其方法有哪几种?

5. 常用的孵化机有哪几种,一般由哪几部分组成?

6. 在孵化前应做好哪些准备工作?

7. 上蛋时应注意哪些问题?

五、问答题

1. 分析常见畸形蛋形成的原因。

2. 如何检查孵化效果?

3. 分析孵化前期、中期和后期胚胎死亡的原因。

4. 如何提高孵化率?

# 项目 4

## 蛋鸡规模化生产

 学习提要

### ▪ 知识点

1. 雏鸡、育成鸡和产蛋鸡的生理特点。

2. 雏鸡的培育技术。

3. 育成鸡的饲养管理技术。

4. 产蛋鸡的产蛋规律,商品蛋鸡、蛋种鸡的饲养管理技术。

### ▪ 技能点

1. 育雏前的准备工作。

2. 雏鸡的断喙技术。

3. 育成期均匀度的测定。

4. 产蛋曲线的绘制与分析。

5. 产蛋鸡的选择。

6. 种鸡的人工授精技术。

## 任务 4.1 雏鸡的饲养管理

【课堂学习】

雏鸡是指 0~6 周龄的小鸡。了解雏鸡的生理特点,采取相应的技术措施,进行科学的饲养管理,对提高雏鸡成活率至关重要。本节介绍雏鸡的生理特点、育雏前的准备工作以及雏鸡的饲养管理技术。

## 一、雏鸡的生理特点

### 1. 体温调节机能不完善

初生雏鸡个体小、绒毛稀,较成年鸡的体温低 2~3 ℃,到 10 日龄时才能达到成年鸡体温,3 周龄左右体温调节机能逐渐趋于完善,7~8 周龄以后才具有适应外界环境变化的能力。因此,必须给 0~6 周龄雏鸡提供一个适宜的环境温度。

### 2. 生长发育迅速,代谢旺盛

蛋用雏鸡 2 周龄的体重约为初生体重的 2 倍,6 周龄体重为初生体重的 10 倍。雏鸡代谢旺盛,耗氧量大。所以,在饲养上要满足其营养需要,管理上要注意供给新鲜空气。

### 3. 羽毛生长迅速

幼雏的羽毛生长特别快,在 3 周龄时羽毛为体重的 4%,到 4 周龄增加到 7%。因此,雏鸡对日粮中蛋白质的含量特别是含硫氨基酸水平要求较高。

### 4. 胃肠容积小,消化能力弱

雏鸡消化系统发育不健全,胃肠容积小,采食量有限,又缺乏某些消化酶,肌胃研磨能力差。在饲养上应注意饲喂纤维含量低、易消化的饲料。

### 5. 对外界环境反应敏感

雏鸡胆小易惊群,应保持育雏舍环境安静,防止各种噪声和新奇的颜色,严禁陌生人进入。

### 6. 抗病力差

雏鸡个体较小,免疫机能差,较易得病。因此,应做好雏鸡的防病工作。

## 二、育雏前的准备工作

### 1. 制定育雏计划

育雏前必须制定完整周密的育雏计划。包括雏鸡的品种、育雏时间和数量、饲料和垫料的数量、用药计划和预期达到的育雏成绩等。

### 2. 选定育雏人员

应选择责任心强、有一定经验的饲养人员育雏。有条件时,最好对育雏人员进行岗前培训,使之掌握一定的业务知识和专业技能。

### 3. 选择适宜的育雏季节

育雏季节应根据鸡场的条件来决定,对于密闭式鸡舍,全年均可育雏。对于开放式鸡舍,春季育雏最好,秋季、冬季次之,夏季育雏效果最差。

### 4. 确定育雏方式

育雏方式大致分为平面育雏和立体育雏两大类。

（1）地面平养:将雏鸡饲养在地面上,根据房舍的不同可以用水泥地面、砖地面、土地面或炕面育雏。地面上铺设垫料,室内设有食槽和饮水器及保暖设备。此法投资少,但占地面积大,管理不方便,特别对疾病防治不利,适于小规模的鸡场或养鸡户。

（2）网上平养:可用金属丝、塑料、竹片制网片,离地面一定高度（50～60 cm）搭架。雏鸡养于网上,粪便漏到网下地面上,网孔面积 20 mm×80 mm 或 20 mm×100 mm,这种工艺在疾病防治方面优于地面平养,且舍内温度比地面平养好掌握。

（3）立体笼育:其优点是可以增加饲养密度、节省建筑面积和土地面积,便于采用机械化和自动化设备,雏鸡的成活率和饲料利用率较高。发达国家 90% 以上蛋鸡都采用笼育,我国大型鸡场也普遍采用。

① 电热育雏器:电热育雏器是育雏专用的保温器,属于叠层笼养设备,一般有 4 层。电热育雏器由一组电加热笼、一组保温笼和 4 组运动笼组成。饲养量:1～15 日龄雏鸡 1 400～1 600只,16～30 日龄雏鸡 1 000～1 200 只,31～45 日龄雏鸡 700～800 只。

② 育雏育成笼:育雏育成均在该笼内进行,采用四层阶梯式,中间两层笼先育雏,育雏结束后,分匀移至上下两层,可以减少转群造成的应激。

**5. 准备房舍及育雏设备**

（1）检查并及时维修育雏舍的门窗,以预防贼风和鼠害。

（2）进雏前一周将育雏舍彻底打扫干净,用高压水冲洗地面、墙壁和天花板,特别是角弯缝隙处更要注意冲洗干净,保证无尘、无羽毛、无粪便。

（3）育雏用具如饲槽、料桶、饮水器及保温伞等用水清洗干净,并用 3% 的来苏尔溶液消毒。

（4）地面平养和网上平养都需要垫料。常用的垫料有刨花、碎玉米轴、旧报纸、麦秸、谷草和稻草等,以刨花最好。使用前暴晒,可去湿及消毒。

（5）育雏舍吹干后,用火焰枪对墙壁进行消毒,3% 的火碱地面喷洒消毒,铺好垫料,把所有清洗消毒过的器具放入育雏舍内并紧闭门窗,按每立方米空间用 14 mL 福尔马林加 7 g 高锰酸钾进行熏蒸消毒,一般熏蒸 24 h 后,即可将门窗打开通风,排除药味。

（6）为了防止雏鸡远离热源,用铁网、席子或其他材料制成围栏,并随雏鸡的日龄增大不断扩大围栏面积。

（7）进雏前 2～3 d,对育雏舍和育雏器进行预热试温,看室温能否达到 30 ℃ 左右,并检查保温伞或育雏器内的温度是否达到 33～35 ℃,发现问题,及时进行调整,使育雏舍内的温度日夜维持平衡,确保雏鸡进入后有一个良好舒适的环境。

（8）育雏舍出入口设消毒池,保持池内消毒药液的效价,工作人员出入必须踩脚消毒。

（9）清扫育雏舍周围,铲除杂草脏物,排掉阴沟积水并喷撒生石灰或其他消毒药物。

**6. 准备疫苗及常用药品**

育雏期常用疫苗主要有新城疫疫苗、法氏囊疫苗、鸡痘疫苗、传染性支气管炎疫苗等,常用消毒药有福尔马林、来苏尔等,雏鸡常用药有抗白痢药、抗球虫药、抗应激药等。

**7.准备饲料及饮水**

在进雏之前,对照雏鸡的饲养标准,确定好饲料来源,准备好一周的饲料,饮水器均匀放好。饮水器和食槽的距离不应超过50 cm。雏鸡常用的饮水器见图4-1、图4-2、图4-3,常用的料桶见图4-4。

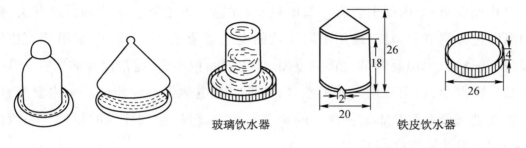

玻璃饮水器　　　　　　　铁皮饮水器

图4-1　钟形饮水器　　　　　　　　图4-2　自制饮水器(单位:cm)

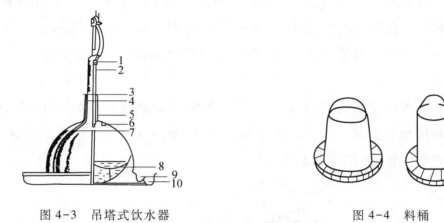

图4-3　吊塔式饮水器　　　　　　　图4-4　料桶

1.带软管接头的悬挂阀门　2.袋形滤器　3.调节螺丝　4.锁紧螺母　5.双向阀门　6.防摆水瓶加水口　7.流水槽　8.防摆配重水瓶　9.饮水槽　10.集水槽

## 三、常用的育雏保温设备

育雏常用的保温设备主要有烟道、保温伞、红外灯及热风炉等。

**1.烟道**

烟道分地上烟道和地下烟道两种。烟道建在育雏舍内,一头砌有炉灶,用煤或柴作燃料,另一头砌有烟囱,烟囱高出屋顶1 m以上。通过烟道把炉灶和烟囱连接起来,将炉温导入烟道内,通过烟道散热提高室温。地上式是把烟道砌在地面以上,操作不便,消毒也较困难,一般用于地下水位较高的地区。地下式是把烟道埋在地面以下,便于操作,散热慢,保温时间长,耗燃料少,地面和垫料暖和干燥,适合于雏鸡伏卧地面休息的习性,育雏效果较好,用于地下水位较低的地区。

**2. 保温伞**

保温伞通常用铁皮或纤维板等制成伞状罩,内夹隔热材料,以利保温,伞内装有热源,通过辐射传热,为雏鸡取暖,常用的有下列两种。

(1)电热保温伞:伞内周围装有一圈电热丝,连通一组乙醚胀缩饼和微动开关,随幼雏日龄所需的温度进行调节和自控;或用不同瓦数的电热丝分装2~3圈,分别用开关按所需温度予以管理(图4-5)。伞温易调节、清洁、方便,但辐射面积不大,通常仅容纳幼雏300~500只。

(2)燃气保温伞:利用液化气或天然气,其形状与电热保温伞相似。伞内温度自动调节,通过调节煤气进气管上两个胀缩饼组成的调节器控制流量,达到控温的目的。一般保温伞直径1.8~2.4 m,容纳幼雏500~800只。

**3. 红外灯**

红外灯育雏是利用红外线灯泡散发热量来育雏,装在保温伞上或直接吊在育雏舍(图4-6)。灯泡规格一般为250 W,悬挂在离地或离网35~50 cm处,通常根据育雏所需温度调节悬挂高度。利用红外灯育雏方便容易,但灯泡易炸、易损坏,应注意更换。

**4. 热风炉**

热风炉是一种以空气为传热介质的供热设备,集燃烧与换热为一体,以炉体高温部位进行换热的最新间接加热技术,烟气和空气各走其道,加热无污染,热效率高达60%~75%,升温快,体积小,安装方便,使用可靠。

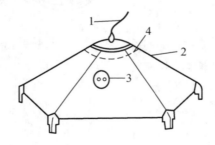

图4-5　电热保温伞

1.电源线　2.保温伞　3.调节器　4.电热丝

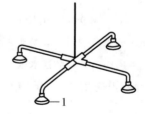

图4-6　红外灯育雏器

1.灯泡

## 四、初生雏的选择

雏鸡的亲本要求血缘清楚,符合鸡种的配套组合;鸡群健康,母源抗体水平高而整齐;体重符合品种要求的高产鸡群。

根据初生雏鸡的分级标准(表3-13),采用一看、二摸、三听方法选择健雏。

一看：活泼好动，眼大有神，羽毛清洁干净，泄殖腔干净，腿脚无畸形，站立行走正常者可确定为健雏，否则为弱雏。

二摸：健雏握在手中有弹性，挣扎有力，身体匀称、有温暖感，腹部柔软；弱雏则手感发凉，轻飘无力，腹大，卵黄吸收不良。

三听：健雏叫声响亮、清脆。

## 五、初生雏的运输

初生雏经过挑选与雌雄鉴别后就可启运，最好能在 48 h 内到达目的地。运输雏鸡要用专用的运雏箱，每箱装 100 只，分 4 格，每格 25 只，为防止雏鸡窒息，箱体应设有许多小孔，装箱前，运雏箱一定要消毒。装箱时，要清点鸡数，若是购买的配套系种雏，一定要先检查比例是否合理，然后按系分装，并做好标记。运雏时应注意：

（1）要派有经验，责任心强的人员去接雏，可从外观上把好雏鸡质量关，并问清品种、配套系以及马立克疫苗注射等有关情况。

（2）冬季要避开风雪严寒天气，并在中午气温较高时接运，夏季应避开高温酷热天气，在早晚凉爽时接运。

（3）运输距离较远的，运雏工具要有防寒或防暑装备，途中要注意观察雏鸡情况，每隔 0.5~2 h 要上下倒换运雏箱，防止扎堆，挤压过热等造成的伤亡。

（4）运输过程中行车要稳，转弯、刹车不要过急，下坡要减速，以免雏鸡堆压死亡。

## 六、雏鸡饲喂技术

### 1. 开水

雏鸡出壳后第一次饮水称为开水，开水最好在出壳后 24 h 左右进行。及时饮水有利于体内剩余卵黄的吸收以及胎粪的排出，还有利于雏鸡体力的恢复，开水太迟，易造成雏鸡脱水而虚弱，影响育雏效果。

少数雏鸡刚开始不知道饮水，饲养人员要及时调教雏鸡喝水。方法是轻轻地将雏鸡握于掌内，使头朝斜下方，让其喙端沾一会儿水（不要让水淹没鼻孔），然后让鸡抬起头来，雏鸡便会张开嘴将沾在喙上的水咽下，如此反复数次后雏鸡便学会喝水了。

前 3 d 给雏鸡饮 5%~8% 的蔗糖、葡萄糖或糖水再加 0.1% 的维生素 C，可促进剩余卵黄的吸收，提高育雏成活率。如雏鸡在运输过程中应激较大，在饮水中增加多种维生素和电解质，可缓解应激。10 日龄内饮用温开水，水温与室温接近；10 日龄后再饮用深井水或自来水，水质要符合国家饮用水标准。随着雏鸡日龄的增加，及时更换饮水器的大小和型号，每只雏鸡保证有 2 cm 左右的饮水位置。饮水器每天应清洗 1~2 次，水要保持清洁，定时更换，饮水量的多少与体重、环境温度有关，饮水不能间断。雏鸡的饮水量见表 4-1。

表 4-1 雏鸡饮水量(100 只雏鸡)

| 周龄 | 饮水量/(L·d⁻¹) | 周龄 | 饮水量/(L·d⁻¹) |
|---|---|---|---|
| 1 | 2.4 | 4 | 6.2 |
| 2 | 3.8 | 5 | 7.4 |
| 3 | 5.0 | 6 | 8.6 |

**2. 开食**

雏鸡第一次吃食称为开食。一般于雏鸡出壳后 24~26 h,即开水后 1~2 h 开食较好。

开食采用雏鸡用全价料,撒在浅边食槽内或反光性强的硬纸、塑料布上。在开食料中加些碎玉米粒或碎小麦粒,可防止饲料黏嘴和"糊肛",或用碎玉米与蛋黄混合后作开食料,效果也较好。

开食量要适当,一般蛋用型雏鸡每只 5~6 g,同时饮水要充足,早晚更应防止缺水;注意少喂勤添,以促进鸡的食欲;检查雏鸡采食情况,对没有吃足的雏鸡,要单独饲喂;7~10 日龄后,逐步过渡到用料槽或料桶饲喂,并保证足够的采食位置;开食用具要清洗干净,防止粪便污染而导致暴发白痢、球虫病等疾病。

**3. 耗料量和饲喂次数**

在饲料能量水平稳定、饲养管理正常以及没有大的应激情况下,雏鸡的采食量主要受增重速度和室内温度的影响。耗料量则受饲养工艺、食槽尺寸、饲料添加量等多种因素的影响,平养通常比笼养多耗料 8%,食槽浅小或槽边向外倾斜的则可能要多耗料 10% 左右,每次添料量超过槽深 1/3 时耗料也会增加,此外,饲养员添料时饲料撒落槽外、匀料不勤等也是影响耗料量的因素之一。蛋鸡每天投料量的测算见表 4-2。

表 4-2 蛋鸡每天投料量的简易测算

| 日龄 | 每天投料量/g |
|---|---|
| 小于 10 | 日龄数+2 |
| 10~20 | 日龄数+1 |
| 21~50 | 日龄数 |
| 51~150 | 50+(日龄数−50)/2 |
| 大于 150 | 100~130 |

雏鸡喂料的次数,一般 10 日龄内每天喂 7~8 次,11~30 日龄每天喂 5~6 次,30 日龄以上每天喂 4~5 次。

## 七、雏鸡的管理

### （一）提供适宜的环境条件

#### 1. 合适的温度

温度是育雏成败的关键之一。雏鸡对低温的耐受能力较差,故育雏初期需要温度稍高,随着日龄增加,温度逐渐降低。

育雏温度包括育雏器的温度和室内温度,室温一般低于育雏器的温度。育雏器的温度是指将温度计挂在育雏器边缘或距热源 50 cm、距离垫料 5 cm 处,相当于鸡背高度测得的温度。立体育雏时,将温度计挂在笼内热源区底网上;育雏器下应有高、中、低 3 个温区,以满足不同雏鸡的需要。育雏舍的温度是指将温度计挂在远离育雏器或者热源的墙上,高出地面 1 m 处测得的温度。不同日龄雏鸡的适宜温度见表 4-3。

表 4-3　蛋鸡育雏期的温度　　　　　　　　　　单位:℃

| 日龄 | 1~3 | 4~7 | 8~14 | 15~21 | 22~28 | 29~35 | 36~42 |
|---|---|---|---|---|---|---|---|
| 伞下温度 | 35~33 | 33~31 | 31~29 | 29~27 | 27~24 | 24~21 | 21~18 |
| 室内温度 | 28 | 27 | 26 | 24 | 22 | 20 | 18 |

育雏期间的温度控制除根据雏鸡的日龄进行调整外,还应遵循这样的规律:小群育雏高,大群育雏低;弱雏高,强雏低;夜间高,白天低;阴雨天高,晴天低;肉鸡高,蛋鸡低。温度变化幅度不超过 2 ℃。

育雏温度是否适宜,一是直接检查温度计,看和要求是否一致;二是看鸡施温,温度适宜时,雏鸡活泼好动,羽毛光滑,食欲旺盛,睡觉时伸长头颈,均匀地分布在热源周围;温度过低时,雏鸡围在热源附近,挤成一团,经常发出"唧唧"的尖叫声,并易引起白痢、肺炎和肠胃炎等疾病,甚至造成大批死亡;温度过高时,雏鸡远离热源,张口呼吸,频频饮水;育雏舍有贼风袭击时,雏鸡

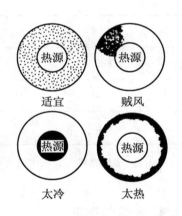

图 4-7　雏鸡对不同温度的反应示意图

大多密集于远离贼风吹入方向的一侧。不同温度条件下雏鸡的反应见图 4-7。

#### 2. 适宜的湿度

育雏舍所需的湿度因日龄而异,1~2 周龄为 65%~70%,3~4 周龄为 60%~65%,5~6 周龄为 55%~60%。前期育雏舍温度高,湿度过低则鸡体水分蒸发过快,雏鸡干渴嗜饮,可使摄食量降低甚至导致脱水,表现为绒毛脆弱易脱落,脚趾干瘪,室内尘土、绒毛飞扬,易诱发呼吸道疾病;湿度过高则平面饲养的雏鸡易发生球虫病。育雏后期随着雏鸡的长大,呼吸量和排粪量都会增大,室内水分蒸发量也多了,应逐渐减低相对湿度。

（1）增湿措施：通常采用室内挂湿帘、火炉加热产生水蒸气、地面洒水等方法增湿。在地面洒水调节湿度时，在离地面不远的高度上会形成一层低温高湿的空气层，对平面饲养和立体笼养的雏鸡都极为不利。

（2）降湿措施：可选择干燥的环境或抬高鸡舍地面；采用离地网上育雏或分层笼养育雏，同时加强通风换气；铺厚垫料，并经常更换等方法降湿。

湿度与温度密切相关，必须综合起来加以考虑，高温高湿易形成"闷热"；低温高湿则易出现"阴冷"，对育雏均不利，应引起重视。

### 3. 适量的通风

雏鸡生长快，新陈代谢旺盛，需氧量大，单位体重排出的 $CO_2$ 量约比大家畜高出 2 倍以上，而且雏鸡排出的粪便经微生物的分解可产生大量的 $NH_3$ 和 $H_2S$ 等有害气体，影响鸡群健康，尤其是冬季，为了保温而将鸡舍封闭过严，从而导致通风不良。为保证雏鸡的生长和健康，通风换气是必要的，但过量的通风又不利于保温。实际工作中，要协调好通风与保温之间的关系，通风换气量要根据雏鸡的日龄、体重、育雏季节及温度变化灵活掌握，为防止舍温降得过低，通风前可提高舍温 $1\sim2\ ℃$，通风完毕降到原来的舍温。通风时不要让气流正对鸡群，不能有贼风，如果采用机械通风，可根据不同周龄的通风要求进行通风换气（表 4-4）。

表 4-4　雏鸡舍的受风量　　　　　单位：$m^3/$（只·min）

| 周龄 | 轻型品种 | 中型品种 |
|---|---|---|
| 2 | 0.012 | 0.015 |
| 4 | 0.021 | 0.029 |
| 6 | 0.032 | 0.044 |

注：引自《实用养鸡大全》，中国农业出版社，1995。

### 4. 合适的密度

饲养密度是指育雏舍内每平方米地面所容纳的雏鸡数。密度过大，室内 $CO_2$ 含量增加，氨味浓，湿度大，影响雏鸡群的均匀度并容易发生啄癖；密度过小，鸡舍利用率低，饲养成本高。密度的大小应根据雏鸡日龄、品种、饲养方式、季节和通风条件等进行调整。蛋用雏鸡的饲养密度见表 4-5。

表 4-5　蛋用雏鸡的饲养密度　　　　　单位：只/$m^2$

| 周龄 | 地面平养 | | 立体笼养 | |
| | 轻型鸡 | 中型鸡 | 轻型鸡 | 中型鸡 |
|---|---|---|---|---|
| 0~2 | 35~30 | 30~26 | 60~50 | 55~45 |

续表

| 周龄 | 地面平养 | | 立体笼养 | |
|---|---|---|---|---|
| | 轻型鸡 | 中型鸡 | 轻型鸡 | 中型鸡 |
| 3~4 | 28~20 | 25~18 | 45~35 | 40~30 |
| 5~6 | 16~12 | 15~12 | 30~25 | 25~20 |

**5. 合理的光照**

光照一方面会影响雏鸡的采食、饮水、运动和健康;另一方面会影响性成熟。育雏初期采用较强光照(20 lx),方便雏鸡采食、饮水及熟悉环境;育雏中后期采用弱光(5 lx),防止发生啄癖,可通过改变灯泡的瓦数及开关数来控制光线的强弱;密闭式鸡舍光照时间可以根据计划执行;开放式鸡舍光照主要利用自然光,不足部分用人工光照补充,过多时则采取遮光的方式进行控制。育雏期光照时间只能减少,不能增加;补充光照要稳定,以免造成光刺激紊乱;在规定的关灯时间内,要杜绝漏光。灯泡安装高度为距离地面2~4 m,交错设置,灯泡功率不宜过大,以40~60 W为宜,最好有变压器控制灯泡的亮度,以免光照骤明骤暗而造成惊群,灯泡上使用灯罩可以增加照度,提高光照的效率。

**(二) 日常管理**

**1. 及时断喙**

雏鸡断喙是为了节约饲料和防止啄癖的发生。断喙一般进行两次,第一次断喙在6~10日龄,第二次断喙是对第一次断喙不成功或重新长出的喙进行修整,其时间在12周龄左右。

**2. 观察鸡群**

观察鸡群的精神状态、采食、饮水、睡眠及粪便等情况,早晨喂料前观察尤其重要,一旦发现异常情况要立即报告技术室。注意供料、供水、保温及照明等设备的运行情况,发现异常及时检修。

**3. 定期称重**

为了掌握雏鸡的发育情况,应定期称重以了解鸡群的整齐度,整齐度用均匀度表示,即在平均体重±10%范围内的鸡只数占全群鸡只数的百分比。均匀度大于80%,则较好,在称重时一般随机抽测5%~10%的雏鸡体重,如果有明显差别,应及时修订饲养管理措施。

**4. 疫病防治**

雏鸡阶段应着重防治鸡马立克氏病、鸡新城疫、鸡法氏囊病、传染性支气管炎、鸡痘、鸡白痢和球虫病等疫病,其中对于常见的传染病则以预防为主,不同的鸡场因自身的条件和环境的不同,应有适合的免疫程序,在育雏期间严格按照免疫程序进行免疫。

**5. 编制主要技术管理日程表**

为了做到育雏心中有数,更有效地进行工作,要编制育雏工作日程表。

随堂练习

1. 雏鸡的生理特点有哪些?

2. 育雏前应做好哪些准备工作?

3. 如何控制好育雏的环境条件?

4. 如何做好雏鸡的开水和开食工作?

# 【技能训练 4-1】育雏前的准备工作

【目标要求】　通过现场生产实践,使学生进一步了解育雏前应做哪些准备工作。学会制定育雏计划、进行育雏舍检修、消毒、预温等育雏前的准备工作。通过眼观、耳听、手做,总结课堂所讲的有关知识,增强解决实际问题的能力。

【材料用具】　在校内外实习基地的育雏舍内进行。雏鸡用食槽、饮水器、温度计、湿度计和育雏舍其他用具设备,消毒药品、记录表格和育雏操作规程等。

【方法步骤】　教师对现场活动做详尽安排,并与现场技术人员、饲养员一起跟班进行指导。

(1)根据育雏舍大小和生产规模制定本年度各批次育雏计划,包括每批接雏数量、全年育雏批次和总数,根据各批次雏鸡数量制定饲料供应计划,确定人员分工。

(2)根据育雏计划做预算,包括所需育雏器(分层育雏笼)、食槽、饮水器、饲料、垫料的数量和经费等。

(3)制定育雏计划时的参考数据。

① 雏鸡饲养密度:见表 4-5。

② 育雏器需要量:按热源面积 100 cm×100 cm 可容 300 只雏鸡,或 150 cm×150 cm 可容 500 只雏鸡计算,育雏笼按底网面积计算。

③ 食槽:按每鸡 1~6 周龄需边长 2.5 cm,7~12 周龄 5 cm,13~20 周龄 7.5 cm 计算。

④ 饮水器:按每只鸡 1~6 周龄需水槽 1.5 cm;用饮水杯,每 100 只雏鸡要有 3 个。

⑤ 饲料:参考表 4-6。

表 4-6　轻型蛋鸡 1~6 周龄饲料需要量　　　　　　　　　　单位:g/周

| 周　龄 | 1 | 2 | 3 | 4 | 5 | 6 | 累　计 |
|---|---|---|---|---|---|---|---|
| 每周耗料 | 70 | 126 | 182 | 231 | 280 | 329 | 1 218 |

⑥ 育雏期垫料用量:按每只雏鸡 42 d 需 1 kg 计算。

（4）制定各批雏鸡免疫接种计划,做好消毒药品和疫苗的使用计划。

（5）在接雏前两天就应做好育雏舍和育雏设备的消毒和试温等准备工作,育雏舍门口准备好消毒池（每天更换消毒液）,每 3 d 用过氧乙酸消毒地面和空间一次（包括走廊等）。

**【实习作业】**

1. 检查育雏舍的准备情况,将结果填入表 4-7。

表 4-7　育雏舍准备情况统计

| 项目 | 饮水器 | 料槽 | 垫料 | 温度 | 湿度 | 密度 |
|---|---|---|---|---|---|---|
| 实际值 | | | | | | |
| 理论值 | | | | | | |
| 是否合格 | | | | | | |

2. 制定育雏期饲养管理计划（包括防疫计划）,并写出参加育雏前准备工作的经历和体会。

## 【技能训练 4-2】雏鸡的断喙技术

**【目标要求】**　通过现场操作,使学生熟练掌握断喙技术。

**【材料用具】**　在实习场所或实验室进行。断喙器 5 台,6~10 日龄雏鸡若干。

**【方法步骤】**

**1. 学会使用断喙器**

（1）断喙器:断喙器有台式、脚踏式和手持式等几种,其中广泛使用的是台式断喙器。

① 接通电源,调节电压调节旋钮,选择合适的温度（一般雏鸡为 600~700 ℃,刀片呈暗红色）。

② 打开电机和风扇开关,调节刀片运动速度。

③ 根据雏鸡大小选择合适的定刀刀片孔径（定刀刀片孔径一般有 4.00 mm、4.37 mm 和 4.75 mm 3 种规格,雏鸡一般使用 4.00 mm 孔径即可）。

（2）感应式电烙铁:用感应式电烙铁也可以代替断喙器。上海产"手枪式"感应电烙铁（220 V,60 W）,手触电钮 10 s 后,烙铁尖端温度可达 700 ℃,以发红为准,但仅适用于雏鸡,可连续断喙 15 000 只以上。

（3）普通剪子与烙铁结合:小规模养鸡场用普通剪子在火焰上烧红,剪去鸡的上下喙,或用剪子直接剪去上下喙,再用烙铁烙烫。为减少伤口出血,可在伤口擦苛性钾。

**2. 断喙操作**

① 电热断喙法是借助于灼热的刀片,切除鸡上喙 1/2,下喙 1/3。

② 断喙时,以中指和无名指夹住雏鸡两腿,手掌握住躯干部,以拇指压住头顶,食指置于喉部,轻压喉部使鸡缩舌;待动刀上升时,迅速将鸡喙插入定刀孔内,动刀落下时自动将喙切断。

③ 动刀落下后会停留几秒的时间,喙的断面应与动刀片接触 2~3 s,以灼烧止血,同时也起到消毒和破坏生长点的作用。

④ 烧烫结束后,松开食指和拇指,检查断面,看是否符合要求,不合要求的要重新进行修补。

⑤ 断喙好的雏鸡使其迅速饮水,以利于喙部降温。

**3. 注意事项**

① 断喙前要检查鸡群的健康状况。

② 断喙前后 2~3 d 内在饮水中加 0.1% 的维生素 C 及适量的抗生素,在饲粮中加 0.000 2% 的维生素 K,有利于凝血和减少应激。

③ 断喙操作要准确,应在鼻孔下边缘至喙尖的一半处剪断(切断生长点)。若断得过多,不易止血。若断得过少,达不到断喙的目的。公雏的喙不要切得过多。

④ 切勿烙伤雏鸡眼睛,勿切断雏鸡的舌头。

⑤ 断喙器必须经常清洁、消毒,以防止交叉感染。

⑥ 断喙应与接种疫苗、转群等日常工作错开,尤其在炎热的夏季,断喙要选择在早晚凉爽的时候进行,可避免多重应激。

⑦ 断喙后,要仔细观察鸡群,对流血不止者要重新烧烙止血。

⑧ 断喙后的 2~3 d 内料槽内饲料要加满些,防止鸡喙啄到较硬的料槽底。

**【实习作业】** 每人断喙 5~10 只雏鸡,将断喙结果填入表 4-8。

表 4-8　雏鸡断喙统计表

| 项目 | 鸡号 | | | | | | | | | |
|---|---|---|---|---|---|---|---|---|---|---|
| | 1 | 2 | 3 | 4 | 5 | 6 | 7 | 8 | 9 | 10 |
| 上喙 | | | | | | | | | | |
| 下喙 | | | | | | | | | | |
| 断面烧烫 | | | | | | | | | | |
| 出血情况 | | | | | | | | | | |
| 合格率 | | | | | | | | | | |

## 任务 4.2　育成鸡的饲养管理

【课堂学习】

育成鸡是指 7~20 周龄的大、中雏鸡。育成鸡的培养目标是保持适宜的体重及合理的体形,促使鸡群适时达到性成熟,并且在开产前有良好的繁殖和产蛋体况,为在产蛋期高产、稳产、持久生产打下基础。本节介绍育成鸡的生理特点及育成鸡的饲养管理技术。

### 一、育成鸡的生理特点

#### 1. 对环境具有良好的适应性

育成鸡的羽毛已丰满,具备了体温调节和适应环境的能力,所以,只要鸡舍保温条件好,舍温在 10 ℃ 以上,就不必采取供暖措施。

#### 2. 消化机能已健全

对粗饲料的消化能力增强,饲料中可以适当增加麸皮、草粉、叶粉等粗饲料。

#### 3. 骨骼和肌肉都处于生长旺盛时期

育成鸡采食量增加,沉积钙和脂肪的能力逐渐增强,体重增加较快。在育成早期为保证骨骼的充分发育,粗蛋白水平应在 16% 左右,在育成后期 14~17 周龄粗蛋白可逐渐降至 13%~14% 的水平。同时对生长中的育成母鸡,应喂含钙量较少的日粮,这样可使母鸡体内保留钙的能力提高。

#### 4. 生殖系统开始发育

10 周龄后小母鸡性腺开始发育,到后期性器官的发育尤为迅速,如果此阶段继续保持丰富营养,则容易造成过肥或早熟,直接影响今后的产蛋性能和种用价值。

### 二、从育雏期向育成期的过渡

#### 1. 转群

7 周龄初,需把雏鸡从育雏舍转到育成舍去,在转群前必须彻底清洗、消毒育成舍及其用具,转群的同时淘汰病弱残个体,以保证育成率。若育雏和育成在同一栋鸡舍进行,则不存在转群,只需疏散鸡群以降低密度即可。

#### 2. 脱温

只要昼夜温度达到 18 ℃ 以上,就可脱温。降温要求缓慢,脱温要求稳妥,遇大风降温天气时仍应适当给温。

**3. 及时换料**

根据育成鸡的实际体重结合鸡种特点及时选择换料时间。每次换料前应抽测鸡的体重，一般根据体重是否达到标准而确定换料时间。应注意调整饲料要逐步过渡，切忌突然改变。

## 三、育成鸡的饲养

### 1. 饲养方式

通常有地面平养、网上平养和笼养等几种。

### 2. 育成鸡的营养

育成鸡饲料中粗蛋白含量7~14周龄约为16%，15~18周龄约为14%，通过降低营养水平以控制鸡的早熟、早产和体重过大。同时，饲料中各种维生素及微量元素比例要适当，每天喂料3~4次。为改善育成鸡的消化机能，地面平养每100只鸡每周加喂0.2~0.3 kg的砂砾，笼养鸡按饲料量的0.5%喂给。

育成鸡的饲料配方示例见表4-9。

表4-9　育成鸡的饲料配方

| 饲料名称 | 比例/% | | 营养水平 | | |
|---|---|---|---|---|---|
| | 7~14周龄 | 15~20周龄 | 指标 | 7~14周龄 | 15~20周龄 |
| 玉米 | 54.13 | 47.13 | 粗蛋白质/% | 16.1 | 13.13 |
| 小麦或高粱 | 7.0 | 10.0 | 代谢能/($MJ \cdot kg^{-1}$) | 11.74 | 11.41 |
| 麸皮 | 10.0 | 15.0 | 钙/% | 1.068 | 0.897 |
| 大麦 | 5.0 | 12.0 | 磷/% | 0.596 | 0.506 |
| 鱼粉 | 5.0 | 2.0 | 食盐/% | 0.37 | 0.37 |
| 豆饼 | 10.0 | 4.0 | | | |
| 槐叶粉 | 6.0 | 7.0 | | | |
| 骨粉 | 2.50 | 2.50 | | | |
| 食盐 | 0.37 | 0.37 | | | |
| 合计 | 100.0 | 100.0 | | | |

### 3. 育成鸡的限饲

限饲是指人为控制鸡采食的一种方法。正确限饲能有效地控制体重，从而调控性成熟，有利于提高全程产蛋量，并节约饲料10%~15%；通过限饲，可以使得一些病弱残鸡自然淘汰，从而提高产蛋期的存活率。

限饲方法常见的有限质和限量两种，限质即对某种营养物质如蛋白质、能量等进行限制；限量即减少鸡的喂料量，所用饲料质量良好，是全价饲料。生产上常用限量法，便于操作，蛋用型鸡的限饲喂料量为正常采食量的 80%～90%。体重控制要根据实际情况灵活掌握,只有当育成鸡超过体重标准时,才进行限制饲喂;采取限饲制度时应保证有足够的采食位置、充足的饮水;限饲前鸡群一定要断喙,处于饥饿状态的鸡群更易发生啄癖;限饲应注意生产成本,限饲不当会造成鸡群死亡率增加,生产力下降,从而降低总体效益。

## 四、育成鸡的管理

### 1. 合理分群

育成鸡在生长发育过程中,常会出现大小强弱不均的现象。采食时,强的鸡吃得多而快,弱的鸡吃得少而慢,时间久了,强弱悬殊将会越来越大,生产中可按大小强弱进行分群饲喂。

### 2. 饲养密度

育成鸡饲养密度不宜过大,通常网上平养时 10～12 只/m²,笼养时按笼底面积 15～16 只/m²。在保持鸡群适当密度的同时,要注意加强育成鸡的运动,使鸡群得到充分的锻炼,尤其是后备种公鸡更要注意,以免影响以后的配种能力。

### 3. 光照控制

光照的长短、强弱对育成鸡的性成熟有很大的影响,较长或渐长的光照会导致性成熟提前。所以,育成期的光照原则是:绝不能延长光照时间,以每天 8～9 h 为宜,强度 5～10 lx 为好。

### 4. 均匀度控制

均匀度是影响鸡群生产性能的重要指标,均匀度越高,达到产蛋高峰越早,高峰维持时间也越长,蛋的大小越整齐,母鸡的死淘率越低。因此,应注意由于饲养管理不当而造成鸡群内的体重差异过大,导致均匀度不高。一般情况下,均匀度应达到 80% 以上才是比较理想的。

### 5. 观察鸡群

每天定时观察鸡群的采食、饮水、排粪及精神状况,以便及时发现问题、解决问题。观察鸡群重点应放在早晨开灯和晚上关灯之后,早晨重点观察鸡群的精神状态和粪便,夜间重点听一听鸡群的动静。

### 6. 及时转群

蛋鸡分阶段饲养中一般需要两次转群,第一次在 6～7 周龄时从育雏舍转入育成鸡舍,第二次是 17～18 周龄从育成舍转入产蛋鸡舍,为产蛋做好准备。转群前对全群鸡进行驱虫使鸡体净化;转群前 3～5 d,饲料中添加 200 g/t 的多种维生素和适量电解质,以缓解应激;转群前 6 h 停止喂料,按原群组转入蛋鸡舍,防止打乱原已建立的群序,减少争斗现象的发生;转群时用隔网将鸡群隔开,抓鸡动作要快而轻,防止折断鸡翅膀和腿部;转群一般在夜间进行,以减少应激;转群后,尽快恢复喂料和饮水,饲喂次数增加 1～2 次;转群后,可给予连续 48 h 的光照,两天后再恢复到正常的光照制度,可使鸡群尽快熟悉鸡舍内的环境。在转群的同时要进行鸡群整顿,严格淘汰病弱残、瘦小的个体,整顿后使鸡群健康一致,有一个理想的体重和体形。

 随堂练习

1. 育成鸡有哪些生理特点?
2. 如何做好育成鸡的管理?

# 【技能训练 4-3】育成期均匀度的测定

【目标要求】 通过实训,掌握鸡群体重抽测的方法,学会鸡群均匀度的计算方法。

【材料用具】 校内外实习基地,育成鸡群,家禽秤,计算器,围栏等。

【方法步骤】

**1. 确定检测鸡数**

在进行均匀度测定时,称重鸡的数量平养的以全群的 5% 为宜,但不能少于 50 只,笼养时比例为 10%,从 4 周龄起直到产蛋高峰前每周 1 次。

**2. 随机抽样**

为使抽测鸡只具有代表性,应采用随机抽样的方法。对平养鸡抽样时一般先把舍内的鸡徐徐驱赶,使舍内各区域鸡只均匀分布,然后在鸡舍的任一地方随意用围栏围出大约需要的鸡数,并剔除伤残鸡;笼养鸡抽样时,应从不同层次的鸡笼抽样,每层笼的取样数量应该相等。

**3. 称重**

每次称测体重的时间必须在每周同一天相同时间进行,空腹称重,例如在周末早晨空腹时测定,称完体重再喂料。

**4. 均匀度的计算**

均匀度是抽测鸡只中,体重处于标准体重值上下 10% 范围内的个体占所测鸡只的百分比。如标准体重未知,可用平均体重代替。

均匀度的计算公式:

$$均匀度 = \frac{样本标准体重 \pm 10\% 范围内的鸡数}{抽测鸡数} \times 100\%$$

例如,某鸡群规模为 5 000 只,10 周龄时标准体重为 760 g,超过或低于标准体重 10% 的范围是 836~684 g。在鸡群中抽测 100 只,其中体重在 836~684 g 范围内的有 82 只,占称重鸡数的 82%。抽样结果表明,这群鸡均匀度为 82%。

【实习作业】 每小组随机称测 50 只鸡,将称重结果填入表 4-10,并计算鸡群的均匀度。

**表 4-10　育成鸡均匀度测定统计表**

| 品种 | | | 日龄 | | 标准体重 | | |
|---|---|---|---|---|---|---|---|
| 样本标准体重±10%范围 | | | | | | | |
| 鸡群规模 | | | （只） | 称重数量 | | | （只） |
| 称重记录 | | | | | | | |
| $m_1$ | | | $m_2$ | | $m_3$ | | |
| … | | | … | | … | | |
| 在样本标准体重±10%范围内的鸡数 | | | | | | | （只） |
| 该鸡群的均匀度 | | | | | | | （%） |

# 任务 4.3　产蛋鸡的饲养管理

**【课堂学习】**

产蛋鸡饲养管理的目的在于最大限度地消除、减少各种应激对蛋鸡的有害影响，为产蛋鸡提供最有利于健康和产蛋的环境，使其能充分发挥产蛋潜力，以提高产蛋量和蛋品质，降低死淘率和耗料量，获得较高的经济效益。本节介绍产蛋鸡的生理特点及产蛋鸡的饲养管理技术。

## 一、产蛋鸡的生理特点

（1）开产后机体发育尚未完成，整个产蛋期持续增重，到 40 周龄左右时生长发育基本完成，40 周龄后体重增加的多为脂肪。因此，产蛋前期要保证产蛋和发育所需的营养，后期要对母鸡限制饲养，以节约饲养成本，并提高产蛋率。

（2）产蛋鸡富于神经质，对饲料、环境的变化尤为敏感：饲料配方、质量的突然变化，温度、光照、通风量的改变，工作人员和日常管理程序的变换都可能引起产蛋性能的下降。

（3）产蛋鸡对钙的利用随周龄有较大的差异：母鸡刚开产时，母鸡的储钙能力显著增强，到产蛋高峰期，对钙的吸收能力进一步增强，而产蛋后期吸收能力减弱。因此，生产中要坚持钙用量前低后高，磷用量前高后低的原则。

## 二、产蛋鸡的饲养

### （一）饲养方式

**1. 平养**

平养又分以下 3 种方式。

（1）垫料地面平养:将蛋鸡直接饲养在铺有一定厚度垫料的地面上,每平方米地面可饲养5~6只鸡。这种方式投资少,冬季保温好,但饲养密度低,舍内易潮湿,在寒冷季节,如果通风不良,有害气体浓度会很高,窝外蛋和脏蛋也较多。

地面平养时喂料设备可采用吊式料桶或料槽,有条件的可采用链式料槽、螺旋式料盘等。饮水可采用吊塔式饮水器或水槽。

（2）网上平养:将蛋鸡饲养在离地面60~70 cm的金属网或板条上,每平方米面积可饲养8~9只鸡,粪便可在母鸡淘汰后一起清理。但这种方式饲养的鸡易受惊吓,易发生啄癖,破蛋、脏蛋较多,且生产性能不能充分发挥。

（3）混合平养:采用网上和厚垫料地面相结合平养,两者的分配比例是3:2或2:1,一般垫料地面设在两侧,网状或栅状平面设在中间,采食饮水在网上,每平方米可养6~8只鸡。这种方式用垫料少,产蛋多,但窝外蛋较多,且需人工拣蛋。

**2. 笼养**

笼养又常分为以下3种。

（1）全阶梯式:鸡笼像楼梯似的分2~3层上下摆设,不重叠,不用承粪板,笼底下设粪坑,鸡粪直落坑内。

（2）半阶梯式:半阶梯式每两层鸡笼有1/4~1/3重叠,鸡头朝向料槽,鸡粪可直接落入粪沟内。生产中这种饲养方式多应用于饲养产蛋鸡。

（3）全重叠式:全重叠式各层鸡笼在一条直线上重叠安置,每层笼下有承粪板或清粪传送带,除底层笼的鸡粪可直接落入粪沟外,其余均要经常刮粪。

笼养可以提高饲养密度,每平方米可饲养蛋鸡16~25只,比地面平养多养鸡3~5倍;由于多层鸡笼占地面积少,可充分利用空间,从而节约占地面积,提高工作效率;笼养鸡由于活动量少,维持消耗也同样减少,故可以节省饲料,同时也有利于防疫。但建厂投资大,设备制造及安装技术要求高;对饲料要求高,必须是全价饲料;易过肥,影响产蛋;由于缺少阳光,蛋品质越来越差;同时,蛋鸡的体质也较弱。

**（二）产蛋鸡的营养需要**

产蛋鸡要求产蛋多而稳定,故在生长期要求发育良好,应根据不同日龄提供适量的营养;产蛋期要按产蛋量给料,一般日粮中代谢能为11.50~11.71 MJ/kg,当产蛋率高于80%时,日粮中蛋白质应达16.5%~17%,同时要注意几种必需氨基酸是否满足要求,如甲硫氨酸（蛋氨酸）、赖氨酸等,钙的含量为3.0%~3.5%。当产蛋率下降时,蛋白质的含量要适当减少。

产蛋鸡饲料配方示例可参考表4-11。

**表 4-11　产蛋鸡的饲料配方**

| 饲料名称 | 比例/% | 指标 | 营养水平 |
|---|---|---|---|
| 玉米 | 60 | 代谢能/（MJ·kg$^{-1}$） | 11.70 |
| 小麦麸 | 2 | 粗蛋白质/% | 17.5 |
| 豆饼 | 11 | 钙/% | 3.4 |
| 花生饼 | 10 | 总磷/% | 0.44 |
| 鱼粉 | 5 | 有效磷/% | 0.38 |
| 槐叶粉 | 2 | 甲硫氨酸/% | 0.25 |
| 骨粉 | 2 | | |
| 生长素 | 1 | | |
| 石粉 | 3.3 | | |
| 贝壳粉 | 3 | | |
| 食盐 | 0.3 | | |
| 维生素 | 0.03 | | |
| 氯化胆碱 | 0.25 | | |
| 甲硫氨酸 | 0.12 | | |
| 多维素/g | 10 | | |

### （三）产蛋规律及产蛋曲线

**1. 产蛋规律**

产蛋鸡从 21 周龄开始到 72 周龄为一个产蛋期，可划分为产蛋前期、产蛋高峰期和产蛋后期 3 个阶段。在产蛋期，产蛋率和蛋重变化有一定的规律。

（1）产蛋前期：产蛋前期是指从开产到产蛋高峰出现之前（21～26 周龄）。这个时期产蛋率上升很快，每周以 12%～20% 的比例上升，同时鸡的体重和蛋重也在增加。体重每天增加 4～5 g，蛋重每周增加 1 g 左右。

（2）产蛋高峰期：产蛋高峰期产蛋率通常在 85% 以上，一般在 28 周龄产蛋率可达 90% 以上，在正常情况下，高峰期可维持 3～4 个月。在此期间蛋重变化不大，体重略有增加。

（3）产蛋后期：产蛋后期产蛋率逐渐下降，每周下降 0.5% 左右，蛋重相对较大，体重增加。

**2. 产蛋曲线**

产蛋曲线是以母鸡的周龄为横坐标，以产蛋率为纵坐标绘制而成的曲线（图 4-8）。

从图 4-8 正常产蛋曲线可见：开产后，产蛋迅速增加，曲线呈陡然上升态势，这一时期产蛋率每周成倍增长，在产蛋后 6～7 周达到 90% 以上，即为产蛋高峰期。产蛋高峰期过后，产蛋曲线平稳下降，呈直线状。

在实际生产中及时绘制出每周鸡群的产蛋曲线，并对照标准曲线，若偏离标准曲线，说明

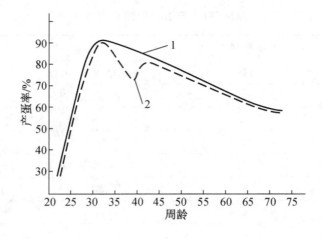

图 4-8　产蛋曲线

1. 正常产蛋曲线　　2. 异常产蛋曲线

饲养管理方面出了问题,应及时纠正。同时,由于产蛋高峰与年产蛋量呈正相关,据此可以估算鸡群的年产蛋量。

从以上产蛋规律可知,要提高蛋鸡的年产蛋量,必须努力促进产蛋高峰早日出现,并延长产蛋高峰持续时间,减慢产蛋率下降速度,为此必须根据各期特点给予充足的营养,实行分阶段饲养和调整饲养。

**(四) 产蛋鸡的分阶段饲养**

所谓分阶段饲养,就是根据产蛋鸡的周龄和产蛋水平将产蛋期划分为若干个阶段,并考虑环境因素,按不同阶段喂以不同水平的蛋白质和能量日粮,使饲养更趋合理,同时可节省饲料,这种方法称为阶段饲养。

目前生产中多采用 3 阶段饲养法,即从 20~42 周龄为第一阶段,43~58 周龄为第二阶段,59 周龄以后为第三阶段,日粮中的蛋白质水平逐渐降低,分别为 18%、16.5%~17%、15%~16%,各阶段饲料变更需有 1~2 周的过渡时间。

**(五) 产蛋鸡的调整饲养**

调整饲养,就是根据外界条件和鸡群状况的变化,及时调整产蛋鸡日粮配方中各种营养成分的含量,以适应鸡的生理和产蛋需要。

(1) 对鸡群采取一些管理措施或出现异常时也可以进行调整饲养。例如在断喙前后,饲料中添加 2 mg 维生素 K;断喙一周内或接种疫苗后 7~10 d 内,日粮中蛋白质增加 1%;鸡群出现啄癖,在消除引起啄癖原因的同时,饲料中适当增加粗纤维含量;蛋鸡开产初期,脱肛、啄肛严重时,可提高日粮中的营养成分,如提高蛋白质 1%~2%,提高多维素 0.02% 等。

(2) 根据鸡群的产蛋量、蛋的质量、健康状况、饲养条件和环境变化适时调整。实行调整饲养,产蛋量上升时,提高营养水平在产蛋上升的前面;产蛋量下降时,降低饲料营养水平在产蛋量下降的后面。每次调整后,都要仔细观察鸡群及产蛋量的变化,检查调整后的效果。若影响太大,及时分析原因,找出对策或恢复调整前的饲养。调整后要计算经济效益,无论种鸡或商品鸡,详细计算投入产出比。

调整饲养的原则是以饲养标准为基础,保持饲料配方的相对稳定,无论在何种情况下,饲料配方不要有大的改动,饲料原料、营养成分都不能变化太大,即便是相同品种的原料,产地不同对生产性能也有影响。尽量微调,使鸡对饲料有逐步适应的过程,否则,影响鸡的采食量,引起产蛋量下降。

### (六) 产蛋鸡的限制饲养

产蛋鸡的限饲一般在产蛋高峰期过后 2 周进行,方法是:产蛋高峰过后,将每 100 只鸡的每天饲料量减少 230 g,连续 3~4 d,如果减料后产蛋量没有下降很多,则继续使用这一给料量,并可再少一些。只要产蛋量下降正常,这一方法可以持续下去。如果减料后产蛋下降幅度较大,则将给料量恢复到前一个水平。当鸡群受到应激时,不要减少给料量。在正常情况下,限饲的饲料减少量不能超过原饲料量的 8%~9%。

### (七) 减少饲料浪费的措施

(1) 选择高产优质蛋鸡品种:只有高产优质品种才能充分利用饲料,若饲养较差的品种,吃同样的饲料,产蛋量却不如优质品种的高。

(2) 采用全价配合饲料:全价配合饲料既满足营养需要,又不会造成过多浪费。采用全价配合饲料时要特别注意各营养之间的合理配比。

(3) 按需给料:鸡的不同生长阶段和不同产蛋水平对各种营养成分的需要量是不同的,要按照鸡本身的营养需要量投料。

(4) 正确添加饲料:在人工添加饲料时,要注意添加量不能高于料槽深度的 1/3。同时,要训练饲养员在加料时,正确掌握投料方法,不能将饲料抛撒在料槽外边。

(5) 严把饲料原料质量关:不能购进掺假、变质或不符合标准的饲料原料,否则会无形中增加饲料成本。

(6) 注意饲料的粒度:过细的饲料不但适口性差,且易造成粉尘飞扬,导致浪费。最好采用颗粒料。产蛋鸡饲料中加喂适量的砂砾,可有效地提高饲料利用率。

(7) 保管好饲料:饲料保存时要注意防潮、防霉变,饲料仓库通风要好,还要注意鼠害和鸟害。对一些易变质的饲料要少存勤购。

(8) 改进料槽:料槽形状最好为口窄、肚大、底宽。同时要注意水槽内的水深度不能太高,否则也会造成饲料浪费。

(9) 及时淘汰低产鸡和停产鸡:对于不产蛋的鸡或产蛋率很低的鸡只要及时淘汰,以免浪费饲料。

### 三、产蛋鸡的管理

#### （一）产蛋鸡的环境管理

**1. 温度管理**

温度对鸡的生长、产蛋、蛋重、蛋壳质量以及饲料转化率都有明显影响。鸡无汗腺，高温时只能依靠呼吸散热；成年鸡有较厚的羽毛，皮下脂肪也会形成良好的隔热层，故较能耐受低温。产蛋鸡适宜的环境温度为 5~28 ℃，产蛋适宜的温度为 13~20 ℃，13~16 ℃条件下产蛋率较高，15.5~20 ℃条件下饲料转化率较高。

**2. 湿度的管理**

一般情况下，湿度往往是与温度共同发生作用。主要在"高温高湿""低温高湿"状态下对鸡的影响较大。在"高温高湿"环境下，鸡采食量减少，饮水增加，生产水平下降，鸡难以耐受，且易使病原微生物繁殖，导致鸡群发病；"低温高湿"环境使鸡体热量损失增加，易使鸡受凉，且用于维持体温所需要的饲料消耗也会增加。鸡体能适应的相对湿度是 40%~72%，最佳相对湿度是 60%~65%。

**3. 通风的管理**

鸡舍中的有害气体和灰尘、微生物含量超标时，会影响鸡体健康，使产蛋量下降。加强通风的目的在于减少空气中的有害气体、灰尘和微生物的含量，使鸡舍内保持空气清新，同时也能调节鸡舍内的温度，降低湿度。

在通风时要注意以下几点：进气口与出气口设置要合理，使气流能均匀流进全舍而无贼风。进气口要能调节方位与大小，从而使天冷时进入鸡舍的气流由上而下，不直接吹到鸡身上；鸡舍的通风量应随鸡的体重和环境气温的增加而增加；要根据鸡舍内外温差来调节气流的大小和通风量，夏季气流速度不能低于 0.5 m/s，冬季不能高于 0.2 m/s。

**4. 光照的管理**

光照是蛋鸡高产稳产必不可少的条件，必须严格管理，准确控制。

光照原则：产蛋阶段光照时间只能延长，不可缩短，强度不可减弱；不管采取何种光照措施，一经实施，不能随意改变；保持鸡舍内照度均匀，并保证一定的照度。

产蛋期的光照实施方法：产蛋鸡从 20 周龄开始每天延长光照时间，直到 16 h 保持恒定。产蛋高峰过后再采用较强的光照刺激，光照时间也延长至 17 h。开放式鸡舍可采用人工光照补充自然光照的不足，一般为两头补，即早晨 5：00 开灯，日出后关灯；日落后开灯，晚上 9：00 关灯；密闭式鸡舍充分利用人工光照，简便易行，只要在规定的时间开灯和关灯即可，但要防止漏光。补充光照时应注意灯光要渐明渐暗，避免骤明骤暗引起鸡群骚动；光照强度应控制在一定范围内，不宜过大或过小，一般产蛋鸡的适宜光照强度在鸡头部为10 lx。

### （二）产蛋鸡的日常管理

#### 1. 观察鸡群

观察鸡群是蛋鸡饲养管理过程中的一项重要工作,通过观察鸡群,可以及时掌握鸡群动态,以便及时采取有效措施,保证鸡群的高产稳产。观察鸡群的采食饮水情况,鸡群采食减少,饮水增加往往是发病的征兆;鸡群剩料余水很可能是饲料存在质量问题。观察鸡群的精神状况,对呆立不食的鸡要仔细查看,有病症的要及时隔离。观察粪便的形状和颜色是否正常,茶褐色的黏便一般是由盲肠排出并非疾病所致,绿色的粪便是消化不良、中毒或新城疫所致,红色的粪便一般是球虫、蛔虫或绦虫所致。

#### 2. 维持环境条件的相对稳定

产蛋鸡对环境的变化非常敏感,尤其是轻型蛋鸡。因此,鸡舍周围严禁高声叫喊、车辆鸣号、燃放鞭炮等,抓鸡动作要轻,夜间严禁用强光照射鸡群,工作人员要定人定岗,不要随意更改。鸡舍内要定时开灯、关灯、喂料、拣蛋、打扫卫生及通风换气。在鸡群产蛋时间内更要注意保持安静,工作人员动作要轻,任何突击性工作,如抽样称重、免疫等,均不宜安排在这段时间进行。

#### 3. 勤拣蛋

鸡群产蛋大都在 8：00—15：00 之间,生产中应根据产蛋时间和产蛋量及时拣蛋,一般每天拣蛋 2~3 次。

#### 4. 卫生防疫

保持鸡舍内外的清洁卫生,消毒池里的消毒液的效价;经常清洗水槽、料槽及其他用具,并定期消毒。按照免疫程序进行免疫,以确保鸡群正常的生产性能。

#### 5. 做好记录

鸡群的日常活动和生产情况等都要及时记录。通过记录可随时了解生产,指导生产。记录内容一般包括:舍温、通风量、光照时间、采食量、饮水量、产蛋量、蛋重、耗料量、产蛋率及死淘率等。产蛋率、成活率及耗料量最好绘成曲线,与标准曲线相对照,再结合体重曲线,及时找出存在问题和不足之处。

### （三）产蛋鸡的选择

及时淘汰鸡群中的低产鸡和停产鸡是日常管理中的一项重要工作。表 4-12、表 4-13 列出了产蛋鸡与停产鸡,高产鸡与低产鸡的区别。生产中可根据表中所列鉴定项目进行鉴定,将停产鸡和低产鸡及时淘汰。

表 4-12　产蛋鸡与停产鸡的外貌区别

| 项目 | 产蛋鸡 | 停产鸡 |
| --- | --- | --- |
| 冠、肉垂 | 大而鲜红,细致、温暖 | 皱缩色淡,干而粗糙,无温暖感 |

| 项目 | 产蛋鸡 | 停产鸡 |
|---|---|---|
| 肛门 | 大而丰满,湿润,呈椭圆形 | 小而皱缩,干燥,呈圆形 |
| 触摸品质 | 皮肤柔软细嫩,耻骨薄而有弹性 | 皮肤和耻骨硬而无弹性 |
| 腹部容积 | 大 | 小 |
| 换羽(秋季) | 未换羽 | 已换或正在换羽 |
| 色素变化(黄皮肤鸡) | 肛门、喙、胫已褪色 | 肛门、喙、胫为黄色 |

表 4-13　高产鸡与低产鸡的外貌区别

| 项目 | 部位 | 高产鸡 | 低产鸡 |
|---|---|---|---|
| 外貌和身体结构的差异 | 头部 | 清秀、适中、顶宽、呈方形 | 粗大或狭窄 |
| | 喙 | 粗宽而短、微弯曲 | 长而窄 |
| | 冠和肉垂 | 大而红润、有温感 | 发育不良、粗糙色暗 |
| | 胸部 | 宽深前突、胸骨长直 | 窄浅、胸骨短或弯曲 |
| | 体躯 | 背部长而宽、匀称 | 背部短窄或呈弓形 |
| | 脚和趾 | 两脚距宽、趾平直 | 两脚距小、趾过细或弯曲 |
| 腹部容积 | 胸耻间距 | 4 指以上 | 3 指以下 |
| | 耻骨间距 | 3 指以上 | 2 指以下 |
| 触摸品质 | 腹部耻骨 | 柔软有弹性,无腹脂硬块薄而有弹性 | 粗糙弹性差、有腹脂硬块硬而厚,弹性差 |

### (四) 产蛋鸡的季节性管理

对于开放式鸡舍,舍内环境条件受自然气候条件变化的影响较大,因而应考虑各季节的气候特点,消除不良环境条件的影响。

**1. 春季管理**

春季气温逐渐升高,日照时间逐渐延长,且波动较大。因此要注意气候的变化,以便采取相应的措施。随着气温升高可逐渐加大鸡舍内的通风量,但在遇到大风降温天气时还要注意保温;随着气温升高,鸡的采食量下降,可适当提高饲料中的能量水平;随着气温升高,各种病原微生物也更容易孳生繁殖,为了减少疾病的发生,最好在天气转暖前进行一次彻底清扫消毒,以减少疫病发生的机会,有条件时可对鸡群进行抗体水平监测。

**2. 夏季管理**

夏季气温高,湿度大,多雨水。产蛋鸡的饲养管理主要是防止高温应激对产蛋的影响。鸡群常见的热应激反应有:产蛋率下降、蛋重变小、蛋壳变薄、严重时发生中暑等。

（1）减少鸡舍受到的辐射热和反射热：在不影响鸡舍通风的前提下，可在鸡舍四周植树或搭置遮阳凉棚，如藤蔓类植物；在鸡舍周围种植草坪或牧草；在屋顶喷水等，都可以起到降温的作用。

（2）增大鸡舍内的通风换气量：采取自然通风的开放性鸡舍应将门窗及通风孔全部打开，密闭式鸡舍要开动全部风机昼夜运转。当气温高，通过加大舍内的换气量舍温仍不能下降时，可提高舍内的气流速度，从而起到降温的作用。

（3）湿帘降温：采取负压通风的鸡舍，在进气口处安装湿帘，使进入鸡舍的空气温度降低，效果也很好，目前鸡场采用湿帘降温的较多，采用湿帘降温，可使鸡舍内温度下降 5~7 ℃。

（4）喷雾降温：在鸡舍或鸡笼顶部安装喷雾器械或用喷雾器，直接对鸡体进行喷雾，降温效果也很好。

（5）供给清凉的饮水：水的比热加大，对鸡的体温调节作用较大，炎热环境下鸡主要靠水分蒸发散热，因此夏季的饮水要保持清凉，水温以 10~30 ℃ 为宜。

（6）降低饲养密度：当气温较高、鸡舍隔热性能不良、舍温过高时，为了减少鸡舍内部鸡的自身产热，可适当降低饲养密度。

（7）调整日粮浓度：在炎热季节，鸡的采食量减少，为了保证产蛋量，必须调整日粮浓度。可使能量水平略降低，而粗蛋白水平提高 1%~2%。

**3. 秋季管理**

秋季日照时间逐渐变短、气候凉爽、昼夜温差较大，这时对产蛋鸡要进行人工补充光照以弥补自然光照的不足；还应注意气温变化，开放式鸡舍要做好防寒保暖工作，夜间要关闭部分窗户（尤其是朝北的窗户），以防鸡体受凉；消灭蚊子。

在秋季换羽和停产早的鸡（多为低产鸡）应尽早淘汰。当年的小母鸡尚未开产时，可进行疫苗接种或驱虫。

**4. 冬季管理**

冬季气温低，日照短，要做好防寒保暖工作。应保证鸡舍温度在 10 ℃ 以上，在保持舍温的前提下，进行合理的通风，杜绝贼风；有条件的可配备取暖设备；适当提高日粮的能量水平。

 随堂练习

1. 如何绘制产蛋鸡的产蛋曲线？
2. 何谓产蛋鸡的分阶段饲养和调整饲养？
3. 如何做好产蛋鸡的日常管理？
4. 怎样做好产蛋鸡的调整饲养？
5. 怎样做好产蛋鸡的光照管理？

## 【技能训练 4-4】产蛋曲线的绘制与分析

【目标要求】 通过实习,使学生掌握产蛋曲线的绘制方法,并根据产蛋曲线分析鸡群产蛋水平,找出问题。

【材料用具】 本技能在教室完成。教师提供一组 22~72 周龄期间各周的产蛋记录及该品种的产蛋性能指标,坐标纸,绘图工具等。

【方法步骤】

(1) 在坐标纸上将该品种的产蛋率指标连成曲线,即为标准曲线。

(2) 然后在同一坐标纸上将该鸡群的实际产蛋率以光滑的曲线相连,即所求的产蛋曲线。

(3) 将两条曲线进行比较、分析,观察该鸡群实际生产性能水平,若有问题,查找原因,分析各阶段的管理状况,总结经验。

【实习作业】

1. 根据 22~72 周龄期间各周的产蛋记录及该品种的产蛋性能指标,绘制标准曲线和实际产蛋曲线。

2. 写出分析对比结果,找出该鸡场饲养管理方面存在的问题。

3. 根据以上分析,对该鸡场下一阶段的饲养管理提出合理化建议。

## 【技能训练 4-5】产蛋鸡的选择

【目标要求】 通过实训,使学生能根据蛋鸡的外貌和生理特征选择高产鸡,正确区分高产鸡和低产鸡,产蛋鸡和停产鸡。

【材料用具】 在鸡场或实验室进行,准备高产鸡、低产鸡、停产鸡各若干只。

【方法步骤】

(1) 根据外貌和生理特征区分高产鸡和低产鸡,见表 4-13。

(2) 根据外貌和生理特征区分产蛋鸡和停产鸡,见表 4-12。

(3) 根据外貌和生理特征,正确地选择利用种公鸡。

种公鸡要求身体各部匀称,发育良好,未患过各种传染病;体重、体尺应大于母鸡,胸骨向前突出,背宽而不过长,骨骼结实,姿势雄壮,羽毛丰满,早熟性好,雄性性征明显,具有本品种特征。不符合上述要求的公鸡应予以淘汰。

【实习作业】 每人鉴定公母鸡各 4 只,并将鉴定结果填入鉴定表 4-14。

表 4-14　生产性能鉴定记录

| 项目 | 鸡号 | | | | | | | |
|---|---|---|---|---|---|---|---|---|
| | 1 | 2 | 3 | 4 | 5 | 6 | 7 | 8 |
| 一般外貌 | | | | | | | | |
| 活力 | | | | | | | | |
| 冠、肉垂 | | | | | | | | |
| 肛门 | | | | | | | | |
| 触摸品质 | | | | | | | | |
| 腹部容积 | | | | | | | | |
| 趾骨 | | | | | | | | |
| 换羽 | | | | | | | | |
| 褪色 | | | | | | | | |
| 鉴定结果 | | | | | | | | |

## 任务 4.4　蛋用种鸡饲养管理要点

【课堂学习】

蛋用种鸡的生产目的是为了尽可能获得量多质优的种蛋。本节介绍蛋用种鸡的饲养管理目标及各阶段的饲养管理要点,种鸡的人工授精技术和强制换羽技术。

## 一、蛋用种鸡的饲养管理目标

### 1. 产蛋率和种蛋合格率高

产蛋率和种蛋合格率是衡量种母鸡繁殖的重要指标,主要取决于种鸡的遗传基础和饲养管理水平,一般来说,祖代鸡[①] D 系比 B 系产蛋多,种蛋合格率应大于 90%。

### 2. 种蛋受精率高

种蛋受精率高低与种公鸡饲养管理水平有很大关系,种公鸡健康无病,性欲旺盛,精液品质好,则种蛋受精率高。要求祖代鸡 B 系所产种蛋受精率不低于 80%,D 系所产种蛋受精率不低于 85%,父母代种鸡所产种蛋受精率不低于 85%。

### 3. 种鸡死淘率低

种鸡生产成本高,死亡或淘汰 1 只种鸡,经济损失较大。确保种鸡死淘率在生长期不高于

---

① 祖代种鸡一般有 A、B、C、D 4 个系(商品蛋鸡生产中的 4 系杂交繁育体系是仿照玉米自交系双杂交的模式建立的,其中 A、C 为公鸡,B、D 为母鸡),父母代种鸡有 AB、CD 两个双交系。

5%,产蛋期不高于 8%。

### 4. 控制垂直传播疾病,提高健雏率

垂直传播,指种鸡感染疾病后,病原微生物进入种蛋内,并在孵化过程中感染胚胎,使幼雏先天性感染相应的疾病,这类疾病主要有沙门氏病、鸡白痢、支原体病、淋巴细胞性白血病和减蛋综合征等。通过对种鸡群的检测和净化,可以控制垂直传播疾病,从而提高健雏率。

## 二、蛋用种鸡的饲养方式

### 1. 笼养

种公鸡笼养,一笼一鸡;种母鸡采用两层或三层阶梯式笼养。采用人工授精的方式进行繁殖。这是目前我国多数蛋用种鸡场采用的饲养方式。

### 2. 网上平养

种鸡养在离地 60~70 cm 的铝丝网或竹木条板上,自然交配繁殖。每 5 只母鸡配一个产蛋箱。

### 3. 网地混养

在鸡舍内两侧架设网床,床高 70~80 cm。中间部分为铺有垫料的地面,垫料地面占舍内面积的 40% 左右。公母混群饲养,自然交配。

## 三、蛋用种鸡生长期的饲养管理要点

蛋用种鸡生长期(出壳至 20 周龄)的饲养管理与商品蛋鸡差别不大,但应做好以下几方面的工作。

### (一) 分群管理

祖代种鸡一般有 A、B、C、D 4 个系,父母代种鸡有 AB、CD 两个双交系。各个系的鸡群在遗传特点、生理特点、发育指标等方面有一定差异,应该按系分群管理。

### (二) 剪冠、断趾、断喙

### 1. 剪冠

一般在 1 日龄内对种公鸡进行剪冠处理,以防止鸡冠冻伤;减少笼养时鸡冠擦伤或平养时公鸡相互啄斗引起的损失,或作为鸡群的标记。剪冠可用手术剪,在贴近头部皮肤处将雏鸡的冠剪去。剪冠后用乙醇、紫药水或碘酒进行消毒处理。鸡冠是良好的“散热器”,在炎热的地区不宜剪冠。

### 2. 断趾

断趾可与剪冠同时进行,目的在于防止自然交配时刺伤母鸡背部或人工授精时抓伤工作人员的手臂。断趾可使用断趾器或断喙器,将第一和第二趾从趾根处切去。

**3. 断喙**

断喙一般在 6~10 日龄进行,具体方法同蛋雏鸡,值得注意的是,种公鸡在断喙时,上下喙均只断 1/3,这样成年后上下喙基本平齐,有利于自然交配。

**(三)选择淘汰**

**1. 种公鸡的选择**

种公鸡的选择一般分为以下 3 个阶段。

(1)初选:在 6~8 周龄进行,应选留体重较大、体况好、发育匀称和冠大鲜红饱满直立的公鸡。留种的数量可按笼养公母比例 1:10,自然交配公母比 1:8,被选留的公鸡分群饲养,其余的小公鸡应全部淘汰。

(2)复选:在 18 周龄左右进行,应选留体大健壮、发育匀称、体重符合标准、外貌符合本品种特征的公鸡。用于人工授精的公鸡,还应考虑公鸡性欲是否旺盛、性反射是否良好。选留数量,自然交配按公母比 1:9,人工授精按公母比 1:25 确定。

(3)终选:一般在首次配种后 10~20 d 进行,应将性欲不良、交配能力弱、精液品质差的公鸡及时淘汰。留种比例自然交配的为 1:(10~12),人工授精为 1:(25~50)。

**2. 种母鸡的选择**

种母鸡的选择在 6 周龄和 18 周龄前后分别进行,主要是淘汰畸形、伤残、患病和毛色杂的个体。

**(四)强化免疫**

种鸡体内某种抗体水平高低和群内抗体水平的整齐度,会对其后代雏鸡的免疫效果产生直接影响。种鸡开产前,必须接种新城疫、传染性支气管炎、减蛋综合征三联苗,传染性法氏囊病疫苗,必要时还要接种传染性脑脊髓炎疫苗等。种鸡场特别要加强防疫措施,严禁外人进入场内。

**(五)疾病净化**

疾病净化是种鸡场必须进行的一项工作,通过血清学监测,确认种鸡中有无通过种蛋垂直传播的疾病,从而达到净化该类疾病的目的。通常净化的疾病有鸡白痢、沙门氏菌和减蛋综合征等。

**(六)公母混群**

采用自然交配的种鸡群,在育成末期将公鸡先于母鸡 7~10 d 转入成年鸡舍。公母比例轻型蛋鸡 1:(12~15),中型蛋鸡 1:(10~12)。

## 四、蛋用种鸡产蛋期的饲养管理要点

**1. 蛋种鸡的营养需要**

蛋种母鸡对饲料中常规营养物质的要求与商品蛋鸡相似,仅对某些维生素和微量元素要求较高。种公鸡对能量和蛋白质的需要低于种母鸡，一般代谢能 10.87~12.12 MJ/kg，粗蛋白质 11%~13%。在配种期添加精氨酸和维生素 A、D、E、B$_{12}$可以提高种蛋的受精率、孵化率和健雏率。

**2. 严把饲料关**

鱼粉、骨粉、肝渣等易被细菌污染而感染疾病，在种鸡饲料中尽量少用或不用；棉仁粕和菜籽粕的用量也应严格控制，防止其毒素超标，对种蛋质量产生不良影响。

**3. 确保种蛋质量**

蛋重过大或过小都不适于作种蛋，控制种鸡体重和开产日龄，提高早期蛋重；产蛋中后期通过限制饲养，使蛋重略减，以提高合格种蛋数；增加拣蛋次数，缩短种蛋在舍内的放置时间，拣蛋后及时进行消毒，然后转入蛋库存放；加强防疫，减少种鸡群疾病的发生。

**4. 种公鸡的管理**

加强种公鸡的营养和运动，确保种用体质；经常观察鸡群，防止公鸡的损伤；提供适宜的温度（20~25 ℃），每天维持 12~14 h 的光照，以利于提高精液品质；定期检查精液品质，及时淘汰种用价值低的公鸡；采用人工授精技术，提高种蛋受精率。

## 五、人工授精技术

种鸡自然交配时，公母比一般为 1∶（10~12），而采用人工授精时，公母比为 1∶（25~50），可以减少公鸡的饲养量，降低生产成本。人工授精技术包括两个内容：一是公鸡的采精，二是母鸡的输精。一般在母鸡处于产蛋高峰期时进行人工授精，以保证种蛋的受精率。

### （一）采精

**1. 采精前的准备**

在采精前 3~5 d 把经过选择的合格公鸡单独饲养，用剪刀将肛门周围 1 cm 范围内的羽毛剪去。每天定时按摩公鸡的腰荐部，使之形成条件反射。将采精用的集精杯和其他用具清洗干净并进行消毒，备用。

**2. 采精操作步骤**

先保定好公鸡，使鸡头朝后，尾部朝前。将公鸡肛门周围用乙醇棉球消毒，左手持集精杯，右手五指自然分开，以掌面自背腰部向尾部按摩数次，使公鸡出现性反射，尾羽上翘，泄殖腔外翻，露出勃起的生殖器。右手停止按摩，快速将尾羽拨向背侧，用拇指和食指在泄殖腔上方两侧捏住外翻的生殖器，向外轻轻挤压，同时左手配合右手，在泄殖腔下面柔软部位轻轻挤压，乳白色的精液流出，收集精液于集精杯中，反复挤压几次，直到无精液流出为止。采精时，采精员的左手食指和中指夹一小团药棉，一旦有粪便或尿酸盐挤出，可立即用药棉擦去，防止污染精液。采好的精液要在 30 min 内用完，采精时间一般安排在下午大部分鸡产完蛋后的 16∶00 左右进行。

**3. 注意事项**

采精时应注意以下问题：

（1）采精前要停食，以防采精时排粪而污染精液。

（2）采精人员要相对固定。

（3）收集精液时不能将粪便、羽毛等混入精液中，以免造成污染，影响精子活力。

（4）公鸡的利用率应根据饲养管理条件、气候、配种任务等决定，刚开始采精时，一般采精一天让公鸡休息一天，数周后可以采精两天休息一天。

（5）由于温度、酸碱度、氧化性等诸多因素对精液质量有影响，因此采精要迅速，采精时间最好控制在 30 min 内。

**4. 精液品质检查**

（1）外观检查：正常的精液为乳白色、不透明的液体。精液呈淡棕色，则疑混入了粪便；若精液呈微红色，则可能是有血液混入其中。颜色不正常的精液不能使用。

（2）射精量：射精量的多少，因品种、年龄、营养、运动、季节、采精频率及采精技术而异，鸡正常情况下的采精量一般为 0.2~1.0 mL。

（3）精子密度：可用平板压平法进行检查，按其稠密程度分为密、中、稀 3 级。品质良好的精液密度大。公鸡的精液正常情况下密度为 30 亿/mL。

（4）精子活力：精子活力是指在精液中直线运动的精子占全部精子的百分比。精子的受精能力和精子的活力有密切的关系，精子活力受温度的影响很大，做活力检查时温度应控制在 38~40 ℃ 为宜。

（5）精液的 pH：精液的 pH 一般为 6.2~7.4，用 pH 试纸可直接测出。

**（二）输精**

**1. 时间及频率**

输精时间一般在下午 4:00 左右大部分鸡产完蛋后进行，此时母鸡输卵管内没有成形的蛋，以使精液沿着输卵管上行至位于伞部的贮精囊。每隔 4~5 d 输精一次。

**2. 操作方法**

输精时一般 3 人一组操作，其中 1 人输精，2 人翻肛，输精员在中间，左右操作。翻肛人员打开鸡笼，左手抓住母鸡双腿根部，将母鸡后躯拉出笼门外，用力握紧双腿根部，挤压腹部，右手拇指和食指将肛门向外翻，位于鸡体左侧的生殖孔外翻，输精员将装有原精液的输精枪垂直插入母鸡生殖孔 2~3 cm，注入精液 0.025 mL。

**3. 注意事项**

输精时应注意以下问题：

（1）翻肛人员在给母鸡腹部加压时，一定要着力于腹部左侧，因输卵管开口在泄殖腔的左上方，右侧为直肠开口，如果着力于右侧便会引起母鸡排粪。

（2）翻肛人员和输精员要注意配合，当输精枪插入生殖孔时，翻肛人员手立即松开，借助母鸡生殖孔回缩的力量将精液吸进。

（3）注意不要将空气输入输卵管内，否则会导致精液外溢，影响受精率。

（4）输精枪要垂直插入输卵管，以防刮伤输卵管壁，造成出血引起炎症。

（5）要注意防止交叉感染。

## 六、强制换羽技术

种母鸡在经历了一个产蛋年后，在夏末或秋季开始换羽。自然条件下，从羽毛开始脱换到换羽结束，需 3~4 个月，时间长，管理困难。为了延长种鸡利用年限，降低种蛋成本，建议采用强制换羽，使鸡群在 7 周左右的时间内完成羽毛脱换任务。换羽后鸡群平均产蛋率比上一产蛋年降低 10%~20%，但产蛋整齐，种蛋合格率高，可继续利用 6~9 个月。

所谓强制换羽，是人为采取强制性方法给鸡群造成突然的、强烈的刺激，导致新陈代谢的紊乱而后停产换羽。

### （一）强制换羽的方法

#### 1. 饥饿法

一般在前 3 d 停水、停料、光照 6~7 h（夏季每天供水 1 h），4~12 d 停料、限水、光照 6~7 h，每天供水 2 次，每次 0.5 h，当体重减轻 25% 左右时，进入恢复期。恢复期的开始两周可用育成鸡料，另补充复合维生素及微量元素，此后两周使用预产期料，然后再用产蛋期饲料。恢复期第 1 d，喂料量按每只鸡每天 20 g，此后每天每只鸡增加 15 g，1 周后让鸡群自由采食，保证充足的饮水。光照时间从恢复喂料时开始逐渐增加，约经 6 周的时间，恢复为每天 16 h，以后保持稳定。一般鸡群在恢复喂料后第 3~4 周开始产蛋，第 6 周产蛋率可达 50% 以上。

#### 2. 化学法

化学法主要采用高锌日粮强制换羽。在产蛋期饲料中加 2.5% 的氧化锌或 3% 的硫酸锌，喂饲 5~7 d，鸡群完全停产，化学法换羽期间不停水。第 1 周采用自然光照，第 2 周逐渐增加光照时间，第 5~6 周达到 16 h。

#### 3. 生物学法

通过注射或拌料给每只鸡施用 20 mg 孕酮，在 2~6 d 内产蛋停止，7~12 d 内开始换羽，3~4 周内恢复产蛋。也可用睾酮、孕酮、促卵泡素（FSH）、孕马血清促性腺激素（PMSG）、促黄体素（LH）和促乳素等诱发强制换羽。

#### 4. 综合法

把饥饿法和化学法结合起来的强制换羽方案称为综合法。其基本方法是：绝食、停水 2.5 d，然后喂给适量的蛋鸡料，光照时间从每天 16 h 降至 8 h；从第 4 d 开始，自由采食含 2% 氧化锌的蛋鸡料 7 d，光照每天 8 h；第 11 d 开始自由采食正常蛋鸡料，并恢复正常光照。

**（二）强制换羽的注意事项**

（1）用于强制换羽的鸡群要求产蛋 43 周后产蛋率仍在 70% 以上。

（2）在实施强制换羽前，应对鸡群进行整顿，及时淘汰病、弱、残鸡，以降低换羽期的死亡率。

（3）在强制换羽实施前 1 周，对鸡群接种疫苗，以增强对疫病的免疫力。

（4）采用饥饿法，要准确掌握体重减少量，在实施前抽测 50 只左右鸡的体重，并做好记录。4 d 后每天称重一次，直到减重 25% 时为止。

（5）平养鸡换羽时，要把垫草全部清除干净，防止因饥饿啄食，造成消化管疾病。

（6）种公鸡不宜强制换羽，否则会影响以后的受精能力。

 **随堂练习**

1. 蛋用种鸡的饲养管理目标与商品蛋鸡有什么不同？

2. 如何对蛋用种鸡进行人工授精？

3. 什么叫强制换羽？生产中如何进行强制换羽？

 **知识拓展**

### 蛋用种鸡生产性能的评定

## 一、产蛋性能

**1. 开产日龄**

存栏鸡日产蛋率达 50% 时的日龄作为鸡群的开产日龄。

**2. 饲养日产蛋数**

$$饲养日产蛋数 = \frac{统计期内的总产蛋数}{每日饲养母鸡数} = \frac{统计期内的总产蛋数}{统计期内累加饲养只数 \div 统计期日数}$$

这个指标未考虑鸡的死淘数。因此，在使用这个指标时，应注明鸡的死淘数，方能反映实际情况。

**3. 入舍母鸡产蛋数**

以入舍母鸡数（通常是指产蛋率达 5% 时的存栏母鸡总数）为基础算出的在统计期内的平均每只鸡产蛋数。

$$入舍母鸡产蛋数 = \frac{统计期内的总产蛋数}{入舍母鸡数（只）}$$

这个指标不仅能反映群体本身的生产水平，而且也包含了饲养管理水平。

## 二、繁殖性能

### 1. 种蛋合格率

种蛋合格率指种母鸡在规定的产蛋期内所产符合本品种、品系要求的种蛋数占产蛋总数的百分比。

$$种蛋合格率 = \frac{合格种蛋数}{产蛋总数} \times 100\%$$

### 2. 受精率

受精蛋占入孵蛋的百分比。血圈、血线蛋按受精蛋计算，散黄蛋按无精蛋计算。

$$受精率 = \frac{受精蛋数}{入孵蛋数} \times 100\%$$

### 3. 孵化率（出雏率）

受精蛋孵化率，即出雏数占受精蛋数的百分比。

$$受精蛋孵化率 = \frac{出雏数}{受精蛋数} \times 100\%$$

入孵蛋孵化率，即出雏数占入孵蛋数的百分比。

$$入孵蛋孵化率 = \frac{出雏数}{入孵蛋数} \times 100\%$$

### 4. 健雏率

健雏率指健康雏鸡数占出雏数的百分比。健雏指适时出壳、绒毛正常、脐部愈合良好、精神活泼及无畸形的雏鸡。

$$健雏率 = \frac{健雏数}{出雏数} \times 100\%$$

## 三、生活力

### 1. 雏鸡成活率

雏鸡成活率指育雏期末成活雏鸡数占入舍雏鸡的百分比。

$$雏鸡成活率 = \frac{育雏期末成活雏鸡数}{入舍雏鸡数} \times 100\%$$

### 2. 产蛋期死淘率

产蛋期死淘率指产蛋期内死亡和淘汰的母鸡数占入舍母鸡数的百分比。

$$死淘率 = \frac{死亡母鸡数 + 淘汰母鸡数}{入舍母鸡数} \times 100\%$$

这个指标与产蛋期存活率具有相同含义，都代表群体生活力，它反映了群体的健康水平和饲养管理水平。

存活率＝（1−死淘率）×100%

## 四、饲料转化比

饲料转化比常用产蛋期料蛋比表示,即产蛋期母鸡每产 1 kg 鸡蛋需耗多少千克饲料。

$$产蛋期料蛋比 = \frac{产蛋期总耗料（kg）}{总蛋重（kg）}$$

## 【技能训练 4−6】种鸡的人工授精技术

【目标要求】　通过操作训练,使学生初步掌握按摩法采精和正确地给母鸡输精的基本技能。

【材料用具】　本实习可在种鸡场进行。繁殖期的公鸡、母鸡若干只,鸡的人工授精器械10 套。

【方法步骤】

**1. 采精**

（1）采精前的准备:公母鸡提前 3~5 d 隔离,剪去公鸡泄殖腔周围的羽毛,进行采精训练。集精杯、集精试管、输精器应用生理盐水冲洗,烘干备用。

（2）采精操作:保定人员手握公鸡两腿,夹于腋下,使两腿分开呈自然交尾状态。采精员左手掌心向下,紧贴公鸡腰背向尾部进行轻快而有节奏的按摩,进行采精,具体方法见前面教材内容。

公鸡每次射精量 0.2~1.0 mL,正常精液呈乳白色。全部动作要迅速连贯,一般采一只公鸡的精液只需 10~20 s,最快的仅需 5~8 s。

异常精液有:红色（混有血液）、絮状（混有尿酸盐）、胶状溶剂状（混有透明液）、灰褐色（混有粪便）,均不可使用。

（3）精液的保存:新鲜精液在 18~20 ℃范围内保存时间不超过 1 h。可用生理盐水稀释,比例为 1:1。

（4）采精时的注意事项:见前文教材内容。

**2. 输精**

（1）输精前的准备:输精器具有 1 mL 的注射器,带胶头的玻璃吸管等,最好用专用的输精器。精液一般现采现用,装有精液的试管要注意保温、避光,简便的方法是用手握住集精试管尽快输精。

（2）输精量、输精部位和输精间隔时间：母鸡每次输精量为原精 0.025~0.05 mL；在生产中多采用阴道输精，阴道输精可分为浅部输精（2~3 cm）、中部输精（4~5 cm）、深部输精（6~8 cm），一般采用浅部输精；输精间隔时间一般为 4~5 d。

（3）输精操作：具体见前文教材内容。

**【实习作业】**

1. 进行鸡的人工采精和输精练习。

2. 公鸡采精和母鸡输精时应注意的问题。

# 项目测试

一、名词解释

1. 开水：

2. 分阶段饲养：

3. 调整饲养：

4. 强制换羽：

5. 开产日龄：

6. 雏鸡：

二、填空题

1. 蛋鸡育雏期、育成期和产蛋期时间分别为 _____、_____、_____。

2. 对于健雏的选择方法是一_____、二_____、三_____ 。

3. 育成期的光照原则是：绝不能延长光照时间，以每天_____小时为宜，强度_____ lx 为好。

4. 检查育成鸡的均匀度时，一般抽样_____，均匀度在_____以上较好。

5. 产蛋鸡适宜的环境温度为_____ ℃。

6. 强制换羽的方法有_____、_____ 、_____、_____。

7. 人工授精时，一般每只肉种公鸡每次可采精_____ mL，输精深度为_____ cm，输精间隔为_____ d。

8. 防止鸡啄癖最有效的措施是_____。

三、选择题

1. 母鸡两次输精间隔以（　　　）d 为宜。

A. 1~2　　　　　　　　B. 2~3　　　　　　　　C. 3~4　　　　　　　　D. 4~5

2. 雏鸡断喙时切除上、下喙的长度为（　　　）。

A. 上喙 1/2,下喙 1/3　　　　　　　　　　B. 上喙 1/2,下喙 1/2

C. 上喙 1/3,下喙 1/2　　　　　　　　　　D. 上喙 1/3,下喙 1/3

3. 下列不属于高产鸡所具有的特点的是(　　　)。

A. 腹部柔软有弹性　　　　　　　　　　　B. 耻骨间距 2 指以下

C. 耻骨薄而有弹性　　　　　　　　　　　D. 冠和肉垂细致、温暖

4. 蛋鸡产蛋率在(　　　)%以上可确定进入产蛋高峰期。

A. 65　　　　　　　B. 75　　　　　　　C. 85　　　　　　　D. 95

5. 下列哪种物质能防止雏鸡断喙后大量出血? (　　　)

A. 维生素 A　　　　B. 维生素 C　　　　C. 维生素 E　　　　D. 维生素 K

6. 产蛋鸡在主产期饲料中应含蛋白质(　　　)。

A. 12%~15%　　　B. 16.5%~17%　　　C. 10%~12%　　　D. 20%以上

7. 雏鸡最适宜的开食时间为出雏后(　　　)小时。

A. 12~24　　　　　B. 24~36　　　　　C. 36~48　　　　　D. 24~48

8. 轻型蛋鸡最适宜的公母比例为(　　　)。

A. 1 : (20~30)　　B. 1 : (8~10)　　　C. 1 : (12~15)　　D. 1 : (10~12)

9. 出壳雏鸡的采食饮水的次序为 (　　　)。

A. 先开水后开食　　　　　　　　　　　　B. 饮水开食同时进行

C. 先开食后饮水　　　　　　　　　　　　D. 无要求

10. 产蛋期家禽对饲料中(　　　)矿物质需要量大。

A. P　　　　　　　B. Ca　　　　　　　C. 维生素 E　　　　D. Fe

四、判断题

1. 鸡 1~3 日龄的育雏温度为 33~35 ℃。　　　　　　　　　　　　(　　　)

2. 产蛋鸡的光照时间是每日 8 h。　　　　　　　　　　　　　　　(　　　)

3. 选择适宜的转群时间很重要,育成鸡于 20~21 周龄进行转群。　(　　　)

4. 雏鸡进入育雏舍以后,应先开食后开水。　　　　　　　　　　　(　　　)

5. 实施人工授精前,种公鸡需经 3~5 d 的调教。　　　　　　　　　(　　　)

6. 鸡采用人工授精时,输精时间一般在上午 9 点左右。　　　　　　(　　　)

五、简答题

1. 简述雏鸡的生理特点。

2. 如何对蛋用种鸡进行人工授精?

3. 如何绘制产蛋鸡的产蛋曲线?

4. 简述蛋鸡育成期限制饲养的意义。

5. 简述断喙的目的、时间和操作技术要点。

6. 在蛋鸡饲养管理过程中如何减少饲料浪费？

六、问答题

1. 如何提高育雏率？

2. 论述强制换羽常用方法和注意事项。

# 项目 5

# 肉鸡规模化生产

## 学习提要

■ **知识点**

1. 肉用仔鸡生产的特点。

2. 肉用仔鸡的生长规律。

3. 肉用仔鸡的饲养管理要点。

4. 肉用种鸡的饲养管理要点。

■ **技能点**

肉用仔鸡的屠宰测定。

## 任务 5.1 肉用仔鸡的饲养管理

【课堂学习】

肉用仔鸡的生产具有自身的特点,我们只有根据其特点进行科学饲养管理,才能取得良好的饲养效果。本节介绍肉用仔鸡生产的特点、饲养管理技术要点以及提高肉用仔鸡商品合格率的措施。

## 一、肉用仔鸡生产的特点

### 1. 早期生长发育快

肉鸡刚出壳时体重为 40 g 左右,饲养 6~8 周公母平均体重可达 2 kg 以上,为初生体重的 50 多倍。因此,对饲料营养要求高。

### 2. 饲料利用率高

一般生产水平料肉比为 2.0 左右,高者降至 1.8 以下,所以肉鸡属于高效节粮型家禽之一。

**3. 生产周期短、周转快**

肉用仔鸡从出壳到上市的时间一般在 6~8 周,再加上 2 周的鸡舍清扫、消毒时间,基本上 8~10 周可生产一批,每年可生产 5~6 批肉用仔鸡。因此,房舍和设备利用率高。

**4. 适于集约化饲养,生产效率高**

快速生长型肉用仔鸡性情温顺,较少发生啄斗、跳跃,进入生长后期活动量小,适于集约化饲养,便于人工管理。一般条件下完全人工饲喂,每人可养 2 000 只左右,半机械化管理每人可饲养 5 000~10 000 只,一些自动化程度高的肉鸡场,每人可养 8 万~10 万只,生产效率很高。

## 二、肉用仔鸡的饲养

### (一) 肉用仔鸡的生长规律

肉用仔鸡的生长阶段,体重的增长和体组织的发育呈现出一系列的规律性变化,这些规律性变化也受饲养制度和生活环境的影响。

**1. 体重增长规律**

肉用仔鸡饲养期的体重由小到大逐周增长,其相对增重率以第 1~2 周为最高,随体重和周龄增大而快速下降。肉用仔鸡的增重速度还因性别不同有一定的差异,公鸡的生长速度比母鸡快。初生时公母鸡体重无差异,生长到 4 周龄时,母鸡体重是公鸡体重的 80%~90%,8 周龄时为 70%~80%。因此,肉用仔鸡生产中最好按公母分群饲养。

**2. 体组织成分的变化规律**

肉用仔鸡生长初期水分含量较高,体脂肪很少,随后由于蛋白质和钙沉积增加,肌肉、骨骼生长加快,生长后期腹脂沉积增加,体组织水分含量相对减少。一般在 5~7 周龄有一个脂肪沉积高峰,而且母鸡比公鸡沉积能力更强,7 周龄后公鸡呈下降趋势,母鸡则持续增加。肉用仔鸡生长后期体组织含脂量增加,有助于改善鸡肉的口感和风味,但脂肪沉积量过多,会造成饲料利用率降低,要进行适当控制。

**3. 饲料转化规律**

肉用仔鸡的饲料转化率与各周龄的基础代谢有关,即依各周龄和体重大小而异。体重小基础代谢消耗亦少,以肌肉生长为主,饲料转化率也较高。反之,体重变大和脂肪沉积量增加,则使饲料转化率降低。特别是 8 周龄以后,仔鸡的绝对增重降低,耗料量继续增加,使饲料效率显著下降。

### (二) 肉用仔鸡对饲粮的营养要求

肉用仔鸡饲粮必须含有较高的能量和蛋白质水平,对维生素、矿物质等微量成分要求也很严格。一般认为饲粮的代谢能在 12.97~14.23 MJ/kg 范围内,增重和饲料效率最好。而蛋白质含量以前期 23%,后期 21% 生长最佳。依我国当前的实际情况,从生产性能和经济效益全面考虑,肉用仔鸡饲粮的代谢能水平应不低于 12.13~12.55 MJ/kg,蛋白质含量以前期不低于21%,后期不低于 19% 为宜。同时要注意满足必需氨基酸的需要量,特别是赖氨酸、甲硫氨酸以及各种维生素、矿物质的需要。

肉用仔鸡饲养期短,饲粮配方应尽可能保持稳定,如因需要而改变时,必须逐步更换,饲粮突然改变会造成消化不良,影响肉鸡生长。

### （三）肉用仔鸡的饲料配方示例

肉用仔鸡饲料配方示例参见表 5-1。

表 5-1　肉用仔鸡典型饲料配方

| 配方组成/% | 适用阶段 | | 营养水平 | 适用阶段 | |
| --- | --- | --- | --- | --- | --- |
| | 0~4 周龄 | 5~8 周龄 | | 0~4 周龄 | 5~8 周龄 |
| 玉米 | 61.17 | 66.22 | 代谢能/(MJ·kg⁻¹) | 12.97 | 13.14 |
| 豆饼 | 29.5 | 28.0 | 粗蛋白质/% | 20.8 | 19.1 |
| 鱼粉 | 6.5 | 2.0 | 有效磷/% | 0.45 | 0.44 |
| D,L-甲硫氨酸(98%) | 0.19 | 0.27 | 钙/% | 1.02 | 1.20 |
| L-赖氨酸盐酸(98%) | 0.05 | 0.27 | 赖氨酸/% | 1.20 | 1.20 |
| 骨粉 | 1.22 | 1.89 | 甲硫氨酸+胱氨酸/% | 0.86 | 0.83 |
| 食盐 | 0.37 | 0.35 | | | |
| 微量元素、维生素预混料 | 1.00 | 1.00 | | | |

### （四）肉用仔鸡的饮水与饲喂

肉用仔鸡生长速度较快,相对生长强度很大,早入舍、早饮水、早开食,加强早期饲喂,是整个饲养过程的关键措施。

**1. 饮水**

雏鸡进入育雏舍稍微休息后即应让其饮水。为满足其快速生长的需要,雏鸡开水后,应保持充足清洁饮水不断。肉用雏鸡的饮水量取决于环境温度和采食量,通常每吃 1 kg 的饲料,饮水 2~3 kg。气温升高,饮水量增多;鸡群患病和产生应激时,饮水量增多。

**2. 饲喂**

肉用仔鸡应实行自由采食,提供充足的采食槽位,逐日增加给料量。但为了充分提高肉用仔鸡的采食量,可通过短时间停料刺激鸡的食欲,即采取分次间断给料。初饲时雏鸡每次采食量少,一般间隔 2~3 h 饲喂一次,每天饲喂 8~10 次,以后逐渐减少饲喂次数。从第 3 周龄起一直到出售,每天可饲喂 5~6 次。饲喂时要根据肉用仔鸡生长发育规律采用不同营养水平的饲料,一般 0~4 周龄使用肉用仔鸡前期料,4 周龄后至上市采用后期料。目前也有采用 3 段制的饲养标准,即 0~3 周龄采用前期料,3~6 周龄采用中期料,6 周龄后至上市采用后期料。肉用仔鸡前期料要求较高的蛋白质水平,中、后期料适当降低蛋白质水平,并提高能量水平。喂料量应参考种鸡场提供的耗料标准,结合饲养条件掌握。

颗粒饲料适口性好,营养全面,比例稳定,经包装、运输、饲喂等工序不会发生质的分离和营养成分不均等现象,饲料浪费少。使用颗粒饲料饲养肉用仔鸡虽然成本稍高一些,但饲养效果明显优于粉状料,所以目前肉鸡饲养产业上较多地采用颗粒饲料。

## 三、肉用仔鸡的管理

### (一)选择适宜的饲养方式

肉用仔鸡的饲养管理方式有 3 种,即地面平养、网上平养和立体笼养。

**1. 地面平养**

地面平养是指在鸡舍地面上铺一定厚度干燥松软的垫料,将肉用仔鸡养在垫料上,任其自由活动。目前肉用仔鸡生产上普遍采用的是厚垫料地面平养,即平时不清除鸡粪,也不更换垫料,而是根据垫料的污染程度连续性加厚,待这批鸡出栏后才一次性清除干净。这种方法节省劳力,投资少,设备简单,残次品少。但占地面积大,需要大量的垫料,且因鸡群直接与粪便接触,发生疫病的危险性较大。

**2. 网上平养**

网上平养是指将肉用仔鸡养在特制的网床上面,网床由床架、底网和网围构成。肉用仔鸡生产上常在金属底网上再铺一层弹性塑料方眼网,这种网柔软有弹性,肉用仔鸡在网上活动,可减少腿病和胸囊肿的发生率,提高商品合格率。网上平养不用垫料,饲养密度比地面平养高25%左右,管理方便,劳动强度小。网养可减少肉用仔鸡与鸡粪的接触,减少消化管疾病的感染机会,特别是对球虫病有较好的控制效果。但网上平养一次性投资较大。

**3. 立体笼养**

立体笼养是指将肉用仔鸡饲养在特制的多层笼内。笼养饲养密度高,鸡舍利用率和劳动效率均较高,并能有效地控制球虫病和白痢病的蔓延。但笼养一次性投资大,且胸囊肿和腿病的发生率较高。近年来肉用仔鸡生产上采用塑料笼底或全塑料鸡笼,使胸部囊肿的发生率大为减少。也可将笼养与平养结合,即在 3 周龄内采用笼养,3 周龄后转为垫料地面平养,饲养效果较好。

### (二)做好进雏前的准备工作

**1. 鸡舍的准备**

肉用仔鸡生长周期短,每年可在同一舍内饲养周转 5~6 批,每批鸡出舍后,对鸡舍应进行彻底清扫、冲洗、整修和消毒。消毒的方法主要有化学药物喷雾、火焰消毒、熏蒸消毒等。消毒好后要求空舍 10 d 以上。

**2. 饲养设备准备**

所有育雏用的设备如饮水、喂料、供温及打扫、冲洗用具等都应认真检修和调试,经彻底消毒后备用。笼养要提前准备好育雏笼,网上平养要准备好底网。

**3. 饲料、垫料和药品准备**

肉用仔鸡开食的破碎料和正常饲喂的饲料都要按要求提前备足;厚垫料地面平养要提前准备好垫料,垫料要求干燥、清洁、柔软及吸水性强;肉用仔鸡全期应用的各种疫苗及预防、治疗、消毒用化学药物等都应落实到位。

**4. 预温**

雏鸡入舍前1~2 d,应提前将舍温升至要求的温度,使用的热源要可靠,舍温应均匀。

**（三）初生雏的选择与安置**

**1. 初生雏鸡的选择**

参照表3-13选择符合品种标准的健壮雏鸡。

**2. 初生雏的安置**

出壳后的雏鸡按要求运到育雏舍后,应及时检查清点,检出死雏,分开强弱雏,并将弱雏安置在温度稍高的位置饲养。

**（四）提供适宜的环境条件**

**1. 温度**

肉用仔鸡的供温标准可掌握在1~3日龄32~35 ℃,以后每天降低0.5 ℃左右,从第五周龄开始维持在21~23 ℃即可。但应注意饲养后期不能偏高,否则会影响采食量而使生长速度变慢和增加死亡数,胴体等级也下降。肉用仔鸡生产中,饲养员必须认真检查和记录温度的变化,细致观察雏鸡的行为,根据季节和雏鸡表现灵活掌握温度标准。

**2. 湿度**

肉用仔鸡1~2周龄时对湿度要求较高,应为60%~65%。这对促进卵黄吸收和防止雏鸡脱水有利。2周以后体重增大,呼吸量增加,排粪量增多,应保持舍内干燥,注意通风,避免饮水器漏水,防止垫料潮湿。

**3. 通风**

肉用仔鸡生长快,排粪多,饲养密度大,易造成舍内空气中 $NH_3$、$H_2S$ 和 $CO_2$ 等有害气体的含量过高而影响肉用仔鸡正常生长发育,还会诱发肉鸡的腹水症。为此,在注意保温的同时,应根据天气的状况经常调节门窗、通风孔的大小,无窗鸡舍应调整好通风系统,以使舍内空气保持新鲜,对于3周龄以后的鸡,尤其应注意通风换气。

**4. 光照**

肉用仔鸡光照的目的主要是尽可能延长采食时间,促进生长。育雏初期为了刺激雏鸡采食和饮水,1~2日龄每天连续24 h光照,而后每天23 h照明,1 h黑暗,使鸡能够适应突然停电时的环境变化,防止集堆伤亡。光照强度在育雏初期要强一些,以帮助雏鸡尽快熟悉环境和刺激采食、饮水。随着日龄的增大逐渐降低光照度,以防止鸡过分活动或产生互啄癖。1~2 周龄期间光照强度由 20 lx 到 10 lx,第 3 周龄开始至出场可控制在 5 lx 左右。灯泡安装要均匀,以灯距不超过 3 m,灯高 2 m 为宜。现有环境自动控制式鸡舍内采用 1~2 h 光照、随后 2~4 h 黑暗的间歇光照制度,既节省电费,还可促进采食,能明显增加经济效益。

**5. 饲养密度**

肉用仔鸡的饲养密度主要取决于鸡舍的类型、饲养管理方式、养鸡季节、鸡的日龄和出场体重等。板条或网上平养可比垫料平养的密度增加 20%,冬季比夏季饲养密度要大一些,环境控制式鸡舍比开放式自然通风鸡舍的饲养密度要大一些。生产中通常按活体重确定饲养密度,见表 5-2。

表 5-2　不同活体重 AA 肉用仔鸡的饲养密度　　　　　　　　　　单位:只/m²

| 体重/kg | 饲养方式 | |
|---|---|---|
| | 厚垫料地面平养 | 网上平养 |
| 1.4 | 14 | 17 |
| 1.8 | 11 | 14 |
| 2.3 | 9 | 11 |
| 2.7 | 7.5 | 9 |
| 3.2 | 6.5 | 8 |

**（五）采用科学的饲养制度**

**1. 公母分群饲养**

公、母肉用仔鸡生长发育的特点不同,通常 2 周龄后公鸡生长速度比母鸡快,沉积脂肪的能力比母鸡弱。从 3 周龄起公、母鸡对蛋白质和氨基酸的需要量有显著的差异,公鸡的需要量明显比母鸡高,且能有效地利用较高的蛋白质和赖氨酸饲料来提高增重速度。而母鸡采食过多的蛋白质会在体内转化成体脂肪,增重效果不明显,且造成饲料浪费。因此,实行公母分群饲养,按各自的要求饲喂不同的饲料,可以达到合理利用饲料、提高经济效益的目的。

**2. "全进全出"饲养**

"全进全出"是指同一栋鸡舍或全场同一时间内只养同一日龄的肉用仔鸡,养成后又在同一时间出场。采用这种饲养制度,可在每批肉鸡出场后进行彻底的清扫、消毒,切断病原的循环感染。

**（六）做好卫生防疫工作**

肉用仔鸡生长期短,一旦发生疾病,即或通过治疗得到控制,但到出售前往往来不及恢复,对肉鸡的生长和经济效益带来较大的影响。因此,肉用仔鸡生产中要特别重视防疫卫生工作。

**1. 保持养鸡场的环境卫生,做好定期消毒工作**

养鸡场不准外来人员进入,及时隔离病鸡,防止病原传播。饮水器每天清洗消毒,勤换场、舍门前消毒池的消毒液,勤清除鸡粪,及时排除污水。每周至少1~2次带鸡消毒。

**2. 实施预防性投药**

对厚垫料平养的肉用仔鸡一定要通过预防性投药防止鸡白痢病、球虫病等多发病的发生。

**3. 制定并严格执行合理的免疫程序**

养鸡场要根据当地疫病发生与流行的实际情况,制定合理的免疫程序。切实做好鸡新城疫、鸡传染性支气管炎和传染性法氏囊病等传染病疫苗的接种工作。

**(七)提高肉用仔鸡商品合格率的措施**

**1. 减少肉用仔鸡猝死症和腹水症的发生**

猝死症和腹水症是肉用仔鸡生产中的高发病,与饲料营养、鸡舍环境有密切关系。如育雏前期日粮能量过高、饲养密度大、通风差、缺氧、应激等是发生该病的主要原因,因此,饲养管理过程中常常通过缩短光照时间、适当降低日粮营养浓度等措施,适当降低快速生长型肉鸡的生长速度,使20日龄时体重比正常体重低10%~20%,这样可大大减少肉用仔鸡猝死症和腹水症的发生,同时,到42~49日龄时肉用仔鸡的生长速度能得到补偿。

**2. 提高出栏肉用仔鸡的整齐度**

肉用仔鸡的整齐度是肉用仔鸡管理中的一项重要指标,提高整齐度,可以提高经济效益。在饲养过程中,应及时淘汰发育迟缓的鸡只。

**3. 减少腿部疾病和胸部囊肿**

肉用仔鸡生长快,不爱运动,体重大,经常腹卧,胸部囊肿和腿部疾病发生率较高,直接影响出栏仔鸡的合格率,因此,要求加强饲养管理,尤其要加强育成期的管理,减少腿部疾病和胸部囊肿的发生。

**4. 重视肉鸡出场管理**

(1)适时出栏:要根据肉用仔鸡的生长发育规律结合市场的需求特点和价格等因素,确定最合适的出场日龄。

(2)适时停料:一般宰前6~12 h禁食,但不停止供水。禁食时间过长时,不仅肉鸡失重太大,而且胴体品质和等级也有所下降。禁食时间过短,不仅浪费饲料,而且会增加运输过程中的死亡。

(3)正确抓鸡:抓鸡前首先要制造一种让鸡群安定的环境,尽量将鸡舍光线变暗,移走料桶和饮水器等器具。抓鸡时不应抓翅膀,应抓跖部,免得骨折或出现淤血。

(4)妥善装运:抓鸡、入笼、装车、卸车及放鸡的动作要轻巧敏捷,不可粗暴操作,以防碰伤而影响商品价值。装笼时应将笼具事先修整好,每笼装鸡数不能过多。炎热季节装车时要留足通风间隙,寒冷季节要使用帆布遮盖。

（5）加强管理：从抓鸡装车直至屠宰都应有专人负责看管，注意防晒、防闷、防冻、防雨，防止鸡积堆压死压伤。

 **随堂练习**

1. 肉用仔鸡的生产有哪些特点？
2. 简述肉用仔鸡饲养管理技术要点。
3. 如何提高肉用仔鸡商品合格率？

 **知识拓展**

### 优质黄羽肉鸡生产

优质肉鸡是相对快速生长型肉鸡而言的，一般指我国部分肉用性能良好的地方品种，经过多年的纯化选育使羽色体形趋向一致，生产性能有所提高的群体。具有体形小，肉质细嫩、鲜美，性成熟较早等快长型肉鸡无法比拟的优点。

**1. 优质黄羽肉鸡品种**

我国固有的肉鸡品种较多，如北京油鸡、惠阳鸡、石歧鸡等，与白羽快速生长型肉用仔鸡相比，固有的优质黄羽肉鸡繁殖率低、生长速度慢、饲料报酬低、周期长，现不少地区利用固有黄羽肉鸡为素材，与引进的大型红羽肉鸡品种（如海佩科、红布罗肉鸡等）或隐性白羽肉鸡品系进行杂交，杂交后代用于商品生产，其生产性能和肉质风味介于二者之间，具有一定的市场竞争能力。

**2. 优质黄羽肉鸡的营养需要特点**

优质黄羽肉鸡生长慢，饲养周期长，因而其营养要求比快速生长型肉鸡稍低些。日粮代谢能水平一般比快长型鸡低 2%~3%，蛋白质水平低 5%~8%，氨基酸、维生素和微量元素水平可与蛋白质水平同步下降。

**3. 优质黄羽肉鸡管理上的特点**

优质黄羽肉鸡适应性强，又不像快长型肉鸡那样易发生胸囊肿，故既可采用垫料地面平养、栅（网）养，也可采用笼养或利用果园林地放养。优质黄羽肉鸡生长期长，与快长型肉鸡相比，应增加部分疫病的免疫预防工作。如必须接种鸡马立克氏病疫苗和刺种鸡痘疫苗等。

## 【技能训练 5-1】参观肉用仔鸡饲养场

**【目标要求】** 通过参观肉用仔鸡饲养场，使学生熟悉肉用仔鸡的生产过程，掌握提高肉鸡生产经济效益的有效措施。

**【材料用具】**　学校实习养鸡场或学校附近的肉用仔鸡饲养场。

**【方法步骤】**

（1）请养鸡场技术员或经营者介绍肉用仔鸡生产和市场需求等情况。

（2）参观肉用鸡场,了解养鸡场规划与建筑物布局、肉鸡舍建筑及饲养与环境控制设备的使用等情况。

（3）了解肉用仔鸡饲养前期和后期的营养标准、饲喂次数和饲喂方法、肉用仔鸡的管理要点、出场日龄等。

（4）根据养鸡场提供的资料,计算该养鸡场肉鸡的成活率、成品合格率、饲料报酬和劳动定额等,分析其经济收益。

**【实习作业】**　完成表 5-3。

表 5-3　肉用仔鸡饲养场参观调查表

| 养鸡场名称 | | 鸡舍类型 | | 肉鸡品种 | |
|---|---|---|---|---|---|
| 饲养规模/只 | | 饲养周期 | | 饲养方式 | |
| 饲料来源 | | 饲喂次数 | | 饲喂方式 | |
| 总耗料/kg | | 出场体重/kg | | 饲料报酬 | |
| 肉鸡成活率/% | | 成品合格率/% | | 出场日龄 | |
| 成本分析: | | | | | |
| 苗鸡费/元 | | 饲料费/元 | | 固定资产折旧费/元 | |
| 药品费/元 | | 人工费/元 | | 水、电、燃料费/元 | |
| 企业管理费/元 | | 利息分摊/元 | | 其他费用/元 | |
| 总投入/元 | | | | | |
| 收入分析: | | | | | |
| 活鸡销售收入/元 | | 鸡粪收入/元 | | 总收入/元 | |
| 利润分析 = 总收入 - 总投入 | | | | | |
| 体会 | | | | | |

## 【技能训练 5-2】肉用仔鸡的屠宰测定

【目标要求】 通过屠宰测定,学习鸡的屠宰方法,掌握鸡屠宰率的计算方法。

【材料用具】 鸡,解剖刀,剪刀,台秤,瓷盘等。

【方法步骤】

(1) 宰前准备:禁食 6~12 h(供水)后称活重。

(2) 放血:可采用以下两种方法。

① 颈外放血法:将鸡耳下颈部宰杀部位的羽毛拔去少许,用刀切断颈动脉和颈静脉,放血致死。

② 口腔放血法:用左手握鸡头于手掌中,并以拇指和食指将鸡嘴顶开,右手握刀,刀面沿舌面平行伸入口腔左耳附近,随即翻转刀面使刀口向下,用力切断颈静脉和桥形静脉联合处,使血沿口腔下流。此法屠体外表完整美观。

(3) 拔羽:用湿拔法拔羽,水温控制在 50.5~53 ℃。拔毛后沥干水分后称屠体重。

(4) 去头、脚:将洗净的屠体从第一颈椎处截下头,从踝关节处截下脚,并称重。

(5) 剖腹取出内脏:在肛门下剪约 3 cm 的口子,小心拉出鸡肠,再挖肌胃、心、肝、胆、脾等内脏(留肾和肺),并分别称重。

半净膛重:屠体重减去气管、食管、嗉囊、肠、脾、胰腺和生殖器官。留下心脏、肝(去胆)、肺、肾、腺胃、肌胃(去除内容物及角质膜)和腹脂的质量。

全净膛重:半净膛重减去心脏、肝、腺胃、肌胃、腹脂及头、颈、脚。留肺、肾的质量(鸭、鹅保留头、颈、脚)。

(6) 计算。

$$屠宰率 = \frac{屠体重}{活重} \times 100\%$$

$$半净膛率 = \frac{半净膛重}{活重} \times 100\%$$

$$全净膛率 = \frac{全净膛重}{活重} \times 100\%$$

$$胸肌率 = \frac{胸肌重}{全净膛重} \times 100\%$$

$$腿肌率 = \frac{大小腿净肉重}{全净膛重} \times 100\%$$

【实习作业】 每组屠宰 2~3 只肉用仔鸡,并完成表 5-4。

表 5-4　肉用仔鸡屠宰测定

| 项目＼编号 | | | | | |
|---|---|---|---|---|---|
| 活重/kg | | | | | |
| 屠体重/kg | | | | | |
| 半净膛重/kg | | | | | |
| 全净膛重/kg | | | | | |
| 胸肌重/kg | | | | | |
| 腿肌重/kg | | | | | |
| 屠宰率/% | | | | | |
| 半净膛率/% | | | | | |
| 全净膛率/% | | | | | |
| 胸肌率/% | | | | | |
| 腿肌率/% | | | | | |
| 体会 | | | | | |

# 任务 5.2　肉用种鸡的饲养管理

## 【课堂学习】

饲养肉用种鸡的任务是提供尽可能多的健壮而优良的肉用仔鸡,故一方面要求种鸡具有优良的遗传性能;另一方面要靠加强饲养管理,特别要做好限制饲养和光照管理工作。本节介绍肉用种鸡的饲养方式和选择方法,育成期的限制饲养,产蛋期的饲养管理技术要点以及提高种蛋合格率、受精率的措施。

## 一、肉用种鸡的饲养方式

目前比较普遍采用的有漏缝地板平养、地面网上混合平养和笼养 3 种方式。

### 1. 漏缝地板平养

漏缝地板有木条、硬塑网和金属网等类型,它们高于地面约 60 cm。金属网地板要用大量金属支撑材料,且平整安装较为困难。硬塑网平整,不易伤害鸡脚,也便于冲洗消毒,但成本较高。目前多采用木条或竹条的板条地板,其造价低,但应注意刨光表面和棱角,以防扎伤鸡爪。木(竹)条宽 2.5～5.1 cm,间隙为 2.5 cm,板条的走向应与鸡舍的长轴平行。

**2. 地面网上混合平养**

地面网上混合平养即漏缝地板与垫料相结合的地面,漏缝结构地面与垫料地面之比通常为 6∶4 或 2∶1(图 5-1)。舍内布局常是在中央部位铺放垫料,靠墙两侧安装木(竹)条地板,产蛋箱在木(竹)条地板的外缘,排向与鸡舍的长轴垂直,一端架在木条地板的边缘,另一端悬吊在垫料地面的上方,这便于鸡只进出产蛋箱,也减少占地面积。在漏缝结构的地面上均匀放置料槽和饮水器。种鸡在垫料上自然交配和运动,在漏缝隙结构的地面上采食、饮水和栖息。鸡排粪大部分在采食时进行,这样大部分粪便落到漏缝地板下面,使垫料少积粪和少沾水。这种方式将垫料和板条平养的优点结合起来,是一种典型的肉用种鸡管理方式,在肉用种鸡生产中广泛采用。

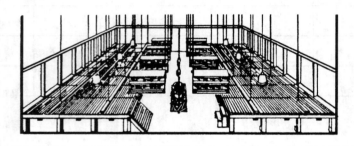

图 5-1　地面网上混合平养

**3. 笼养**

随着肉鸡业的发展,肉鸡的饲养量增加,肉用种鸡的笼养技术逐渐在生产中得到推广应用,且取得了良好的效果。肉用种鸡单笼饲养,采用人工授精技术,既提高了饲养密度,又能获得较高而稳定的受精率。

## 二、肉用种鸡的选择

肉用种鸡的选择方法通常采用外貌选择法,分 3 次进行。

**1. 1 日龄时的选择**

选择时,母雏绝大多数留下,只淘汰体形过小、瘦弱或畸形的个体。公雏选留那些活泼健壮的个体,现代鸡种选留公雏的数量通常为母雏的 17%～20%。

**2. 6～7 周龄时的选择**

6～7 周龄时种鸡的体重与其后代仔鸡的体重呈较高的正相关。选择的重点在公鸡,将体重符合标准、胸部饱满、肌肉发育良好和腿粗壮结实的公鸡留下来,其数量为母鸡选留数的

12%～13%。此时,公、母雏的外貌表现已经很明显,将有外貌缺陷和体重小的个体淘汰掉。

### 3. 开产前的选择

开产前要进行第 3 次选择。这次淘汰数很少,只淘汰那些明显不合格,如发育差、畸形和因断喙不当喙过短的鸡。公鸡按母鸡选留数的 11%～12% 留下。若采用人工授精技术,每 100只母鸡选留 4～5 只公鸡。

## 三、育成期的限制饲养

限制饲养是肉用种鸡饲养管理中的核心技术,是指对肉用种鸡的饲料在量或质的方面采取某种程度的限制。现代肉用鸡品系在育种过程中特别注重早期增重速度和体重的选育,保证了其优异的肉用性能,而繁殖能力会随着体重过大和脂肪沉积过多而下降。采用限制饲养的方法,不但保证了肉用种鸡优异的肉用性能,还提高了种鸡的繁殖能力和种用价值,而且降低了饲料成本。肉用种鸡在育雏期的前 2～3 周一般让其充分采食,从第 4 周开始一直到产蛋结束都要实行限制饲养。

### (一) 限制饲养的目的

#### 1. 控制生长速度,使种鸡的体重符合标准要求

肉用种鸡的最大特点是采食量大、生长速度快、沉积脂肪能力强。作为肉用种母鸡,要求 20 周龄的体重控制在 2 kg 左右,如果任其自由采食、自然生长,到 20 周龄体重可达 3.6 kg 以上。体重过大的母鸡,产蛋量明显减少,种蛋合格率下降;公鸡过重,腿病增加,配种困难,受精率低。

#### 2. 控制母鸡适时开产

肉用种鸡一般在 24 周龄左右见蛋,25 周龄左右产蛋率达 5%,30 周龄左右进入产蛋高峰较理想。不限饲或限饲不当,鸡群会出现过早或过晚开产的现象。过早开产,则蛋重小且增加慢,产蛋高峰不高,并且持续期短,总的产蛋数少;过晚开产,蛋重虽大,但产蛋数量少,种蛋合格率低,不经济。正确的限饲可使鸡群在最适宜的周龄开产,开产日龄整齐,蛋重标准,产蛋率上升快,产蛋高峰持续时间长,全期产蛋多,种蛋的合格率高。

#### 3. 降低鸡体内腹脂沉积

如果让肉用种鸡自由采食,育成后期或种用期就会因吃得过多而过肥,影响种用价值。限制饲养可以使鸡体腹部脂肪沉积量降低 20%～30%。

#### 4. 降低饲养成本

限制饲养还可节省饲料,降低饲养成本。

### (二) 限制饲养的方法

限制饲养主要有限质和限量两种方法,目前多采用限量法,即在保证饲料营养水平的基础上,通过限制喂料量达到体重控制目标,并与光照控制相结合使鸡群适时开产。限量法的具体

喂料方式主要有以下几种。

**1. 每日饲喂**

每日饲喂即在饲喂全价饲粮的基础上,减少每日饲喂量。每日限饲常将 1 d 规定的饲料量在上午一次投给。这是一种较缓和的限饲方式,主要适用于由自由采食转入限饲的过渡期和育成期末到产蛋期结束。

**2. 隔日喂料**

隔日喂料指将 2 d 的规定料量合在 1 d 投喂,另 1 d 停喂。这种方法限饲强度大,在育成期不宜单独使用,一般只在增重速度比较难控制的 7~11 周龄或体重超出标准过高时使用。

**3. 五、二限饲**

五、二限饲指 1 周内 5 d 喂料,2 d 停料。每个喂料日喂 1 周料量的 1/5,停料日一般为不连续的 2 d。此法对鸡群的应激程度比隔日饲喂小,使用较为广泛,适用于育成期的大部分阶段。

**4. 四、三限饲**

四、三限饲指 1 周内 4 d 喂料,3 d 不喂,此法应激程度较隔日饲喂略小,且能按周进行,将停料日放在周日方便称重。

**5. 综合限饲**

对同一群鸡在不同的周龄,常分别采取上述某种限饲方式制定一个综合限饲程序,取得更好的限饲效果。

限制饲养具体实施时,要查明出雏时间,根据称测的体重变化、鸡群数量,调整饲喂量。

**(三) 限制饲养时鸡群的管理要点**

**1. 分群**

限饲前应按体重大小和体格强弱进行分群,将体重过小和体格软弱的鸡移出或淘汰。

**2. 断喙**

限饲时易发生啄癖,特别是有日光照射的开放式鸡舍,更易发生。因此,6~8 日龄时应对肉用雏鸡进行断喙。

**3. 定期称重**

限饲的基本依据是体重,种鸡从限饲之日起(父母代肉鸡一般从 3 周龄起开始限饲),每周随机抽样称重 1 次,并计算出平均体重,作为限饲的依据,开产后每月称重 1 次。育成期称重每栏应抽取 5%~10%,产蛋期抽测 2%~5%,称重的时间应固定在每周同一天的同一时间。每日限饲应在早上空腹称重,隔日限饲或五、二限饲一般安排在停料日称重。平养鸡群称重前,要先使每栏鸡只分布均匀,再用围栏每次围 50~60 只鸡,并将其全部逐只称重。做好记录后,计算平均体重和均匀度,并与标准体重比较。如体重超出标准,可暂停增加料量,维持原来的喂料量(不能减量),直到与标准体重一致后再增加料量。如果鸡的体重过轻,应适当增加料量。

**4. 经常观察鸡群**

限制饲养时要经常观察鸡群,注意观察鸡群的采食、饮水和健康状态。如鸡群患病或接种疫苗等,应暂时恢复自由采食。限饲时要保证每只鸡都有足够的采食和饮水位置。

**5. 限饲与光照控制结合**

体成熟和性成熟能否同步进行对育成期肉种鸡极为重要。如果限饲与光照控制结合得好,就可通过光照的时间和强度调节开产日龄,使种鸡的性成熟和体重标准同步。如果限饲不与光照很好地结合,就会出现体重虽已达标,但尚未开产,或体重低于标准,但已开产的不同步现象。

**6. 公母分群饲喂**

有条件的种鸡场,雏鸡从1日龄开始公母鸡即分栏或分舍饲养,分别控制限饲时间、喂料量和体重,提高公母鸡群的均匀度,便于实现各自的培育目标。

**(四)肉用种鸡限制饲养效果的检查**

**1. 称测体重,检查鸡群整齐度**

将每次称重的结果进行数学处理,计算抽样个体的平均体重和均匀度。平均体重越接近标准体重越好,但有些鸡群平均体重虽已达到标准,但个体之间差异很大,鸡群发育不整齐,说明限饲效果还是不理想。因此检查限饲效果还要重点检查鸡群的整齐程度。

**2. 检查开产日龄的一致性**

鸡群能够在规定的周龄(一般在25周龄左右)达到50%产蛋率,说明开产日龄一致。如果开产有早有迟,则说明限饲不当。

## 四、产蛋期的饲养管理要点

### (一)预产期的饲养管理

所谓预产期就是指育成期末至开产前的这段时间(多指18~23周龄)。这段时间采取的饲养管理措施恰当与否,对种母鸡能否适时开产并达到较高的产蛋率起着关键性作用。

**1. 适时组群**

18周龄左右在对种公鸡和种母鸡进行严格选择后,应及时组群。对公母混群自然交配采用平面饲养的鸡群,按公母正常比例提前4~5 d将公鸡转入产蛋鸡舍,其目的是使公鸡先适应新环境,便于群序等级的建立,以防组群后相互啄斗而影响配种。然后再转入母鸡,20周龄时应组群结束。

**2. 增加光照**

育成期为了控制种鸡的性成熟,采取了限制光照的措施,但从18周龄左右开始要进行增光刺激,以便鸡群及时开产。实施增光刺激要注意与成熟体重一致起来,即如果鸡群出现体成熟推迟或性成熟提前时,应推迟 1~2 周进行增光刺激;如果鸡群性成熟和体成熟同步提前,则应提前增加光照刺激。

**3. 更换饲料**

进入预产期后,要将育成鸡料换成预产鸡料,预产鸡料要根据预产期种鸡的生理特点和以后的生产要求进行配制。其营养水平比育成鸡料要高得多,与产蛋鸡料接近(钙的含量略低),这样能改善种母鸡的营养状况,增加必要的营养储备。在鸡的体重保持在建议范围的条件下,逐渐增加给料量,并改隔日喂料为五、二式喂料或每日喂料,但仍应控制进食量,以防体重增加过快。

**4. 公母同栏分饲**

种用期公鸡和母鸡在营养需要和采食量上有一定的差别,体重增加速度也不一致。公母鸡混群后,鸡的采食速度加快,公鸡很容易比母鸡多吃饲料,导致体重超标,影响繁殖体况。因此,20 周龄组群后即应实行公母同栏分饲。方法是母鸡用料槽喂料,料槽上装有宽 4.2~4.5 cm 的栅格,使公鸡的头伸不进去,而母鸡的头则能伸进采食;公鸡使用料桶,并将料桶吊起 41~46 cm,以不让母鸡够着采食,公鸡立起脚能够采食为原则。

**(二) 产蛋期的合理饲喂**

肉用种鸡饲养至 24~26 周龄将陆续产蛋,即进入产蛋阶段。产蛋期内要按照种鸡产蛋率和体重的变化进行合理的饲喂,以便生产出尽可能多的合格种蛋。

**1. 产蛋上升期饲料量的增加**

肉用种鸡的产蛋上升期是指从产蛋率 5% 至产蛋高峰前这一段时期。随着鸡群产蛋率逐渐上升,对营养的需要量不断增加,按照产蛋率的变化调整鸡群的饲料供给量,是这一时期饲养工作的主要措施。一般从 24~27 周龄种母鸡每只每周递增饲料量 10~11 g,种公鸡递增 8~9 g。增加料量要早于产蛋率的增长。正常情况下,料量增加合适,产蛋率以每天 3%~5% 的速度上升。

**2. 产蛋高峰期饲料量的维持**

产蛋上升期,当鸡群产蛋率达到 35%~50% 时,喂料量相应达到最高料量,此后鸡群会进入产蛋高峰。高峰达到后,继续维持最大料量可使产蛋高峰稳而不降或稍有下降,这时一定要注意不能将料量下调,因为高峰期蛋重还在增加,鸡的体重仍在增长,故应将最大料量维持 8~9 周。

**3. 产蛋下降期饲料量的减少**

产蛋高峰过后,种鸡的体重增长非常缓慢,维持代谢也基本稳定,随着产蛋率下降营养需要量减少。为降低饲料成本和防止鸡体过肥,要减少饲喂量。父母代肉用种鸡一般在 43~45 周龄时开始减料,第一周每只减少 2~3 g,第二周减少 0.5~1 g,若产蛋率无明显变化,仍按原来速度继续减下去,若产蛋率下降速度超过每周 1%,则应停止减料。55 周龄左右开始稳定给料量至鸡群淘汰,全程减料为高峰料量的 15% 左右。

## 五、肉用种鸡的光照管理特点

合理的光照程序是控制种鸡生长、促进性成熟和增加种蛋产量的重要措施。肉用种鸡实行光照的方法与蛋用种鸡基本相同,只是肉用种鸡的神经类型不如蛋鸡活跃,对光照刺激的反应比蛋用种鸡迟钝一些,所以要求有接受光照刺激生理反应的训练。从育雏期开始整个生长期都要严格控制为短光照时间和低光照强度,开产前即预产期内要实施光照刺激,第一次可增加 1~1.5 h 的光照时间,以后逐渐增加至产蛋期要求的 16~17 h,并维持下来。另外,有条件的养鸡场在种鸡的生长期最好采用遮黑式鸡舍,以便严格控制光照。

## 六、提高种蛋合格率、受精率的措施

### (一) 确定最佳的公母比例

20 周龄混群时公母比例一般以 1:(8~10)为宜,公鸡不可过多,否则会出现过量交配和打斗,而使公母鸡不同程度受伤,甚至死亡,受精率会降低。笼养鸡人工授精时,公母比例可控制在 1:(30~40)。为保证种用后期公鸡的数量和平时淘汰公鸡后的补充,应在组群时留好后备公鸡,一般可多留 3%~5% 另栏饲养。笼养时,每笼只放 1 只公鸡。

### (二) 加强种蛋管理

#### 1. 及时设置产蛋箱

平养种鸡舍 19~20 周龄时应安装好产蛋箱,保证每 4 只母鸡有一个产蛋箱。产蛋开始前的一周打开产蛋箱的门并铺上清洁的垫料,在晚间要把产蛋箱的门关上,防止鸡在箱内栖息污染产蛋箱,清晨及时打开产蛋箱,避免鸡在窝外产蛋。经常清理和消毒产蛋箱,并更换垫料,防止种蛋受污染。

#### 2. 及时收集种蛋

每天至少收集种蛋 4~6 次,每次拣蛋前必须洗手消毒,轻度脏污的种蛋应及时擦拭干净。先将合格种蛋钝端朝上放置在蛋托上,不合格的种蛋另外放置。每次拣蛋后应及时装箱和做好标记,并尽快(1~2 h 内)进行消毒。

### (三) 加强种公鸡的饲养管理,提高种公鸡的配种能力

#### 1. 促进公鸡适时性成熟

正确控制好公鸡的体重,并且育成期内要一直保持不断增重;开产前公母合群不宜过迟;公母鸡同时给以足够的光照刺激,使公母达到同步性成熟。

#### 2. 配种期内要正确掌握好喂料量

掌握好喂料量,可防止种公鸡过肥或过瘦,但不允许体重有明显的降低。

### 3. 地面或板条要光滑平整

保证地面或板条光滑平整,以防止公鸡脚趾损伤,及时淘汰配种能力低或丧失配种功能的残弱公鸡,并补充健壮个体,保持适宜的公母比例。

### 4. 维持鸡舍环境温度的相对稳定

维持鸡舍环境温度的相对稳定,防止过冷或过热。

### 5. 加强种公鸡的运动

加强种公鸡的运动,保持其健壮的体质。

 随堂练习

1. 肉用种鸡的饲养方式有哪几种?

2. 饲养产蛋期的肉用种鸡,为什么要根据产蛋率和体重的变化进行合理的饲喂?

3. 肉用种鸡饲养中为什么要限制饲养? 常用的方法有哪些? 应注意哪些问题?

4. 提高种蛋合格率、受精率的措施有哪些?

 知识拓展

#### 与无公害肉鸡生产相关的法规

为了推行无公害肉鸡生产,农业农村部(原农业部)和生态环境部(原环保总局)发布了多项与无公害肉鸡生产相关的法规及标准。

1.《无公害食品　畜禽饲料和饲料添加剂使用准则》(NY 5032—2006)

2.《无公害食品　兽药使用准则》(NY 5030—2016)

3.《无公害食品　畜禽饮用水水质》(NY 5027—2008)

4.《无公害食品　家禽养殖生产管理规范》(NY/T 5038—2006)

5.《畜禽养殖业污染物排放标准》(GB 18596—2001)

这些标准可在相关文献或网站上查询。

## 项目测试

### 一、名词解释

1. 全进全出:

2. 屠宰率:

3. 半净膛率:

4. 全净膛率：

二、填空题

1. 肉用仔鸡的饲养管理方式有＿＿＿＿＿＿＿、＿＿＿＿＿＿＿和＿＿＿＿＿＿＿ 3 种。

2. 肉用种鸡的选择方法通常分 3 次进行，即＿＿＿＿＿＿＿、＿＿＿＿＿＿＿、＿＿＿＿＿＿＿。

3. 肉用种鸡育成期限制饲养的目的是＿＿＿＿＿＿＿、＿＿＿＿＿＿＿、＿＿＿＿＿＿＿和＿＿＿＿＿＿＿。

三、简答题

1. 肉用仔鸡生产有何特点？

2. 肉用仔鸡的饲养方式有哪些？各有何特点？

四、问答题

如何提高种蛋的合格率和受精率？

# 项目 6

# 鸭的规模化生产

 学习提要

■ **知识点**

1. 鸭的经济类型和生物学特性。

2. 育雏期的饲养管理要点。

3. 蛋鸭的饲养管理要点。

4. 肉鸭的饲养管理要点。

5. 种鸭的饲养管理要点。

■ **技能点**

肉鸭的人工填饲技术。

## 任务 6.1　鸭的经济类型和生物学特性

【课堂学习】

鸭是水禽,具有许多与其他家禽不同的生物学特性。本节介绍鸭的经济类型和生物学特性。

### 一、鸭的经济类型

鸭的经济类型有肉用型、蛋用型和兼用型 3 种。

**1. 肉用型品种的特征**

颈粗,腿短,体躯呈长方形;体形大,丰满;早期生长特别迅速,一般成年鸭体重在 3.5 kg 左右,料肉比(2.7~2.8)∶1。

**2. 蛋用型品种的特征**

头部清秀,颈细,体形小,体躯长,呈船形。成年鸭体重 1.5 kg 左右。配套系高产鸭群 500 日龄年产蛋量 300 枚,料蛋比 2.9∶1。

**3. 兼用型品种的特征**

体形浑圆,颈、腿粗短。成年鸭体重 2.2～2.5 kg,年产蛋量 150～200 枚。

## 二、鸭的生物学特性

**1. 喜水合群**

鸭喜欢在水中觅食、嬉戏和交配,喜欢合群生活,适合大群饲养或圈养。

**2. 耐寒怕热**

鸭比较耐寒,在 0 ℃ 左右的低温下,仍能在水中活动。而在炎热的夏季比较怕热,喜欢泡在水中或在阴凉处休息。鸭的尾脂腺发达,梳理羽毛时,用喙压迫尾脂腺,挤出含脂质物质的分泌物涂于羽毛上,起到防水御寒的作用。

**3. 喜杂食,觅食力强**

鸭觅食力强,能采食各种精、粗饲料和青绿饲料,昆虫、鱼、虾及蚯蚓等均可作为饲料。

**4. 反应灵敏**

鸭有较好的反应能力,容易训练和调教。但它性急、胆小,容易受惊而高声鸣叫,导致互相挤压。

**5. 无就巢性**

鸭经过长期选育,已经丧失了就巢性(瘤头鸭除外),延长了鸭产蛋的时间,孵化和育雏需要人工进行。

**6. 夜间产蛋性**

鸭产蛋时间集中在夜间 12 点至凌晨 3 点。

 随堂练习

1. 鸭的生物学特性有哪些?

2. 鸭的生产类型有哪些?

## 任务 6.2　育雏期的饲养管理

**【课堂学习】**

雏鸭是指 0～4 周龄的小鸭。雏鸭体质弱,适应周围环境能力差;绒毛稀短,体温调节能力差,生长发育快,消化能力差,抵御病菌能力低,易得病死亡。因此,做好育雏工作是决定养鸭是否成功的关键。本节介绍育雏方式及雏鸭的饲养管理技术。

## 一、育雏方式

### 1. 地面育雏

地面育雏指雏鸭直接生活在育雏舍的地面上,地面铺上稻壳、麦秸、木屑等清洁干燥的垫料。这种育雏方式设备简单,投资少,积肥好,是农户和小规模饲养常采用的饲养方式。

### 2. 网上育雏

网上育雏指雏鸭生活在具有弹性的网上,分为平养育雏和立体育雏。这种育雏环境卫生条件好,雏鸭不与粪便接触,感染疾病的机会少,成活率高,节省垫料,节约劳动力。

## 二、雏鸭的饲养管理

### 1. 开水或"潮口"

刚出壳的雏鸭第一次饮水称开水,也叫"潮口"。将30 ℃左右温开水放入盆中,深度3 cm左右,把雏鸭喙浸入水中,让其喝水,反复几次,即可学会饮水。在饮用水中加入0.05%高锰酸钾,起到消毒、预防肠道疾病的作用,一般用2~3 d即可。在饮水中加入5%葡萄糖,可以迅速恢复雏鸭体力,提高成活率。夏季天气晴朗,潮口也可在小溪中进行:把雏鸭放在竹篮内,一起浸入水中,只浸到雏鸭脚,不要浸湿绒毛。雏鸭开水的持续时间掌握在3~5 min。

### 2. 开食

开食一般在开水后30 min左右进行。开食过早,雏鸭采食力差,起不到开食效果;开食过迟,雏鸭体内养分消耗过多,过分疲劳,降低了胃肠的消化吸收能力,成为"老口"雏,较难饲养。开食料选用米饭、碎米、碎玉米粉等,也可直接用颗粒料自由采食的方法进行。开食时不要用料槽或料盘,直接撒在塑料布上,便于全群同时采食到饲料。

### 3. 雏鸭的饲料配方示例

雏鸭的饲料配方示例参见表6-1。

表6-1　雏鸭的饲料配方示例

| 饲料配比/% | 配方号 | | |
| --- | --- | --- | --- |
| | 1 | 2 | 3 |
| 黄玉米 | 55 | 61 | 58.5 |
| 麦麸 | 10 | | 10 |
| 豆饼 | 10 | 34 | 20 |
| 花生饼 | 15 | — | — |

| 饲料配比/% | 配方号 | | |
|---|---|---|---|
| | 1 | 2 | 3 |
| 国产鱼粉 | 8 | — | 10 |
| 进口鱼粉 | — | 2.5 | — |
| 骨粉 | 1 | — | 0.5 |
| 肉骨粉 | — | — | — |
| 贝壳粉 | — | — | 1 |
| 石粉 | 0.8 | — | — |
| 磷酸氢钙 | — | 1.2 | — |
| 血粉 | — | — | — |
| 食盐 | 0.2 | 0.3 | — |
| 禽用多维素(外加) | 0.01 | — | 0.01 |
| 料精 | — | 1.0 | — |
| 微量元素(外加) | — | — | 0.1 |

**4. 饲喂次数**

10 日龄以内白天 4 次,夜晚 1~2 次;11~20 日龄白天 3 次,夜晚 1~2 次;20 日龄后白天 3 次,夜晚 1 次。

**5. 适时放水**

鸭喜水、爱动、好干净,因此可结合开水,使其逐渐适应下水活动和放牧,5 日龄后,进行放牧,并让其饮水和游水,开始时间可控制在 10~20 min,逐步延长,适应后次数也可增加。下水雏鸭上岸后,在背风、温暖的地方理毛,使身上的毛尽快干燥进入育雏舍。

**6. 管理要点**

(1)温度:育雏温度见表 6-2。

**表 6-2 育 雏 温 度**

| 日龄 | 1~3 | 4~7 | 8~11 | 12~16 | 16~21 | 21~25 |
|---|---|---|---|---|---|---|
| 温度/℃ | 30~28 | 28~26 | 26~24 | 24~22 | 22~18 | 18~15 |

肉鸭的温度要求一般比蛋鸭同期温度要求高 1~2 ℃,随日龄增长由高到低逐渐降低,直到 21 日龄左右将育雏温度降到与室温相一致。

(2)湿度:鸭舍的湿度不能过大,圈窝不能潮湿,垫料要保持干燥。舍内空气湿度第一周控制在 60%~65%,利于雏鸭收黄。第二周以后要求湿度要低一点,控制在 55%~60%,此时湿度过大,霉菌及其他致病微生物大量繁殖,雏鸭易发病。

（3）光照:1~3日龄每日23 h光照,1 h黑暗,4日龄开始逐渐减少夜间的补充光照,直至4周龄结束时与自然光照时间相同。

（4）通风:4日龄以内雏鸭呼吸量小,排泄量和产生的污浊气体也较少,这段时间不必通风。随着日龄增长,室温较高、湿度较大时,空气中二氧化碳含量、粪便发酵腐败产生的氨和硫化氢等有毒气体增加,应逐步加大通风,但要防止贼风的侵袭。

（5）饲养密度:饲养密度因品种、日龄、饲养方式的不同而不同,可参考表6-3。

表6-3　育雏期的饲养密度

| 日龄 | 饲养密度/（只·$m^{-2}$） |
| --- | --- |
| 1~7 | 15~20 |
| 8~14 | 10~12 |
| 15~25 | 7~10 |

 随堂练习

1. 雏鸭的管理要点有哪些?

2. 简述雏鸭的开水、开食时间及方法。

## 任务 6.3　蛋鸭的饲养管理

【课堂学习】

蛋鸭的饲养管理包括育雏期、育成期和产蛋期3个阶段。其中育雏期的饲养管理见本章第一节。本节介绍育成鸭和产蛋鸭的饲养管理技术。

## 一、育成鸭的饲养管理

蛋鸭自5周龄起到开产前称为育成期,也称为青年期。育成鸭主要有3种饲养方式。

（一）放牧饲养

**1. 放牧环境要求**

（1）水流平缓,水面宽阔,便于设立水围。

（2）岸边坡度平坦,便于紧接水围设立陆围。

（3）野生动植物饲料资源丰富,海涂牧场周围必须有淡水池塘或河流。

（4）放牧途中,选择1~2个阴凉可避风雨的地方,中午炎热或遇雷阵雨时,把鸭子赶到阴凉处休息。

**2. 放牧前的训练和调教**

（1）采食训练：将谷子洗净后，加水于锅里用猛火煮至米粒从谷壳里爆开，再放冷水中浸凉。然后将饥饿的鸭群围起来，待鸭子产生强烈的采食欲后撒几把稻谷。喂几次之后，将喂食移到鸭滩边，并把一部分谷子撒在浅水中，让鸭子去啄食。使鸭子慢慢建立起条件反射。

（2）信号调教：用固定的信号进行训练，使鸭群建立起听指挥的条件反射。

**3. 放牧的方法**

（1）"一条龙"放牧法：由最有经验的牧鸭人在前面领路，另有两名助手在后方的左右侧压阵，使鸭群形成 5~10 层次，缓慢前进，把稻田的落谷和昆虫吃干净。这种放牧法适于将要翻耕、泥巴稀而不硬的落谷田，宜在下午进行。

（2）"满天星"放牧法：即将鸭驱赶到放牧地区后，不是有秩序地前进，而是让它散开来，自由采食，先将具有迁徙性的活昆虫吃掉，适当"闯群"，留下大部分遗粒，以后再放。这种放牧法适于干田块，或近期不会翻耕的田块，宜在上午进行。

（3）定时放牧法：春天至秋初，一般采食 4 次，即早晨采食 2 h，9：00—11：00 采食 1~2 h，下午 2：30—3：30 采食 1 h，傍晚前采食 2 h。秋后至初春，气候寒冷，一般每日分早、中、晚采食 3 次。

**4. 放牧注意事项**

放牧要注意以下几个事项：

（1）育雏期放牧要防止体力不够。

（2）放牧人员与鸭群保持 3~5 m 的距离，太近会迫使鸭群疾走，太远又不易控制鸭群。

（3）合理安排牧地，轮流放牧。

（4）放牧归来，一定要待鸭群羽毛晾干后再入圈休息，防止过夜受凉。

（5）海涂放牧要注意将鸭体上残留的盐分在淡水中洗净再收牧。

（6）注意控制一些野生饲料的采食，防止影响产蛋和生长，甚至于中毒。

（7）以下几种情况绝对不能放牧：刚施用过农药、化肥、除草剂的地方，发生过瘟病或病鸭走过的地方，秧苗刚种下或已经扬花结穗的地方，被矿物油污染的水面。

**（二）半放牧饲养**

半放牧饲养指白天对鸭进行放牧，使其自由采食各类天然饲料，进行适当人工补饲，晚上让鸭在棚舍内过夜。此法固定投资少，成本较低，结合农田、河流、池塘、水库、水田等放鸭，农牧结合，实行综合性利用。

**（三）圈养**

将育成鸭圈在固定的鸭舍，不外出放牧的饲养方法称"圈养"。此法节省劳力，提高劳动效率，控制环境条件，降低传染病的发病率。

**1. 圈养鸭的分群和饲养密度**

饲养规模不宜太大,以 500 只左右为宜,分群时做到品种一致、性别相同、日龄相同、大小相似。饲养密度随鸭龄、季节和气温的不同而变化,一般按以下标准掌握:4~10 周龄,每平方米15~10 只;11~20 周龄,每平方米 10~7 只。

**2. 圈养鸭的饲料配方**

饲料要尽可能多样化,保持能量、蛋白质等的平衡供应。配方示例见表 6-4。

**表 6-4　育成鸭的饲料配方示例**

| | 日龄 | 35~60 | 60~开产 |
|---|---|---|---|
| 饲料配比 / % | 黄玉米 | 55 | 55 |
| | 豆粕 | 15 | 10 |
| | 麦麸 | 4 | 5 |
| | 葵花仁饼 | 15 | 15 |
| | 稻糠 | 4 | 5 |
| | 羽毛粉 | 2 | — |
| | 鱼粉 | 3 | 2 |
| | 稻草粉 | — | 3 |
| | 玉米秸粉 | — | 3 |
| | 骨粉 | 1.5 | 1.8 |
| | 贝壳粉 | 0.5 | 0.2 |
| | L-赖氨酸(外加) | 0.03 | — |
| | D,L-甲硫氨酸(外加) | 0.02 | — |
| | 多维素(外加) | 1 | 1 |
| | 硫酸钠(外加) | — | 0.4 |
| 营养成分 / % | 代谢能/(MJ·kg⁻¹) | 11.50 | 11.29 |
| | 粗蛋白 | 18 | 15 |
| | 钙 | 0.8 | 0.8 |
| | 磷 | 0.45 | 0.45 |
| | 赖氨酸 | 0.9 | 0.65 |
| | 甲硫氨酸 | 0.3 | 0.25 |

**3. 圈养鸭的管理**

饲养过程中适当加强运动,防止过肥;多与鸭群接触,提高鸭的胆量,防止惊群;为了便于鸭夜间饮水,防止老鼠或鸟兽走动时惊群,舍内要通宵点灯,弱光照明;做好传染病预防工作。

## 二、产蛋鸭的饲养管理

从开始产蛋直至淘汰的成年母鸭称为产蛋鸭。

### （一）产蛋鸭的特点

（1）胆大,性情温驯,喜欢接近人,觅食勤。

（2）代谢旺盛,对饲料要求高。

（3）环境宜安静,生活有规律。

### （二）影响鸭产蛋的主要因素

#### 1. 品种因素

产蛋率的高低,产蛋周期的长短,产蛋持续性的强弱以及蛋的大小,都与品种有密切的关系。因此,选择适宜本地饲养的优良品种是取得高产的前提。

#### 2. 营养因素

产蛋鸭对营养物质的需求比前几个阶段都高,除用于维持生命活动所需的营养物质外,更需要大量产蛋所必需的营养物质,尤以能量、蛋白质和钙更为重要,这是保证高产稳产的必要条件。

#### 3. 环境因素

环境因素中对产蛋影响最大的是光照和温度。进入产蛋期时,要逐步增加光照时间,提高光照强度。进入产蛋高峰期后,稳定光照时间和强度。具体要求是:光照时间逐渐延长至每昼夜 16~17 h,强度以 5~8 lx 为宜,温度 13~20 ℃。

#### 4. 健康因素

青年鸭阶段,要把传染病的预防工作做好,进入产蛋期后,搞好环境卫生和饲养管理,增强抗病能力,尽量减少疾病的发生,保证高产稳产。

### （三）产蛋期不同阶段的饲养管理

蛋鸭品种约在 150 日龄时开产,200 日龄时 90% 的蛋鸭达产蛋高峰,至 450 日龄以后,缓慢下降。蛋鸭产蛋期的管理可分为 4 个阶段:开产至 200 日龄为产蛋初期,201~300 日龄为产蛋前期,301~400 日龄为产蛋中期,401~500 日龄为产蛋后期。

#### 1. 产蛋初期

（1）精心饲养:主要抓好饱、足、洁、静 4 项工作。

① 饱:就是让蛋鸭吃好吃饱,一般按未开产期、开产期、休产期 3 个阶段喂不同的饲料。

② 足:即保证饮水充足洁净,喂料时,一定要同时往水槽中放水,并及时清理水槽中残渣。

③ 洁:即鸭栏内要及时清除粪便,经常更换垫料,保持鸭体清洁。

④ 静:即尽量保持鸭群安静,少受惊扰。

（2）学会"十看",随时发现问题,解决问题。

① 看蛋形：蛋的大端偏小，是欠早食，小头偏小是偏中食。有沙眼或粗糙，甚至软壳，说明饲料质量不好，特别是钙质不足或维生素 D 缺乏，应添喂骨粉、贝壳粉和维生素 D。

② 看产蛋时间：正常产蛋时间为深夜 2 点至早晨 8 点，若每天推迟产蛋时间，甚至白天产蛋，蛋产得稀稀拉拉，应及时补喂精料。

③ 看体重：产蛋一段时间后，体重维持原状，说明饲养管理得当，体重较大幅度地增加或下降，都说明饲养管理有问题。

④ 看蛋重：初产时蛋很小，只有 40 g 左右，到 200 日龄，可以达到全期平均蛋重的 90%，250 日龄，可以达到标准蛋重。

⑤ 看产蛋率：产蛋前期的产蛋率不断上升，早春开产的鸭，上升更快，最迟到 200 日龄时，产蛋率应达到 90% 左右。如产蛋率高低波动，甚至出现下降，要从饲养管理上找原因。

⑥ 看羽毛：羽毛光滑、紧密、贴身，说明饲料质量好，如果羽毛松乱，说明饲料差，应提高饲料质量。

⑦ 看食欲：产蛋鸭最勤于觅食，早晨醒得早，放牧时到处觅食，喂料时最先抢食，表现食欲强，宜多喂。否则，就是食欲不振。

⑧ 看精神：健康高产的蛋鸭精神活泼，行动灵活，放牧出去，喜欢离群觅食，单独活动，进鸭舍后就独个卧下，安静地睡觉。如果精神不振，反应迟钝，则是体弱多病，应及时从饲料管理进行补救和采取适当治疗措施，使其恢复健康。

⑨ 看嬉水：产蛋率高的健康鸭子，下水后潜水时间长，上岸后羽毛光滑不湿。鸭怕下水，不愿洗浴，下水后羽毛沾湿，甚至沉下，上岸后双翅下垂，行动无力，是产蛋下降的预兆。

⑩ 看粪便：若粪便为白色、气味过臭且稀薄，说明饲料蛋白质过高引起消化不良，需适时调整配方，如果粪便成块且疏松，略带白色，说明饲料搭配比较合理。

**2. 产蛋中期**

产蛋率达 90% 时，即进入产蛋中期。本阶段的饲养管理目标是保持高产稳定，使产蛋高峰维持到 400 日龄以后。营养上满足产蛋的需要，饲料的蛋白质水平达到 20%。每日光照时数稳定在 16 h，室温保持 13~20 ℃。蛋鸭的饲料配方示例见表 6-5。

另外，要使蛋鸭多产蛋，应加强鸭群的放牧，让其在田间、沟渠、湖泊中觅食小鱼、小虾、河蚌、螺丝和蚯蚓等动物性饲料。然后再适当补喂植物性饲料，以满足蛋鸭对各种营养成分的需要。当放牧时间减少时，需给蛋鸭补喂 10% 的鱼粉和适量的"蛋禽用多种维生素"。

表 6-5　蛋鸭的饲料配方示例

| 饲料配比/% | 配方号 | | |
|---|---|---|---|
| | 配方 1 | 配方 2 | 配方 3 |
| 玉米 | 52.0 | 51.0 | 38.5 |

续表

| 饲料配比/% | 配方号 | | |
|---|---|---|---|
| | 配方1 | 配方2 | 配方3 |
| 麦麸 | 5.0 | 8.0 | 3.0 |
| 米糠 | 5.0 | — | 15.0 |
| 豆饼 | 15.0 | 27.0 | 25.0 |
| 葵花饼 | 13.0 | — | — |
| 鱼粉（进口） | 3.0 | 10.0 | 10.0 |
| 骨粉 | 2.0 | 1.0 | 5.2 |
| 贝壳粉 | 5.0 | 3.0 | 3.0 |
| 食盐（外加） | 0.5 | 0.5 | 0.5 |
| L-赖氨酸（外加） | 0.08 | — | — |
| D,L-甲硫氨酸（外加） | 0.07 | — | — |
| 多维素 | — | — | 0.3 |

### 3. 产蛋后期

产蛋后期如饲养管理得当,仍可维持80%左右的产蛋率。要达到这样的水平,饲养上必须根据体重和产蛋率的变化确定饲料的质量和喂料量:

（1）若鸭群的产蛋率在80%以上,体重略有减轻的趋势,可在饲料中适当增加动物性饲料。

（2）若鸭子体重增加,身体有发胖趋势,产蛋率还在80%左右,可将饲料中的代谢能降下来,或适当增喂青、粗饲料。

（3）若体重正常,产蛋率也较高,饲料中的蛋白质水平应比上阶段略有增加。

（4）若产蛋率已降至60%左右,此时已很难上升,无须加料。

（5）管理上每天保持16 h光照,多放少关,促进运动。

（6）观察蛋壳质量和蛋重的变化,若出现蛋壳质量下降,蛋重减轻时,可增补鱼肝油和无机盐添加剂。

### （四）休产期的饲养管理

蛋鸭经过产蛋期后,精神、体力都明显下降。这时若遇高湿、高温、过冷天气,饲料营养水平突然下降和发生疾病等,鸭就要减少产蛋,并很快停止产蛋而脱换羽毛,这叫自然换羽。自然换羽的时间很长(包括恢复产蛋时间),一般需要3~4个月,有的品种需要4~5个月。自然换羽后,鸭的第二个产蛋期的产蛋量将会比第一个产蛋期下降10%~30%。由于产蛋鸭在换羽时,它从食物中所吸收的营养需要用于新羽的生长,因此停止产蛋。在一个鸭群中,低产鸭换羽较早,换羽持续时间长,严重影响产蛋量,高产鸭换羽较迟,常在秋末进行,且换羽迅速,停产时间短,因此产蛋量高。

**1. 蛋鸭的人工换羽**

在生产中一般采用"关蛋"、人工拔羽和恢复产蛋 3 个步骤。

(1)关蛋:将产蛋率下降到 30% 的母鸭关入棚内,第 1 d 开始给料 80%,喂料由日喂 3 次变日喂 2 次。第 2 d 后继续减少喂量直至第 7 d 给料 30%。第 8 d 开始完全停止喂料,只供给饮水,关养在棚舍内。将棚舍内灯关闭,减少光照对内分泌的刺激。

本阶段母鸭前胸和背部的羽毛相继脱落,主翼羽、副翼羽和主尾羽的羽根透明干涸而中空,羽轴和毛囊脱离,拔之易脱而无出血,这时可人工拔羽。

(2)人工拔羽:先用左手抓住鸭的双翼,右手由内向外侧沿着该羽毛的尖端方向,用猛力瞬间拔出来。按先拔主翼羽、副翼羽,最后拔主尾羽的顺序进行。拔羽当天不下水、不放牧,防止毛孔感染。供给充足饮水,按日粮 30% 供给饲料。

(3)恢复产蛋期:喂料由少到多,质量由粗到精,经过 7~8 d 过渡阶段再恢复到正常水平。拔羽后 25~30 d,新羽可以长齐,再经过半个月左右,可恢复产蛋。

**2. 强制换羽的注意事项**

(1)强制换羽前,应将病、弱、低产鸭淘汰,对已经开始换羽的鸭挑出单独饲养,以减少死亡。

(2)在强制换羽期间,将棚舍彻底打扫干净,清除垫料,以免鸭啄食,影响效果。

(3)恢复喂料时,必须设置充足的槽位,使每只鸭都能吃到各自的份额,应逐渐增加喂料量,否则易导致消化不良,甚至发生胃肠食滞。

(4)在产蛋率为 60% 左右进行强制换羽,这时鸭体质健壮,可降低换羽期死亡率,第 2 个产蛋期到来也早。

 随堂练习

1. 放牧饲养有哪些注意事项?
2. 如何做好产蛋初期的饲养管理?
3. 强制换羽有哪些注意事项?

## 任务 6.4　肉鸭的饲养管理

【课堂学习】

肉鸭的饲养管理主要包括中雏期的饲养管理和育肥期的饲养管理。本节介绍中雏鸭的饲养管理技术和肉鸭的育肥方法。

## 一、中雏期的饲养管理

### 1. 饲养方式

可采用地面平养、离地网面平养、平面地与网结合及笼养等方式。

### 2. 转群与换料

（1）转群前鸭舍认真消毒，在转群前 1~2 d 将中雏舍升温，以驱除舍内潮气并增加舍内温度，饮水或饲料中添加维生素 C 以减少应激。

（2）转群应空腹进行，转群后 20 min 饮水、喂中雏料。

（3）每天喂料 4 次，其中晚间 1 次。换料可用 3 d 时间完成，第 1 d 用 2/3 的雏鸭料与 1/3 的中雏鸭料混合均匀后饲喂，第 2 d 用 1/3 雏鸭料与 2/3 中雏鸭料均匀饲喂，第 3 d 全部用中雏鸭饲料饲喂。

### 3. 中雏鸭饲喂日常管理

（1）调整饲养密度：舍外饲养每平方米 3~4 只，舍内地面平养每平方米 4~6 只，网养每平方米 6~8 只。

（2）垫料管理：除夏季外，其他季节在地面平养情况下，必须铺垫料，可用稻草、麦秸、树叶等，一般铺 6~8 cm。被污染的垫料应随时更换。

（3）通风换气：冬季、早春或晚秋季节，通风前必须搞好保温。通风在上下午暖和时逐渐打开南侧窗户，防止有贼风侵袭引起鸭感冒。

（4）防暑降温：夏季多设水盆，让鸭多运动溅水洗身，舍内安装排风扇，舍外运动场搭凉棚。喂些凉爽的饲料如萝卜、白菜、南瓜等。

（5）防止啄食癖：可在日粮中添加 0.5%~1.5% 或 1%~2% 羽毛粉，日粮中动物性蛋白质与植物性蛋白质饲料均有 2 种或 3 种以上，注意饲养密度、光照等，增加青粗饲料的喂量。

## 二、肉鸭的育肥方法

肉鸭的育肥方法包括放牧育肥、圈养育肥和人工填饲育肥。

### 1. 放牧育肥

把鸭养到 40~50 日龄，体重达 2 kg 左右便可放到茬田内采食落地的谷粒和小虫。经 10~20 d 放牧，体重达 2.5 kg 以上，即可出售屠宰。

### 2. 圈养（舍饲）育肥

育肥鸭舍光线不能过强，空气流通，周围环境安静。经过 10~15 d 肥育饲养，可增重 0.25~0.5 kg。育肥喂给全价颗粒饲料，把饲料倒入料箱内，一次加足，任其自由采食。适当限制鸭的活动，供水不断。

**3. 人工填饲育肥**

（1）开填的日期和填饲量：肉鸭一般在 40~42 日龄，体重达 1.7 kg 开始填饲。每天填饲 4 次，每隔 6 h 填饲一次，每次的填饲量（指带水饲料的重量）约为鸭体重的 1/12，以后每天增加 30~50 g 湿料，1 周后，每次可填 300~500 g。经 2 周左右的填饲，体重达到 3 kg 左右，便可上市屠宰。

（2）填饲前的准备：填饲前按体重大小与体质健康状态分群，先填体重大、健康的鸭子，后填体重小的鸭子，瘦弱病残的不填。填饲前应剪去爪尖，以免相互抓伤，影响屠宰品质。每平方米饲养密度为 3~4 只。

（3）配制填鸭专用日粮：填饲饲料以玉米为主，加水调制后容易沉淀，所以饲料中必须含有一定量的能起黏浆作用的粉状料，通常可加入 10%~15% 的小麦面粉。表 6-6 所示的两种填饲饲料配方可供参考。

表 6-6　填饲期饲料配方

| 配方 | 玉米/% | 小麦/% | 小麦面/% | 麸皮/% | 鱼粉或肉粉/% | 菜籽饼/% | 骨粉/% | 碳酸钙/% | 食盐/% | 豆饼/% |
|---|---|---|---|---|---|---|---|---|---|---|
| 1 | 59.0 | 4.8 | 15.0 | 2.2 | 5.4 | — | 1.9 | 0.4 | 0.3 | 11.0 |
| 2 | 60.0 | | 15.0 | 10.8 | 3.5 | 5.0 | — | 1.4 | 0.3 | 4.0 |

注：表中的配方均需另加维生素和微量元素，注意钙磷的数量及比例。

（4）填饲鸭的管理：棚舍保持清洁干燥、安静，通风换气良好，白天选择自然光照，夜间除填饲补光外，其余时间应黑暗，有利于增重长膘。每次填饲后放水活动 30 min，清洁鸭体，帮助消化，促进羽毛生长。

要实行"全进全出"制，进行一次性出售，然后对棚舍、设备、饲养用具等彻底清扫、刷洗、消毒，空闲 2~3 周后，准备饲养下一批肉鸭。

 随堂练习

1. 肉鸭转群的注意事项有哪些？
2. 肉鸭的育肥方法有哪些？

## 【技能训练 6-1】肉鸭的人工填饲

【目标要求】　通过实习让学生掌握肉鸭人工填饲的操作方法，适宜的填饲时间和填饲量。

【材料用具】  每名学生 5~10 只待填肉鸭,填饲用饲料,填饲机(图 6-1,图 6-2)。

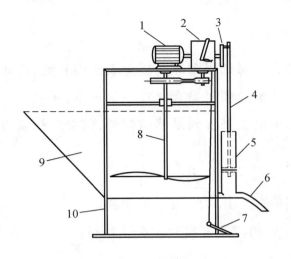

图 6-1  电动填饲机

1. 电机  2. 减速箱  3. 偏心轮  4. 活塞杆  5. 唧筒

6. 填饲嘴及胶管  7. 离合器踏板  8. 搅拌器

9. 储料箱  10. 支架

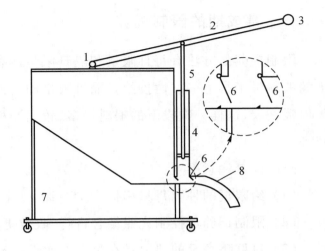

图 6-2  手压填饲机

1. 储料箱  2. 压杆  3. 把手  4. 唧筒

5. 活塞  6. 单流阀门  7. 支架

8. 填饲嘴及胶管

【方法步骤】

**1. 手工填饲**

将鸭夹在填料人的两膝间,头朝上露出颈部,左手将鸭嘴掰开,右手抓食投入口内,并由上向下将填入的饲料往下捏挤,推向食管膨大部。如此反复多次填至距咽喉约 5 cm 为止。

**2. 机器填饲**

左手抓住鸭的头部,掌心靠着鸭的后脑,用食指和拇指打开鸭喙,中指伸进喙内压住鸭舌,将鸭喙送向填饲胶管,让胶管准确地伸入食管膨大部,同时用右手托住鸭的颈胸接合部,将鸭体放平,使鸭体和胶管在同一条轴线上。插好管子后,用左脚踏离合器(抓住把手压下压杆),启动唧筒,将饲料压进食管,放松开关(把手),将胶管从鸭喙退出。整个填饲过程中的要领是:鸭体平、开嘴快、压舌准、插管适宜、进食慢、撒鸭快。

【实习作业】  选择一种填饲方法进行填饲操作,每人完成 5~10 只鸭子的填饲任务。

## 任务 6.5  种鸭的饲养管理

【课堂学习】

种鸭除了要求产蛋率高以外,还要有较高的受精率和孵化率,并且孵出的雏鸭质量要好。

本节介绍种鸭育成期的限制饲养及种鸭的饲养管理要点。

## 一、育成期的限制饲养

限制饲养的方法有每日限量和隔日限量两种方式。每日限量即限制每天的喂料量，将每天的喂料量于早上一次性投给。隔日限量即将两天规定的喂料量合并在一天投给，每喂料一天停喂一天，这样一次投下的喂料量多，较弱小的鸭子也能采食到足够的饲料，鸭群生长发育整齐。

限制饲养注意事项：

（1）给限饲的种鸭每只鸭提供 15~20 cm 长的饲槽及 10~15 cm 长的水槽。

（2）限制饲养与控制光照结合进行，收效更大。光照控制可参照表 6-7 执行。

（3）每群鸭每日的喂料量在早上一次性投给，加好料之后才能放鸭。

（4）限饲期间注意将伤残病弱分小群饲养，不限或少限喂料量，直至恢复健壮后再放回限饲群内。

（5）从 24 周龄起改喂产蛋鸭饲料，并逐步增加喂料量促使鸭群开产，约用 4 周时间过渡到自由采食，不再限量。

表 6-7　种鸭光照时间表

| 周龄 | 每昼夜光照时间/h | 备注 |
|---|---|---|
| 0~2 | 24 | 夜间开灯增加光照 |
| 3 | 22 | 天黑以后 2 h 开灯 |
| 4~5 | 20 | 天黑以后 4 h 开灯 |
| 6~7 | 18 | 天黑以后 6 h 开灯 |
| 8~24 | 12 | 只靠自然光照 |
| 25 | 16 | 夜间 2 点开灯至天明 |
| 26 | 17 | 夜间 1 点开灯至天明 |
| 27 以后 | 18~19 | 夜间 11—12 点开灯至天明 |

注：人工增加光照时间应随不同季节日照长短的变化而增减。

## 二、种鸭的饲养管理

### （一）种公鸭的选择与饲养

**1. 种公鸭的选择**

种公鸭必须体质健壮，性器官发育健全，性欲旺盛，精子活力好。公鸭到 150 d 左右才能达到性成熟。因此，选留公鸭要比母鸭早 1~2 个月龄，到母鸭开产时公鸭正好达到性成熟。

**2. 种公鸭的饲养**

公母鸭在育成阶段要分开饲养,但要注意防止公鸭间相互嬉戏,可在公鸭群中按 4.55∶1 的比例放入母鸭,目的是使公鸭在生长过程中有"性的记忆",防止"同性恋"。一般在配种前 20 d 公母鸭才可混合饲养。

**（二）合理的公母配种比例**

我国蛋用型鸭,种公鸭的配种性能好,公母比例可达 1∶20 以上,全年受精率达 90% 以上。前期公母鸭开始混养时每 100 只母鸭多配 1~2 只公鸭。发现有性行为不明显,有恶癖的公鸭要及时淘汰。到母鸭产蛋时保持 1∶25 左右的公母比例为宜。

**（三）增加营养**

种鸭饲料中的蛋白质要比蛋鸭料高些。鱼粉和饼粕类饲料中的氨基酸含量高,而且平衡,是种鸭较好的饲料原料。此外,要补充维生素,特别是维生素 E,维生素 E 对提高产蛋率、受精率有较大作用,日粮中维生素 E 的含量为每千克饲料含 25 mg,不得低于 20 mg。种鸭的饲料最好采用全价配合饲料。种鸭的日粮配方示例见表 6-8。

**表 6-8　种鸭的日粮配方**

| 饲料/% | 配方号 | | |
| --- | --- | --- | --- |
| | 配方 1 | 配方 2 | 配方 3 |
| 玉米 | 58.6 | 61.2 | 61.1 |
| 豆粕 | 16.5 | 22.5 | 27.8 |
| 稻糠 | 6.0 | 3.0 | 2.0 |
| 麦麸 | 6.0 | 3.0 | 1.5 |
| 干草粉 | — | — | — |
| 进口鱼粉 | 4.0 | — | — |
| 羽毛粉 | 2.0 | 2.7 | — |
| 骨粉 | 0.5 | 0.6 | 1.0 |
| 石灰石 | 6.0 | 6.5 | 6.1 |
| 食盐 | 0.3 | 0.4 | 0.4 |
| 微量元素 | 0.1 | 0.1 | 0.1 |

**（四）加强防疫,做好疫病净化工作**

种鸭群应谢绝外人参观。对一些可以通过蛋垂直传染的疾病,进行定期检疫。把检出阳性个体严格淘汰,确认为阴性个体的留种。

**（五）加强管理**

经常更换房舍内垫草,提供干燥、清洁、安静的环境,注意通风换气。早放鸭,迟关鸭,增加种鸭户外活动,增强体质,延长配种时间。及时收集种蛋,储放在阴凉处,及时入孵,做好产蛋及疾病等记录。

 **随堂练习**

1. 育成期限制饲养的注意事项有哪些?
2. 如何选择种公鸭?

 **知识拓展**

## 生态养鸭模式

### 1. 稻鸭共育模式

稻鸭共育是近年来许多省市普遍采用的模式。稻鸭共育模式的稻田不施化肥、农药,没有污染,又有充足的水分,稻田茂密的茎叶为鸭提供了避光、避敌的栖息地;稻田中的害虫(包括飞虱、叶蝉、蛾类及其幼虫、蝼蛄、福寿螺等)、浮游生物和底栖小生物、杂草等为鸭提供了丰富的饲料;鸭在稻丛中间不断踩踏,使杂草明显减少,起到人工和化学除草的效果,另外对稻田能起到中耕的作用;鸭有昼夜采食的习性,把不同时间活动的害虫均吃掉,具有生物防治的作用;水稻不用化肥和农药,鸭的排泄物和换下的羽毛,不断掉入稻田,给水稻追肥。养鸭不用抗生素和化学药物,生产出来的优质稻米和鸭肉、鸭蛋均为无公害食品,充分利用稻田的水体空间,避免了鸭粪污染环境。

### 2. 果园养鸭模式

果园养鸭与稻鸭共育相似,使果树和鸭互利共生。鸭在果园内自由活动,寻食害虫。据统计,在吃虫高峰期,一只鸭一天可吃虫 40 多只。鸭的食草量也很大,一只鸭一年可啄食鲜草 300~500 kg,每只鸭每年为果园提供 75 kg 优质粪肥。果园养鸭,控虫、除草、肥田,一举三得。大大降低了灭虫、除草和施肥所需的农药、化肥和人工费用,明显减少了果品的污染。不仅如此,鸭粪中含磷量较高,有提高果实甜度、增加果品着色的作用,可提高果品的质量。

### 3. 林下养鸭模式

林下养鸭模式是充分利用林地内冬暖夏凉的自然环境,巧妙地在树林间搭起塑料大棚,达到夏天降低鸭舍温度,冬日可提高温度的效果,使肉鸭养殖由过去的每年饲养 1~2 批,发展到常年饲养,提高肉鸭养殖效益和土地利用率。林下养鸭,可用农作物秸秆作养鸭垫料,有效解决了农作物秸秆乱放和随意焚烧的难题,改良了土壤,防止了环境污染。同时可将秸秆转化为有机肥料,鸭粪含有氮磷钾,施入林地后,促进了树木生长。

### 4. 鱼鸭混养模式

鱼鸭混养,鱼池可为鸭提供清洁的环境和丰富的天然饲料,鸭也为鱼提供丰富的饵料,鸭有 20%～30%未被消化的营养物质排入池中,具有培养鱼池中浮游生物及提供鱼饵料的双重作用。每只鸭的粪便和泼洒的饲料可产鱼 2～3 kg。鸭群在鱼池中不断地游动、嬉水、扑打,起到了增氧机的作用。

## 项目测试

一、名词解释

1. 开水:

2. 产蛋鸭:

3. 半放牧饲养:

4. 肉鸭的肥育期:

二、填空题

1. 鸭的经济类型有_____、_____和_____ 3 种类型。

2. 放牧方法有_____、_____和_____ 3 种方法。

3. 产蛋初期要做好_____、_____、_____和_____ 4 项工作。

4. 肉鸭育肥的方法有_____、_____和_____ 3 种方法。

5. 雏鸭 3 日龄内光照要达到_____ h。

6. 蛋鸭的开产时间为_____。

7. 蛋用种鸭的公母比例为_____。

8. 蛋鸭的产蛋时间_____。

三、简答题

1. 放牧饲养有哪些注意事项?

2. 怎样进行蛋鸭的人工换羽?

3. 强制换羽有哪些注意事项?

4. 限制饲养有哪些注意事项?

5. 鸭育雏期有哪些管理要点?

# 项目 7

## 鹅的规模化生产

 学习提要

> **■ 知识点**
>
> 1. 鹅的生理特点与生活习性。
> 2. 雏鹅的饲养管理技术。
> 3. 肉用仔鹅的饲养管理技术。
> 4. 种鹅的饲养管理技术。
>
> **■ 技能点**
>
> 活拔羽绒技术。

## 任务 7.1　鹅的生理特点与生活习性

【课堂学习】

了解鹅的生理特点及生活习性,才能采取有效措施科学饲养管理,从而提高养鹅生产的经济效益。本节介绍鹅的生理特点与生活习性。

### 一、鹅的生理特点

#### (一) 鹅的消化生理特点

鹅的消化管发达,喙扁而长,边缘呈锯齿状,能截断青饲料。食管膨大部较宽,富有弹性。肌胃肌肉厚实,肌胃收缩压力强。每天每只成年鹅可采食青草 2 kg 左右。鹅对青粗饲料的消化能力比其他禽类要强,纤维素利用率为 45%~50%。

### （二）鹅的生殖生理特点

**1. 季节性**

鹅繁殖存在明显的季节性,绝大多数品种在气温升高、日照延长的 6—9 月间,卵黄生长和排卵都停止,接着卵巢萎缩,进入休产期,一直至秋末天气转凉时才开产,主要产蛋期在冬春两季。

**2. 就巢性**

许多鹅种具有很强的就巢性。在一个繁殖周期中,每产一窝蛋后,就要停产抱窝。

**3. 择偶性**

公母鹅有固定配偶交配的习惯。有的鹅群中(如图卢兹鹅)有 40% 的母鹅和 22% 的公鹅是单配偶。

**4. 繁殖时间长**

鹅是长命家禽,存活年龄可达 20 年以上。母鹅的产蛋量在开产后的前 3 年逐年提高,到第 4 年开始下降。种母鹅的经济利用年限可长达 4~5 年之久,公鹅也可利用 3 年以上。因此,为了保证鹅群的高产、稳产,在选留种鹅时要保持适当的年龄结构。

## 二、鹅的生活习性

**1. 喜水性**

鹅习惯在水中嬉戏、觅食和求偶交配,每天约有 1/3 的时间在水中生活。

**2. 食草性**

鹅觅食能力强,以植物性饲料为主,能大量觅食天然饲草。

**3. 警觉性**

鹅的听觉很灵敏,警觉性很强,遇到陌生人或其他动物时就会高声鸣叫以示警告。

**4. 耐寒性**

成年鹅耐寒性很强,在冬季仍能下水游泳,露天过夜。在 0 ℃左右的气温下,仍可保持较高的产蛋率。

**5. 合群性**

家鹅具有很强的合群性,行走时队列整齐,觅食时在一定范围内扩散。鹅离群独处时会高声鸣叫,一旦得到同伴的应和,孤鹅会循声归群。若发现个别鹅离群久不归队,其发病的可能性很大,应及早做好防治工作。

 随堂练习

试比较鸭和鹅的生理特点及生活习性?

## 任务 7.2　雏鹅的饲养管理

【课堂学习】

雏鹅是指从孵化出壳到 4 周龄的鹅。本节主要介绍育雏前的准备工作和雏鹅的饲养管理技术。

### 一、育雏前的准备

#### 1. 资金筹备

根据具体情况准备相应的资金,如外购鹅雏需用购雏费、种草需用草籽费、精料费、水费、电费和防疫药品费等。

#### 2. 房舍及育雏设备准备

育雏前要对育雏舍、育雏设备进行准备和检修。彻底灭鼠,防止兽害。接雏前 2～3 d,对育雏舍内外进行彻底清扫和消毒。进雏前将育雏舍温度调至 28～30 ℃,相对湿度 65%～75%,并做好各项安全检查。进雏前还要备好饲料、兽药、疫苗、照明用具等。

#### 3. 雏鹅选择

雏鹅的选择包括对种鹅场或孵化场的选择和鹅雏个体的选择。

（1）种鹅场选择:购雏之前必须进行实地考察,一定要到饲养生产性能高、健康无疫病的种鹅场或正规的孵化场去购雏。

（2）雏鹅个体选择:健壮的雏鹅是保证育雏成活率的前提条件,对留种雏鹅更应该进行严格选择。引进的品种必须优良,种鹅必须进行小鹅瘟、副黏病毒等疫苗防疫,使雏鹅有足够的母体抗源保护。接雏前要了解该场的孵化率和出雏时间,一般以 30～31 d 正常出雏为好,若孵化率低或出雏时间过早、过晚,则雏鹅的质量差。

#### 4. 育雏方式

鹅的育雏方式以地面垫料平养为主。育雏舍要求保温性能好,垫料柔软,吸水性好,不易霉变。常用的垫料有锯屑、稻壳、稻草、麦秸等。有条件的可进行网上平面育雏,使雏鹅与粪便彻底隔离,减少疾病的发生,同时还可增加饲养密度。网的高度以距地面 60～70 cm 为宜,便于加料加水。

### 二、雏鹅的饲养管理

#### 1. 合理饲喂

（1）"潮口":雏鹅出壳后 12～24 h 先饮水,第一次下水运动与饮水称为"潮口"。多数雏鹅会自动饮水,对个别不会自动饮水的雏鹅要人工调教,将温开水放入盆中,深度 3 cm 左右,把雏鹅放入水盆中,可把喙浸入水中,让其喝水,反复几次,全群模仿即可学会饮水(图 7-1)。

雏鹅第一次饮水,时间掌握在 3~5 min。在饮水中加入 0.05% 高锰酸钾,可以起到消毒饮水,预防肠道疾病的作用,一般用 2~3 d 即可。在饮水中加入 5% 葡萄糖或按比例加入速溶多维,可以迅速恢复雏鹅体力,提高成活率。

图 7-1　雏鹅开水

(2)开食:开食时间一般以饮水后 15~30 min 为宜。一般用黏性较小的籼米和"夹生饭"作为开食料,用清水淋过,使饭粒松散,吃时不黏嘴。最好掺一些切成细丝状的青菜叶、莴苣叶、油菜叶等(图 7-2)。第一次喂食不要求雏鹅吃饱,吃到半饱即可,时间为 5~7 min。过 2~3 h 后,再用同样的方法调教采食。一般从 3 日龄开始,用全价饲料饲喂,并加喂青饲料。为便于采食,粉料可适当加水拌湿。

图 7-2　雏鹅开食

(3)饲喂次数及饲喂方法:要饲喂营养丰富、易于消化的全价配合饲料和优质青饲料。饲喂时要先精后青,少吃多餐。雏鹅的饲喂次数及饲喂方法参考表 7-1。

表 7-1　雏鹅饲喂次数及饲喂方法

| 日龄 | 2~3 | 4~10 | 11~20 | 21~28 |
|---|---|---|---|---|
| 每日总次数 | 6 | 8~9 | 5~6 | 3~4 |
| 夜间次数 | 2~3 | 3~4 | 1~2 | 1 |
| 日粮中精料所占比例 | 50% | 30% | 10%~20% | 7%~8% |

**2. 提供适宜的环境条件**

(1)温度:雏鹅自身调节体温的能力较差,饲养过程中必须保证均衡的温度。保温期的长短,因品种、气温、日龄和雏鹅的强弱而异,一般需保温 2~3 周。

(2)湿度:地面垫料育雏时,一定要做好垫料的管理工作,防止垫料潮湿、发霉。在高温高湿时,雏鹅体热散发不出去,容易引起"出汗",食欲减少,抗病力下降;在低温高湿时,雏鹅体热散失加快,容易患感冒等呼吸道疾病和拉稀。

鹅育雏期适宜的温度、湿度见表 7-2。

表 7-2　鹅育雏期适宜的温度、湿度

| 日龄 | 温度/℃ | 相对湿度/% | 舍温/℃ |
|---|---|---|---|
| 1~5 | 28~27 | 60~65 | 15~18 |
| 6~10 | 26~25 | 60~65 | 15~18 |
| 11~15 | 24~22 | 65~70 | 15 |
| 16~20 | 22~20 | 65~70 | 15 |
| 20 日龄以后 | 18 | 65~70 | 15 |

（3）通风：夏秋季节，通风换气工作比较容易进行，打开门窗即可完成。冬春季节，通风换气和室内保温容易发生矛盾。在通风前，先使舍温升高 2~3 ℃，然后逐渐打开门窗或换气扇，避免冷空气直接吹到鹅体。通风时间多安排在中午前后，避开早晚时间。

（4）光照：育雏期间，1~3 日龄 24 h 光照，4~15 日龄 18 h 光照，16 日龄后逐渐减为自然光照，但晚上需开灯加喂饲料。光照强度 0~7 日龄每 15 m² 用 1 只 40 W 灯泡，8~14 日龄换用 25 W 灯泡。

（5）饲养密度：一般雏鹅平面饲养时的密度为：1~2 周龄 20~35 只/m²，3 周龄 15 只/m²，4 周龄 12 只/m²，随着日龄的增加，密度逐渐减少。

**3. 科学管理**

（1）及时分群：雏鹅刚开始饲养，一般 300~400 只/群。分群时按个体大小、体质强弱来进行。第一次分群在 10 日龄时进行，每群数量 150~180 只；第二次分群在 20 日龄时进行，每群数量 80~100 只；育雏结束时，按公母不同性别分栏饲养。在日常管理中，发现残、瘫、过小、瘦弱、食欲不振、行动迟缓者，应早作隔离饲养、治疗或淘汰。

（2）适时放牧：放牧日龄应根据季节、气候特点而定。夏季，出壳后 5~6 d 即可放牧；冬春季节，要推迟到 15~20 d 后放牧。刚开始放牧应选择无风晴天的中午，把鹅赶到棚舍附近的草地上进行，时间为 20~30 min。以后放牧时间由短到长，牧地由近到远。每天上下午各放牧 1 次，中午赶回舍中休息。上午出放要等到露水干后进行，以上午 8：00—10：00 为好；下午要避开烈日暴晒，在 15：00—17：00 进行。

（3）做好疫病预防工作：雏鹅时期是鹅最容易患病的阶段，只有做好综合预防工作，才能保证高的成活率。雏鹅应隔离饲养，不能与成年鹅和外来人员接触。定期对雏鹅、鹅舍进行消毒。购进的雏鹅，首先要确定种鹅有无用小鹅瘟疫苗免疫。种鹅在开产前 1 个月接种，可保证半年内所产种蛋含有母源抗体，孵出的小鹅不会得小鹅瘟。如果种鹅未接种，雏鹅在 3 日龄皮下注射 10 倍稀释的小鹅瘟疫苗 0.2 mL，1~2 周后再接种 1 次；也可不接种疫苗，对刚出壳的雏鹅注射高免血清 0.5 mL 或高免蛋黄 1 mL。

随堂练习

1. 育雏前应做好哪些准备工作？

2. 如何提高雏鹅的成活率？

## 任务 7.3　肉用仔鹅的饲养管理

**【课堂学习】**

30 ~ 90 日龄的鹅转入育肥群，经短期育肥供食用，即肉用仔鹅。本节介绍肉用仔鹅的饲养管理要点和育肥技术。

### 一、肉用仔鹅的饲养

肉用仔鹅采用以放牧为主、补料为辅的饲养方式，能大量采食天然青绿饲料和稻麦田遗粒，节省精料；同时，通过放牧可使鹅群充分运动，增强体质，提高成活率。

**1. 选择牧地和鹅群规格**

（1）选择丰美的草场、河滩、湖畔、收割后的麦地、稻田等地放牧。牧地附近要有树林或其他天然屏障，若无树林，应在地势高燥处搭简易凉棚，供鹅遮阳和休息。

（2）放牧时应组织好鹅群，确定好放牧路线。鹅群大小以 250 ~ 300 只一群为宜，由 2 人管理放牧；若草场面积大，草质好，水源充足，鹅的数量可扩大到 500 ~ 1 000 只，需 2 ~ 3 人管理。

（3）有条件的尽量实行分区轮牧，放牧间隔 15 d 以上，防止过牧现象。一般 300 只规模的鹅群需自然草场 70 ~ 100 亩（1 亩 = 0.066 7 hm$^2$）或人工草场 30 ~ 50 亩。

（4）放牧时间长短视鹅日龄大小而定。农谚有"鹅吃露水草，好比草上加麸料"的说法，当鹅尾尖、身体两侧长出毛管，腹部羽毛长满、充盈时，实行早放牧，尽早让鹅吃上露水草。除雨天外可整天放牧。40 日龄后鹅的全身羽毛较丰满，适应性强，可尽量延长放牧时间，做到"早出牧，晚收牧"。

（5）"养鹅不怕精料少，关键在于放得巧"。把青草丰茂的地方留给早晚采食高峰时放牧。放牧时要根据鹅"采食、休息、采食"周而复始的特点，让鹅吃饱喝足长大个。

（6）出牧与收牧要清点鹅数。

**2. 正确补料**

（1）补料条件：若放牧期间能吃饱喝足，可不补料；若肩、腿、背、腹正在脱毛，长出新羽时，应该给予补料。

（2）补料量：应看草的生长状态与鹅的膘情体况而定，以充分满足鹅的营养需求为前提。每次补料量，小型鹅每天每只补 100～150 g，中、大型鹅补 150～250 g。

（3）补饲时间：一般安排在中午或傍晚。白天补料可在牧地进行，以减少途中往返疲劳，防吃肥走瘦现象发生。

（4）补料调制：一般以糠麸为主，掺以甘薯、瘪谷和少量花生饼或豆饼。日粮中还应注意补给 1%～1.5% 骨粉、2% 贝壳粉和 0.3%～0.4% 食盐，以促使骨骼正常生长，防止软脚病和发育不良。无机盐饲料也可以置于运动场中任鹅自由采食。

参考饲料配方如下：

① 肉鹅育雏期：玉米 50%、鱼粉 8%、麸（糠）皮 40%、生长素 1%、贝壳粉 0.5%、多种维生素 0.5%，然后按精料与青料 1∶8 的比例混合饲喂。

② 育肥期：玉米 20%、鱼粉 4%、麸（糠）皮 74%、生长素 1%、贝壳粉 0.5%、多种维生素 0.5%，然后按精料与青料 2∶8 的比例混合制成半干湿饲料饲喂。

（5）饲喂次数：肉用仔鹅每昼夜饲喂次数可根据品种类型、日龄大小与生长发育状态灵活掌握。一般来说，30～50 日龄时，每昼夜喂 5～6 次；50～80 日龄喂 4～5 次，其间夜间喂 2 次。

**3. 观察采食情况**

凡健康、食欲旺盛的鹅表现为动作敏捷抢着吃，不择食，一边采食一边摆脖子往下咽，食管迅速增粗，并往右移，嘴呷不停地往下点；凡食欲不振者，采食时抬头，东张西望，嘴呷含着料不下咽，头不停地甩动，或动作迟钝，呆立不动，出现此状况可能是有病，要抓出隔离饲养。

## 二、肉用仔鹅的管理

**1. 鹅群训练调教**

要本着"人鹅亲和，循序渐进，逐渐巩固，丰富调教内容"的原则进行鹅群调教。训练合群，将小群鹅并在一起喂养，令其相互认识，相互亲近，彼此熟悉，不啄斗，几天后继续扩大群体，加强合群性。训练鹅适应环境、放牧，不忌各种声音、习惯、颜色变化，防止惊场、炸群。培育和调教"头鹅"，即领头鹅，使其引导、爱护、控制鹅群。放牧鹅的队形为狭长方形，出牧与收牧时驱赶速度要慢，防止践踏致伤。放牧速度要做到空腹快，饱腹慢，草少快，草多慢。

**2. 做好游泳、饮水与洗浴**

鹅是水禽，游泳和洗浴不可缺少。游泳增加运动量，提高羽毛的防水、防湿能力，防止发生皮肤病和生虱。选水质清洁的河流、湖泊游泳、洗浴，严禁在水质腐败、发臭的池塘里游泳，否则鹅易患肠炎和皮肤病。收牧后进舍前应让鹅在水里洗掉身上污泥，舍外休息、喂料，待毛干后再赶到舍内。不要在打过农药的草地、果园、农田附近放牧，凡打过农药的地块必须经过 15 d 后才能放牧。鹅舍必须保持清洁、干燥，空气新鲜，舍温保持 18～25 ℃，周围环境安静。

**3. 搞好防疫卫生**

鹅群放牧前必须注射小鹅瘟、副黏病毒病、禽流感、禽霍乱疫苗。定期驱除体内外寄生虫。饲养用具要定期消毒,防止鼠害、兽害。

## 三、肉用仔鹅的育肥

肉鹅经过 15~20 d 育肥之后,膘肥肉嫩,胸肌丰厚,味道鲜美,屠宰率高,产品畅销。生产上常见以下 4 种方法育肥。

**1. 放牧育肥**

放牧育肥一般结合农时进行,当仔鹅养到 50~60 日龄时,可充分利用收割后遗留下来的谷粒、麦粒和草籽来肥育。放牧时,应尽量减少鹅的运动,搭临时鹅棚,鹅群放牧到哪里,就在哪里留宿,这样便可减少来往跑路的时间,增加其觅食时间。经 10~15 d 的放牧育肥后,就地收购,防止途中掉膘或伤亡。

**2. 上棚育肥**

用竹料或木料搭一个棚架,架底离地面 60~70 cm,以便于清粪,棚架四周围以竹条。食槽和水槽挂于栏外,鹅在两竹条间伸出头来采食、饮水。在棚架上再分别隔成若干个小栏,每栏以 10 m² 为宜,每平方米养鹅 4 只。育肥期间以稻谷、碎米、番薯、玉米、米糠等糖类含量丰富的饲料为主。日喂 3~4 次,每次吃饱为止,最后 1 次在晚 10 时喂饲,整天应供给清洁的饮水,每次仅喂少些青料。

**3. 圈养育肥**

常用竹片(竹围)或高粱秆围成小栏,每栏养鹅 1~3 只,栏的大小不超过鹅的 2 倍,高为 60 cm,鹅可在栏内站立,但不能昂头鸣叫,经常鸣叫不利育肥。饲槽和饮水器放在栏外。鹅可以伸出头来吃料、饮水。白天喂 3 次,晚上喂 1 次。所喂的饲料可以玉米、糠麸、豆饼和稻谷为主,效果很好。为了增进鹅的食欲,在育肥期应有适当水浴和日光浴,隔日让鹅下池塘水浴 1 次,每次 10~20 min,浴后在运动场日光浴,梳理羽毛,最后才赶鹅进舍休息。这样经半月左右的育肥,膘肥毛足即可宰杀,否则逾期又会换羽掉膘。

**4. 填饲育肥**

俗话叫“填鹅”,是将配制好的饲料填条,一条一条地塞进食管里强制它吞下去,再加上安静的环境,活动减少,鹅就会逐渐肥胖起来,肌肉也丰满、鲜嫩。填饲饲料采用玉米、山芋、碎米、细糠和豆饼等混合制成填剂,形状比小团圆稍大。开始时每次填 3~4 个,以后增至 5~6 个。开始每天填 3 次,以后增加到 5 次。填好后把鹅安置在安静的舍内休息。大约经过 20 d 育肥,鹅体脂肪增多,肉嫩味美,等级提高。鹅的肥膘,只需用手触摸鹅的尾椎与骨盆部连接的凹陷处,以肌肉丰满为合格。

随堂练习

1. 肉用仔鹅的饲养管理要点有哪些？

2. 肉用仔鹅的育肥方法有哪些，各有何特点？

# 任务 7.4　种鹅的饲养管理

【课堂学习】

种鹅饲养通常分为育雏期、后备期、产蛋期和休产期等几个阶段。育雏期的饲养管理可参照肉用仔鹅育雏期的饲养管理。本节介绍种鹅后备期、产蛋期和休产期的饲养管理技术。

## 一、后备种鹅的饲养管理

后备种鹅是指从 1 月龄到开始产蛋的留种用鹅。种鹅的后备期较长，在生产中又分为 5 ～ 10 周龄、11 ～ 15 周龄、16 ～ 22 周龄、22 周龄到开产等 4 个阶段。每一阶段应根据种鹅的生理特点不同，进行科学的饲养管理。

### 1. 5 ～ 10 周龄鹅的饲养管理

这一阶段的鹅又称为中鹅或青年鹅，是骨骼、肌肉、羽毛生长最快的时期。饲养管理上要充分利用放牧条件，节约精料，锻炼其消化青绿饲料和粗纤维的能力，提高适应外界环境的能力，满足快速生长的营养需要。

（1）饲养方式：中鹅以放牧为主要的饲养方式。在草地资源有限的情况下，可采用放牧与舍饲相结合的饲养方式。大规模、集约化饲养和养冬鹅时还可采用关棚饲养的方式，喂给全价配合饲料，便于管理，可以发挥规模效益，但饲养成本较高。

（2）放牧管理：中鹅放牧饲养要注意在每天收牧以后进行适当补饲。有经验的牧鹅者，在茬地或有野草种子草地上放牧，使鹅能够获得足够的谷实类精料，具体为"夏放麦茬，秋放稻茬，冬放湖塘，春放草塘"。

### 2. 11 ～ 15 周龄鹅的饲养管理

这一时期是鹅群的调整阶段。首先对留种用鹅进行严格的选择，然后调教合群，减少"欺生"现象，保证生长的均匀度。

（1）种鹅的选留：种鹅 71 日龄时，已完成初次换羽，羽毛生长已丰满，主翼羽在背部交翅，留种时首先要淘汰那些羽毛发育不良的个体。

① 后备种公鹅的要求：具有品种的典型特征，身体各部发育均匀，肥度适中，两眼有神，喙部无畸形，胸深而宽，背宽而长，腹部平整，脚粗壮有力、距离宽，行动灵活，叫声响亮。

② 后备种母鹅的要求:体重大,头大小适中,眼睛明亮有神,颈细长灵活,体形长圆,后躯宽深,腹部柔软容积大,臀部宽广。体重要求达到成年标准体重的 70%。

(2)合群训练:以 30~50 只一群为宜,而后逐渐扩大群体,300~500 只组成一个放牧群体。同一群体中个体间日龄、体重差异不能太大,尽量做到"大合大,小并小",提高群体均匀度。合群后要保证食槽充足,补饲时均匀采食。

**3. 16~22 周龄鹅的饲养管理**

这一阶段是鹅群生长最快的时期,采食旺盛,容易引起肥胖。因此,这一阶段饲养管理的重点是限制饲养,公母分群饲养。

后备母鹅 100 日龄以后逐步改用粗料,日喂 2 次。草地良好时,可以不补饲,防止母鹅过肥和早熟。但是在严寒冬季青绿饲料缺乏时,则要增加饲喂次数(3~4 次),同时增加玉米的喂量。正常放牧情况下,补饲要定时、定料、定量。

**4. 22 周龄到开始产蛋鹅的饲养管理**

这一阶段历时 1 个月左右,饲养管理的重点是加强饲喂和疫苗接种。

(1)加强饲喂:为了让鹅恢复体力,沉积体脂,为产蛋做好准备,从 151 日龄开始,要逐步放食,满足采食需要。饲料要由粗变精,促进生殖器官的发育。饲喂次数增加到每天 3~4 次,自由采食。饲料中增加玉米等谷实类饲料,同时增加矿物质饲料原料。

(2)疫苗接种:种鹅开产前 1 个月要接种小鹅瘟疫苗和禽霍乱菌苗,且要在产蛋前完成。禁止在产蛋期接种疫苗,防止发生应激反应,引起产蛋量下降。

## 二、产蛋期种鹅的饲养管理

鹅群进入产蛋期以后,饲养管理要围绕提高产蛋率,增加合格种蛋数量来做。

**1. 产蛋前的准备工作**

在后备种鹅转入产蛋时,要再次进行严格挑选。公鹅除外貌符合品种要求、生长发育良好、无畸形外,重点检查其阴茎发育是否正常。最好通过人工采精的办法来鉴定公鹅的优劣,选留能够顺利采出精液、阴茎较大者。母鹅只剔除少量瘦弱、有缺陷者,大多数都要留下做种用。

**2. 产蛋期的饲喂**

随着鹅群产蛋率的上升,要适时调整日粮的营养浓度。建议产蛋母鹅日粮营养水平为:代谢能 10.88~12.13 MJ/ kg、粗蛋白质 15%~17%、粗纤维 6%~8%、赖氨酸 0.8%、甲硫氨酸 0.35%、胱氨酸 0.27%、钙 2.25%、磷 0.65%、食盐 0.5%;配合饲料:玉米 63.5%、豆粕 15%、芝麻饼 7.0%、麦麸 5.0%、菜籽饼 1.3%、石粉 4.6%、磷酸氢钙 1.7%、食盐 0.4%、鸡预混料 1.5%。

喂料要定时定量,先喂精料再喂青料。青料可不定量,让其自由采食。每天饲喂精料量,大型鹅种 180~200 g,中型鹅种 130~150 g,小型鹅种 90~110 g。每天喂料 3 次,早上 9:00 喂第一次,然后在附近水塘、小河边休息,草地上放牧;14:00喂第二次,然后放牧;傍晚回舍在运动场上喂第三次。回舍后在舍内放置清洁饮水和矿物质饲料,让其自由采食饮用。

**3. 产蛋期的管理**

(1)产蛋管理:母鹅具有在固定位置产蛋的习惯,生产中为了便于种蛋的收集,要在鹅棚附近搭建一些产蛋棚。产蛋棚长3.0 m,宽1.0 m,高1.2 m,每千只母鹅需搭建3个产蛋棚。产蛋棚内地面铺设软草制成产蛋窝,尽量创造舒适的产蛋环境。

为了便于拣蛋,必须训练母鹅在固定的鹅舍或产蛋棚中产蛋,特别对刚开产的母鹅,更要多观察训练。一般经过一段时间的训练,绝大多数母鹅都会在产蛋棚产蛋。

母鹅的产蛋时间多集中在凌晨至上午9:00以前,因此每天上午放牧要等到9:00以后进行。放牧时如发现有不愿跟群,大声高叫,行动不安的母鹅,应及时赶回鹅棚产蛋。母鹅在棚内产完蛋后,应有一定的休息时间,不要马上赶出产蛋棚,最好在棚内补饲。

(2)合理交配:为了保证种蛋有高的受精率,要合理安排公母比例。我国小型鹅种公母比例为1:(6~7),中型鹅种1:(5~6),大型鹅种1:(4~5)。鹅的自然交配在水面上完成。种鹅在早晨和傍晚性欲旺盛,要利用好这两个时期,保证高的受精率。早上放水要等大多数鹅产蛋结束后进行,晚上放水前要有一定的休息时间。

(3)搞好放牧管理:产蛋期间应就近放牧,避免走远路引起鹅群疲劳。放牧过程中,特别应注意防止母鹅跌伤、挫伤而影响产蛋。

(4)控制光照:许多研究表明,每天13~14 h光照时间,5~8 W/m² 的光照强度即可维持正常的产蛋需要。在秋冬季光照时间不够时,可通过人工补充光照来完成光照控制。在自然光照条件下,母鹅每年(产蛋年)只有1个产蛋周期,采用人工光照后,可使母鹅每年有2个产蛋周期,多产蛋5~20枚。

(5)注意保温:严寒的冬季正赶上母鹅临产或开产的季节,要注意鹅舍的保温。夜晚关闭鹅舍所有门窗,门上要挂棉门帘,北面的窗户要在冬季封死。为了提高舍内地面的温度,舍内要多加垫草,还要防止垫草潮湿。天气晴朗时,注意打开门窗通风,同时降低舍内湿度。受寒流侵袭时,要停止放牧,多喂精料。

## 三、休产期种鹅的饲养管理

母鹅一般当年10月到第二年4—5月份产蛋,经过7~8个月的产蛋期,产蛋明显减少,蛋形变小,畸形蛋增多,不能进行正常的孵化。这时羽毛干枯脱落,陆续进行自然换羽。公鹅性欲下降,配种能力变差。这些变化说明种鹅进入了休产期。休产期种鹅饲养管理上应注意以下几点:

**1. 调整饲喂方法**

种鹅停产换羽开始,逐渐停止精料的饲喂,应以放牧为主,舍饲为辅,补饲糠麸等粗饲料。

为了让旧羽快速脱落,应逐渐减少补饲次数,开始减为每天喂料1次,后改为隔天1次,逐渐转入3~4 d喂1次,12~13 d后,体重减轻大约1/3,然后再恢复喂料。

**2. 人工拔羽**

恢复喂料后2~3周,体重正常,可进行人工拔羽,以缩短母鹅的换羽时间,提前开始产蛋。人工拔羽,公鹅应比母鹅提前1个月进行,保证母鹅开产后公鹅精力充沛。人工拔羽后要加强饲养管理,头几天鹅群实行圈养,避免下水,供给优质青饲料和精饲料。如发现1个月后仍未长出新羽,则要增加精料喂量,尤其是蛋白质饲料,如各种饼粕和豆类。

**3. 种鹅群的更新**

为了保持鹅群旺盛的繁殖力,每年休产期间要淘汰低产种鹅,同时补充优良鹅只作为种用。更新鹅群的方法如下:

(1)全群更新:将原来饲养的种鹅全部淘汰,全部选用新种鹅来代替。种鹅全群更新一般在饲养5年后进行,如果产蛋率和受精率都较高的话,可适当延长1~2年。

(2)分批更新:种鹅群要保持一定的年龄比例,1岁鹅30%,2岁鹅25%,3岁鹅20%,4岁鹅15%,5岁鹅10%。根据上述年龄结构,每年休产期要淘汰一部分低产老龄鹅,同时补充新种鹅。

 **随堂练习**

1. 怎样对后备种鹅进行限制饲养?

2. 种鹅产蛋期饲养管理的要点有哪些?

3. 种鹅有何产蛋规律?

 **知识拓展**

## 生态养鹅的几种成功模式分析

**1. 冬闲田种草养鹅**

利用冬闲田进行"水稻-牧草-水稻"轮作,可以把丰富的水热资源转化为大量优质青饲料,避免饲料与粮食和经济作物争地、争季节的矛盾。多花黑麦草适合秋播或春播,在长江中下游地区适宜秋播,通常在9月中下旬播种,故黑麦草作为水稻的后茬,与水道轮作,是比较合理的品种搭配。浙江慈溪畜牧兽医技术中心实验:利用冬闲田种植黑麦草喂鹅,饲养60~70 d即可上市,商品鹅羽重4 kg左右,比其他青饲料(萝卜、杂草等)喂鹅饲养期缩短了7 d,羽重增加了0.35 kg,节约精料1.5 kg。一般一亩黑麦草可饲养肉鹅100只左右,其效益与种植小麦、油菜相比,产值增加了3.4~4倍。

**2. 果园种草养鹅**

鹅在果园觅食,可把果园地面上和草丛中的绝大部分害虫吃掉,从而减少了害虫对果树的危害;同时,1只鹅一年所产生的鹅粪如果按每亩种草供养20只鹅计算,就相当于施入氮肥20 kg、磷肥18 kg、钾肥10 kg,既提高了土壤的肥力,促进果树生长,又节约了肥料,减少了投资;另外,果园种草养鹅,鹅舍可建在果园附近,一般离村庄都较远,从而减少了疾病传播的机会,有利于防疫。安徽省宿州市畜牧兽医站在10亩果园套种苜蓿养鹅1 200只实验成功:平均每只鹅获利7.82元,而食野草的只获利5.62元。奉新县畜牧水产局实验发现:在猕猴桃幼树下套种花生、黄豆等,每亩年收入100~200元,而套种黑麦草养鹅,每亩年收入达2 500元以上,极大地降低了果农投入,提高了果园的经济效益。

**3. 林间种草养鹅**

林间种草养鹅,养殖林地通风透光、氧气充足,又远离村庄,不易传染疾病。地上种树,树下养鹅,鹅粪为树提供养料。利用林间种草养鹅,成为农民致富,增加收入的有效途径。林间种草的林间行距以2 m×3 m为宜,每亩植树110株左右。林间种的牧草品种有鲁梅克斯、苜蓿等。每亩每年可养鹅4茬,每茬50只。在兴化市金华养鹅场,鹅粪一部分就地肥树,另一部分经处理作为鱼饲料。"树不生虫,鱼不生病"。2004年,奚金华利用这块四面环水的200多亩闲置草库,投资70万元建了10排鹅舍,种了80亩意杨树和60亩麦草,并将四周100亩荒废的鱼塘整修成精养鱼池。几年来,这种鹅-树-鱼共生的立体生态养殖模式带来了年均50万元的收益。

**4. "草—鹅—鱼"模式**

目前,"草—鹅—鱼"模式在我国东部、中原及南方地区发展很快,并已收到了显著的经济效益和社会效益。据比较,同等条件下鱼鹅综合养殖较鱼、鹅单养提高经济收益30%左右。鱼鹅混养时,鹅对鱼池增氧效果特别好。同时,鹅为养殖鱼类提供优质饵料。江苏省洪泽县多管局报道有人采用此模式:利用840 m² 鹅舍、0.73 hm² 鱼塘,种植0.33 hm² 多花黑麦草,饲养种鹅500只。控制母鹅就巢,提高母鹅产蛋量,种蛋人工炕孵,繁殖雏鹅8 000只,并利用鹅粪和下脚料养鱼,放养鲢鱼5 000尾,泥鳅500 kg。经济效益比单一种草养鹅提高了1.98倍。

**5. "藕—草—鹅—鱼"模式**

"藕—草—鹅—鱼"模式选择生长发育快、饲养周期短、耐粗饲的四川白鹅、扬州鹅、狮头鹅等优良品种,8月中旬可按80~100只/亩购进第一批鹅苗,用精料喂养,15 d后即可饲喂牧草,以后草量与食量同步增长,11月上旬即可出售成年鹅。第二批鹅苗在10月中旬按40~50只/亩购进,11月初饲草量较小,等第一批鹅出售时食草量始增,元旦后产草量降低时已基本成鹅,春节前出售。售前可直接放牧,售后田间草量可作下茬藕田绿肥。

## 【技能训练 7-1】活拔羽绒技术

【目标要求】　通过实训,使学生了解活拔羽绒技术,掌握人工拔羽的方法。

【材料用具】　用于拔羽的鹅若干只,储存羽绒用的口袋,秤,红药水,药棉等。

【方法步骤】　在试验场进行,由教师示范,学生分组操作。

（1）拔毛前应对鹅群抽检,如果绝大部分的羽毛根已干枯,用手试拔羽毛易脱落,正是拔毛时期。

（2）拔毛前一天晚上停料停水,以便排空粪便,防止鹅粪污染。

（3）操作者坐在凳子上,用绳捆住鹅的双脚,鹅头朝操作者,背置于操作者腿上,用双腿夹住鹅只,然后开始拔毛。拔毛部位应集中在胸部、腹部、体侧和尾根等。可以毛绒齐拔,混合出售;也可毛绒分拔,先拔毛片,再拔绒朵,分级出售(图7-3)。

【注意事项】　拔毛鹅一般活动减少、翅膀下垂、食欲减退,2~3 d 后恢复正常。为确保鹅群健康,3 d 内不宜在强光下放养,7 d 内不宜下水或淋雨。应铺柔软干净的垫草,饲料中应增加蛋白质含量,补充微量元素,适当补充精料。种鹅拔毛后,应公母分开饲养,停止交配。少数脱肛鹅,可用 0.1% 的高锰酸钾水溶液清洗患部,再自然推进使其恢复原状。

羽绒包装应轻拿轻放,双层包装,放在干燥、通风的室内储存,注意防潮、防霉、防蛀、防热。包装、储存时要注意分类、分别标志,分区放置,以免混淆。

图 7-3　活拔羽绒技术

【实习作业】　针对教师示范的方法,学生每人完成 1~2 只鹅的拔羽任务。

## 项目测试

一、名词解释

1. 后备种鹅:

2. 填饲育肥：

3. 肉用仔鹅：

4. 潮口：

二、填空题

1. 生产中常把种鹅饲养划分为_____、_____、_____和_____几个阶段。

2. 鹅比其他禽类消化粗纤维的能力高,纤维素利用率为_____。

3. 产蛋期种鹅放牧要在_____以后进行。

4. 种鹅群更新的方法有_____和_____。

三、判断题

1. 雏鹅在出壳后 24 h 后饮水和开食。（　　　）

2. 雏鹅一周龄内的育雏温度为 22~24 ℃。（　　　）

3. 后备种鹅从 16~22 周龄实行限制饲养。（　　　）

4. 种鹅的公母配比以 1：（3~5）为合适。（　　　）

5. 种鹅群中 1 岁鹅所占的比例应该为 30%~40%。（　　　）

四、简答题

1. 什么季节育雏鹅最好？

2. 如何进行后备种鹅的放牧饲养？

五、实训题

怎样对休产期的鹅进行人工强制换羽？

# 项目 8

## 特禽生产

 学习提要

> ■ **知识点**
>
> 1. 肉鸽的饲养管理。
>
> 2. 鹌鹑的饲养管理。
>
> 3. 雉鸡的饲养管理。
>
> ■ **技能点**
>
> 肉鸽的雌雄鉴别。

## 任务 8.1 肉鸽的饲养管理

【课堂学习】

肉鸽是家鸽的一种,属鸟纲、鸽形目、鸠鸽科、鸽属。本节介绍肉鸽的生活习性、繁育特点和饲养管理要点。

### 一、肉鸽的生活习性

**1. "一夫一妻制"**

鸽子通常是单配,且感情专一,配对后长期保持配偶关系,故有"夫妻鸟"之称。

**2. 早期生长速度快**

刚出壳的雏鸽体重仅 20 g 左右,经亲鸽哺育 25~30 d,体重可达到 500 g 以上,是鸟类中早期生长速度最快的。

**3. 性喜粒料,素食为主**

鸽子无胆囊,以植物性饲料为主,喜食粒料,如玉米、稻谷、麦类、豌豆、绿豆和油菜籽等。

**4. 喜干燥,爱好清洁**

鸽子喜欢清洁干燥的环境。

**5. 喜群居,记忆力和警觉性强**

鸽子的合群性明显地表现在信鸽中,它们总是成群结队地飞翔。鸽子对配偶、方位、巢箱、颜色、呼叫信号的识别和记忆力很强。鸽子的警惕性也很高,对外来刺激反应敏感。

**6. 亲鸽共同筑巢、孵蛋与育雏**

鸽子配对交配后公、母鸽共同营巢,产蛋后轮流孵化,幼鸽孵出后由公、母鸽共同哺育。

## 二、肉鸽的繁育特点

### (一)公母鉴别

**1. 乳鸽的公母鉴别**

乳鸽是指一个月之内的小鸽。乳鸽的公母鉴别一是观察肛门的外形,二是观察乳鸽在哺喂时的表现来进行鉴别。

(1)肛门鉴别法:轻轻扒开4~5日龄乳鸽的肛门,从侧面观,公鸽肛门上缘覆盖下缘,稍微突出;而母鸽正好相反,下缘突出而稍微覆盖上缘,乳鸽肛门外形示意如图8-1。但10日龄后,由于肛门周围的羽毛长出就不易鉴别了。

(2)哺喂鉴别法:在同窝乳鸽中,公鸽长得较快,体重较大,母鸽生长较慢;捕捉时若反应敏感,羽毛竖起,姿势较凶且用喙啄手或翅膀拍打者多为公鸽;乳鸽走动时,先离开巢窝,且较活泼好斗的多为公鸽,反之则为母鸽;公鸽头较粗大,背视近似方形,喙阔厚而稍短,鼻瘤大而扁平,脚较粗实,母鸽则相反;一般公鸽的最后4根主翼羽末端较尖,尾脂腺不开叉,脚骨较长且末端较尖,母鸽则相反。

**2. 童鸽的公母鉴别**

童鸽是指1~2月龄、刚离开亲鸽开始独立生活的幼鸽。1~2月龄童鸽的性别最难鉴别,通常只能由外形及肛门等部位来鉴别。4~6月龄的鸽子鉴别比较容易。童鸽的公母鉴别见表8-1。

表8-1 童鸽的公母鉴别对照表

| 对照项目 | 公鸽 | 母鸽 |
| --- | --- | --- |
| 外表特征 | 体大,头大,头颈粗,鼻瘤大而扁平,喙阔厚而粗短,脚粗大 | 头较圆小,鼻瘤窄小,喙长而窄,体稍小而脚细短,颈细而软 |
| 生长发育情况 | 生长快,身体强壮,争先抢食 | 生长慢,身体稍小,多数不争食 |

续表

| 对照项目 | 公鸽 | 母鸽 |
| --- | --- | --- |
| 捕食时动态 | 活泼好动,性格凶猛,捕捉时用喙或翅拍打,反应灵敏 | 性格温和,胆小,反应慢,捕捉时慢缩逃避 |
| 鸣叫 | 捕捉时发出粗而响的"咕咕"声 | 发出低沉的"呜呜"声 |
| 眼睛 | 双目凝视,炯炯有神,瞬膜迅速闪动 | 双眼神色温和,瞬膜闪动较缓慢 |
| 肛门(3~4月龄) | 肛门闭合时向外凸出,张开时呈六角形(图8-2) | 肛门闭合时向内凹入,张开时呈花形(图8-2) |
| 羽毛 | 有光泽,主翼羽尾端较尖 | 光泽度较差,主翼羽尾端较钝 |

| 侧视 | 正视 | 侧视 | 正视 | 六角形 | 花形 |
| 公鸽肛门 | | 母鸽肛门 | | 公鸽肛门 | 母鸽肛门 |

图 8-1　乳鸽肛门外观　　　　　　图 8-2　童鸽肛门外观

### 3. 成鸽的公母鉴别

成鸽的公母鉴别见表 8-2。需要注意的是,上述童鸽的公母鉴别法都适用于成鸽,且在成鸽表现得更加突出。

表 8-2　成鸽的公母鉴别法

| 对照项目 | 公鸽 | 母鸽 |
| --- | --- | --- |
| 体格 | 粗壮而大,脚粗有力 | 体较小而细,脚细短 |
| 头部 | 头圆额宽,头颈粗硬,不易扭动,上下喙较粗短而阔厚 | 头狭长,头顶稍尖,头颈细而短软,颈部扭动便利,上下喙较细长而窄 |
| 羽毛 | 颈毛颜色较深,羽毛粗,有金属光泽,求偶时颈羽竖立,尾羽呈扇状 | 颈羽色浅,细软而无光泽,用手按泄殖腔时尾羽会向上翘,毛紧凑 |
| 鼻瘤 | 粗,宽大近似杏仁状,无白色肉腺 | 小而收得紧,3月龄时鼻瘤中间部分出现白色肉腺 |
| 肛门内侧 | 上方呈山形,闭合时外凸,张开呈六角形 | 上方呈花形,闭合时向内凹入,张开则呈花形 |
| 胸骨 | 长而较宽,离耻骨较宽 | 短而直,离耻骨较窄 |

| 对照项目 | 公鸽 | 母鸽 |
|---|---|---|
| 腹部 | 窄小 | 宽大 |
| 耻骨间距 | 耻骨间距约1指宽 | 耻骨间距约2指宽 |
| 主翼尖端 | 呈尖状 | 呈圆形 |
| 鸣叫 | 长而洪亮、连续,发出双音"咕咕"声 | 短而弱,发出单音"呜"声 |
| 亲吻动作 | 一般张开上下喙 | 一般微张或不张开上下喙,而将喙深入公鸽口内 |
| 求偶表现 | 公鸽边"咕咕"叫边追逐母鸽,颈羽张开呈伞状,尾羽如扇状,颈部气囊鼓气,有舞蹈行为 | 母鸽温顺地半蹲着挨近公鸽相吻,点头求爱,亲吻后母鸽蹲下接受公鸽交配,母鸽背羽较脏 |
| 神态 | 活泼好斗,眼睛有神,追逐异性,捕捉时以喙进攻,挣扎力强 | 温顺好静,眼神温和,挣扎力弱 |
| 孵蛋时间 | 多在白天孵蛋,一般从上午9：00至下午4：00 | 多在晚上孵蛋,一般从下午4：00至第二天上午9：00 |

### （二）种鸽的选择

选留（购）种鸽时,首先必须判断鸽种是否纯正、优良。

**1. 乳（童）鸽的选择**

选择系谱清晰,亲鸽生产性能好,健康无病的后代,乳鸽阶段发育正常,健康,23~28日龄体重要达到600~750 g,毛色纯正,体态优美,符合品种特征。

**2. 成年鸽的选择**

成年公鸽体重在750g以上,成年母鸽在650 g以上。优良的种鸽眼睛明亮有光,彩虹清晰,羽毛紧密而有光泽,躯体、脚、翅膀均无畸形,胸部龙骨直而无弯曲,脚粗壮,胸宽体圆,健康有精神,一般年产乳鸽8对以上,性情温顺,抗病力强,年龄在5岁以下。

## 三、肉鸽的饲养管理

### （一）肉鸽的饲料

**1. 常用饲料**

（1）能量饲料:能量饲料主要有玉米、稻谷、大麦、小麦、高粱、小米和糙米等谷物类。

（2）蛋白质饲料:蛋白质饲料主要有豌豆、大豆、绿豆、黑豆和各种饼粕类等。

（3）矿物质饲料:矿物质饲料主要有贝壳粉、骨粉、石灰石粉、食盐、木炭末、黏土、沙土和微量元素添加剂等。

**2. 保健砂**

保健砂主要补充鸽子在常用饲料中不能获得满足的维生素和矿物质元素,有助于消化吸收、解毒、促进生长发育与繁殖等功能,在养鸽界被誉为"秘密武器"。

(1)保健砂的配方:因各地原材料的来源难易不同,有效成分含量不同,配方也不尽相同。保健砂中各种成分和比例,可根据实践酌情加减。下面介绍几个保健砂配方,供参考:

配方1:中砂25%,贝壳片(直径0.8 cm以下)20%,熟石膏5%,食盐3%,旧石灰5%,木炭末5%,禽用微量元素添加剂7%,骨粉(炒熟)15%,黄土10%,龙胆草1%,甘草1%,增蛋精1%,啄羽灵1%,多种维生素0.5%,红铁氧0.5%。

配方2:深层红土35%(碾碎),贝壳粉30%,粗砂5%~7%(绿豆大小),食盐5%~7%,木炭末12%~15%,禽用微量元素添加剂8%~10%,多种维生素0.5%。

(2)保健砂的配制:按配方中的百分比分别称取各种原料放在一起,充分搅拌均匀后,制成不同的类型即可使用,常见剂型有粉型、湿型、球型。配制时注意混合应由少到多,多次搅拌且一次配制量不要过多。

**(二) 肉鸽的饲养管理**

**1. 乳鸽的饲养管理**

鸽是晚成鸟,刚出壳的雏鸽眼睛不能睁开,不能行走和觅食,只能靠亲鸽的"鸽乳"来维持生长。乳鸽肉质细嫩,口味鲜美,营养丰富,生长速度快,饲料转化率高。25~28日龄是商品乳鸽出售的黄金时间。

(1)调教亲鸽哺育乳鸽:个别初产亲鸽在乳鸽出壳后4~5 h仍然不会喂乳糜,要给予调教。即把乳鸽的嘴小心地插入亲鸽的口腔中,经多次重复后,亲鸽一般就会哺喂乳糜。

(2)给予温暖安静的环境:不宜经常变换巢窝、惊动亲鸽,以免种鸽踏伤或压死乳鸽。注意保温,以防乳鸽冻伤。

(3)调换采食位置:当同窝两只乳鸽体重差异较大时,可在乳鸽学会站立前,调换它们在巢盆中的窝位,使二者均匀一致。

(4)调并乳鸽:当一窝出现单只乳鸽时,可将单雏合并到日龄相同或相近、大小相似的其他单雏或双雏窝里哺育。

(5)及时离亲:商品乳鸽在21日龄前后就要离开亲鸽,进行人工肥育出售。留种的乳鸽,28日龄也应离巢单养。

(6)搞好卫生:随着乳鸽采食量的加大,雏鸽的排粪量不断增加,容易污染巢窝,每天应及时更换垫布和垫草。

(7)乳鸽的人工哺育:主要针对8~21日龄乳鸽。常以玉米、小麦、麸皮、豌豆、奶粉和酵母等为原料,加入适量的维生素及矿物质科学配制而成。用开水调成糊状,然后用注射器注入乳鸽的嗉囊内,每天2~3次。

**2. 童鸽的饲养管理**

离巢后的乳鸽,由哺育转为独立生活,生活环境变化较大,出现情绪不高,不思饮食的现象。而此时的童鸽适应能力和抗病能力差,食欲和消化能力都差,易患病。童鸽阶段死亡率高,需要提供舒适安静的环境,精心搞好饲养管理。

(1)饲养方式的选择:离巢最初 15 d,以每群 20~30 对在育种床上饲养,网上平养能减少童鸽与粪便接触,防止感染疾病。

(2)训练采食、饮水:对于刚离巢的幼鸽,饲喂应与亲鸽哺育时一样,定时定量供应质量良好的软化饲料,不会采食饮水的要进行调教。

(3)换羽期的饲养管理:童鸽在 50~60 日龄就开始换羽,经 1~2 月,初生羽换成永久羽,换羽时,对外界环境比较敏感,故在此期间应做好防寒保温工作,饲料中能量可适当增加,另外加喂少量大麻仁、石膏或硫黄粉,有助于换羽。

(4)搞好清洁卫生和消毒工作:鸽舍和运动场应定期清扫,保持周围环境的清洁和卫生,减少蚊、蝇、鼠等的危害,用具也要定期消毒。

**3. 青年鸽的饲养管理**

3~6 月龄的鸽称为青年鸽。青年鸽生长发育快,新陈代谢旺盛,适应性强,爱飞好斗和争夺栖架,逐渐达到性成熟,应将公母分开,防止早熟、早配、早产等现象发生。

(1)限制饲喂:青年鸽新陈代谢旺盛,生长发育快,故应适度限制饲喂,防止采食过多导致体重过大。

(2)公母鸽分群饲养:3~4 月龄时,第二性征逐渐明显,爱飞好斗,公母分群饲养可防止早配、早产。

(3)调整日粮:5~6 月龄的青年鸽其生长发育已趋于成熟,主翼羽脱换 7~8 根,要增加日粮中豆类含量,促进青年鸽成熟且发育趋于一致。

(4)青年鸽的保健:6 月龄配对开始前,对种鸽要进行一次鸽痘、鸽新城疫等免疫接种工作,同时进行驱虫。

**4. 种鸽的饲养管理**

青年鸽转入配对、繁殖后称为种鸽。开始产卵、孵化、育雏的种鸽称为亲鸽。亲鸽抵抗力特强,一般极少生病。最主要的是对亲鸽孵化和育雏加强管理。

(1)配对:按计划将选定的公、母鸽,放在同一配对笼内完成配对。

(2)准备好巢盆和垫料:种鸽配对成功后应上笼饲养,准备好产蛋箱,里面铺上柔软的垫料,诱导其快产蛋。

(3)孵化:产蛋后,应采取措施减少对种鸽的干扰,让其专心孵蛋,定期检查胚蛋的受精、发育情况。

(4)保持蛋巢的清洁:雏鸽出生后要经常更换垫料,以保持清洁卫生。

（5）合理饲喂种鸽:孵化中的种鸽,由于活动少,新陈代谢较低,采食量下降,供给的饲料应注意质量和可消化性,同时供给充足饮水和新鲜保健砂。

（6）搞好登记记录工作:随时做好产鸽的生产记录,为以后饲养管理提供重要的依据。

 随堂练习

1. 肉鸽有哪些生活习性?

2. 如何区别肉鸽的公母?

3. 怎样养好乳鸽?

## 【技能训练8-1】肉鸽的公母鉴别

【目的要求】 掌握捉鸽、持鸽及鸽公母鉴别的方法。

【材料用具】 在生产鸽舍内进行,每个学生分别鉴别不同生理阶段鸽5对。

【方法步骤】

（1）捉鸽:笼内捉鸽时,先把鸽子赶到笼内一角,用拇指搭住鸽背,其余四指握住鸽腹,轻轻将鸽子按住,然后用食指和中指夹住鸽子的双脚,头部向前往外拿。鸽舍群内抓鸽时,先决定抓哪一只,然后把鸽子赶到舍内一角,张开双掌,从上往下,将鸽子轻轻压住。注意不要让它扑打翼羽,以防掉毛。

（2）持鸽方法:让鸽子的头对着人胸部,当用右手抓住鸽子后,用左手的食指与中指夹住其双脚,把鸽子腹部放在手掌上,用大拇指与无名指、小指由下向上握住翅膀,用右手托住鸽胸。

（3）鸽子的公母鉴别:参考课堂学习内容。

【实习作业】 将鉴定结果填入表8-3

表8-3 鸽子公母鉴定记录表

| 部位 | 鸽号 | | | | | | | |
|---|---|---|---|---|---|---|---|---|
| | 1 | 2 | 3 | 4 | 5 | 6 | 7 | 8 |
| 体格 | | | | | | | | |
| 头部 | | | | | | | | |
| 羽毛 | | | | | | | | |
| 鼻瘤 | | | | | | | | |
| 肛门内侧 | | | | | | | | |
| 胸骨 | | | | | | | | |

续表

| 部位 | 鸽号 | | | | | | | |
|---|---|---|---|---|---|---|---|---|
| | 1 | 2 | 3 | 4 | 5 | 6 | 7 | 8 |
| 腹部 | | | | | | | | |
| 耻骨间距 | | | | | | | | |
| 主翼尖端 | | | | | | | | |
| 鸣叫 | | | | | | | | |
| 亲吻动作 | | | | | | | | |
| 求偶表现 | | | | | | | | |
| 神态 | | | | | | | | |
| 孵蛋时间 | | | | | | | | |
| 鉴定结果 | | | | | | | | |

## 任务 8.2　　鹌鹑的饲养管理

【课堂学习】

鹌鹑属鸟纲,鸡形目,雉科,鹑属。本节介绍鹌鹑的生活习性、繁育特点和饲养管理要点。

### 一、鹌鹑的生活习性

**1. 喜温暖、怕强光**

鹌鹑喜欢温暖、干燥的环境,潮湿、寒冷、光线过强都不利于鹌鹑的生长发育。

**2. 食性杂、嗜食粒料**

鹌鹑的食性比较杂,尤其喜欢食颗粒状料。对日粮蛋白质要求较高,在早晨和傍晚采食较频繁。

**3. 生长发育快、寿命短**

出雏时仅有 7~8 g,肉鹑 21~28 d 体重达 125~200 g,蛋鹑 45~50 日龄性成熟体重可达 120 g。产蛋 1 年后自然死亡率上升。

**4. 性情活泼、富有神经质**

鹌鹑爱跳跃、快走、短飞或短距离滑翔。公鹌鹑善鸣好斗。鹌鹑对应激反应较为敏感。

**5. 配偶有选择性**

性成熟后有求偶行为,但选择配偶严格,性交多为强制性行为,故受精率较低。

**6. 早熟、无就巢性**

性成熟、体成熟均较早,种蛋孵化期仅为 17 d 左右,需用其他禽类代孵或人工孵化。

**7. 适应性和抗病力强**

鹌鹑易于调教,尤其耐密集型笼养,便于集约化生产。

## 二、鹌鹑的繁育特点

### 1. 种鹌鹑的选择

常用外貌鉴别法,公鹑要求羽毛覆盖完整而紧密,颜色深而有光泽,头大,喙色深有光泽,体格健壮,趾爪伸展正常、尖锐,眼大有神,雄性特征明显,交配能力强。母鹑要求羽毛完整,色彩明显,头小而俊俏,眼明亮,体态匀称,腹部容积大、耻骨间距宽。公母鹑体重均应达到品种标准。

### 2. 公母比及种鹑的利用年限

鹌鹑的公母比与品种和日龄等有关,朝鲜龙城系和日本鹌鹑为 1∶(2.5~3.5),法国肉鹌鹑为 1∶(2~3),白羽鹌鹑为 1∶(3~4)。蛋用鹌鹑利用年限一般不超过 1 年,肉鹑不超过 9个月,饲养管理水平高时可适当延长利用时间。

### 3. 鹌鹑的人工孵化

一般采用专用的孵化器,整批入孵时前期(1~6 d)温度 38 ℃,中期(7~14 d)为 37.8 ℃,后期(15~17 d)为 37.5 ℃。分批入孵以每隔 5 d 入孵 1 批为例,第 1 批入孵采用 38 ℃,第 6 d第 2 批入孵后调成 37.8 ℃,以后入孵几批也采用该温度,15 胚龄时落盘,出雏器温度 37.6 ℃。孵化室温度保持在 20~25 ℃ 为佳,相对湿度孵化阶段 60%,出雏阶段 70%。翻蛋 6~12 次/d。

### 4. 公母鉴别

初生鹌鹑采用肛门鉴别法,准确率较高;1 月龄以上鹌鹑的鉴别主要依据羽毛颜色和叫声。

## 三、鹌鹑的饲养管理

根据鹌鹑的生长发育特点,大致分为雏鹑、仔鹑和产蛋鹑 3 个阶段。雏鹑是指 0~2 周龄的鹌鹑;蛋用鹑 3~5 周龄和肉用鹑 3~6 周龄为仔鹑;产蛋鹑是指从开产至淘汰的这一阶段。

### (一) 雏鹑的饲养管理

### 1. 育雏方式

平面育雏、立体笼养均可,平面育雏时在热源周围须设置一个防护圈,以防乱窜。立体笼养在生产中使用较为普遍,育雏效果也较好。

### 2. 做好雏鹑的开水、开食工作

开水一般在出雏后 24 h 内进行,方法同雏鸡。开水后再开食,开食料可用玉米粉按 100

只加入 1 g 酵母粉,混合后使用。

### 3. 控制好环境

鹌鹑对温度变化较为敏感,1~6 日龄育雏温度保持在 36~37 ℃,7~14 日龄 35~36 ℃,15~20 日龄 34 ℃,20 日龄以后每天降 1 ℃,降至 27 ℃时不再用保温设备,移至 22~27 ℃的常温下饲养。育雏保温设备可选用保温伞、煤炉、电热丝、红外线灯等作为热源。不论采用何种热源,室温一般以 30~35 ℃为宜。育雏舍还应保持合适的湿度,同时注意通风换气。

### 4. 精心管理

观察雏鹑的状况,检查温度、湿度和换气是否合适。定期洗刷水槽、料槽,定期消毒,保持环境卫生。

### (二) 仔鹑的饲养管理

仔鹑的生长强度大,此期的主要任务是抓好限制饲喂,控制其体重标准和性成熟期,并进行严格的选种、编号、称重及免疫接种。种用仔鹑与蛋用仔鹑的饲养管理基本相同,此阶段中心任务是使鹌鹑适时开产。

### 1. 转群

20 日龄后,将仔鹑从育雏舍转入仔鹑笼舍或产蛋笼舍内饲养。这时鹑舍小气候尽量接近育雏期,尽可能地保持育雏舍内的操作日程,为了减少上笼引起的应激,在日粮中加 0.2%的多种维生素。转群时,可根据外貌特征进行雌雄分群。

### 2. 调控性成熟

性成熟的迟早既与品种、品系有关,更与饲养管理密切相关,其中蛋白质水平、光照时间和强度影响最大。为了确保仔鹑日后的种用价值和产蛋鹑较高的产蛋率,需把性成熟控制在 40~45 日龄。体重是生长发育的重要指标,一般 5 周龄雄鹑体重在 110 g 左右,雌鹑在 130 g 左右。为了控制体重,防止性早熟,提高产蛋量与蛋的合格率,降低成本,此期必须限制饲养,一是控制饲喂量,仅喂标准量的 90%;二是降低蛋白质水平。从上笼第 3 d 开始,夜间停止光照,只保持10~12 h自然光照,控制光照时间和强度。

### 3. 控制好环境

保持室温在 20~25 ℃,湿度在 52%~55%,注意室内通风,保持空气新鲜。

### 4. 防治疾病

保持室内外清洁卫生,防止啄癖,定期防疫。

### (三) 产蛋鹑的饲养管理

### 1. 调整营养

40 日龄以后,雌鹑逐渐开产,开产后 20 d 左右进入高产期,70%~90%的产蛋率可持续 10~20周。在日粮配制上可根据产蛋率划分为 3 个不同营养水平,鹌鹑日粮配方示例参见表 8-4。产蛋鹌鹑每日消耗全价料 25~30 g,具体饲喂量还应根据产蛋率、日粮营养水平、环境条件等综合确定。

表 8-4　鹌鹑各期低鱼粉饲料配方示例

| 成分/% | 育雏期 0~20 日龄 | 育成期 21~40 日龄 | 产蛋期(41~400 日龄) | | |
|---|---|---|---|---|---|
| | | | 产蛋率 80%以上 | 产蛋率 70%~80% | 产蛋率 70%以下 |
| 玉米 | 52 | 51 | 50 | 50 | 51 |
| 豆饼 | 34 | 20 | 23 | 21 | 20 |
| 麸皮 | 7 | 7 | 4 | 6 | 7 |
| 鱼粉 | 5 | 4 | 5 | 5 | 4 |
| 花生饼 | / | 13 | 13 | 13 | 13 |
| 骨粉 | 1.7 | 2 | 2 | 2 | 2 |
| 贝壳粉 | 0.3 | 2 | 2 | 2 | 2 |
| 石粉 | / | 1 | 1 | 1 | 1 |

注:① 各期每 100 kg 日粮加硫酸锰 15 g、硫酸锌 10 g。

② 按添加剂说明加赖氨酸、甲硫氨酸、多种维生素。

③ 进口鱼粉每 100 kg 加食盐 300 g、粒沙 2~3 kg。

**2. 饲喂方法**

每日饲喂 4 次,产蛋高峰期夜间加喂 1 次,饲喂要定时、定量、少喂勤添。每周饮 2 次 0.1%高锰酸钾水。

**3. 环境控制**

实践证明温度保持在 18~24 ℃时产蛋效果最佳。生产中要根据气温变化及时调整温度,夏季要加强通风,降低饲养密度,做好防暑工作;冬季要注意防寒保暖,采用适当增加饲养密度等措施来保持温度。相对湿度保持在 50%~55%为宜。最好单只笼养,不能单养的以 20~30 只/m² 为宜。

**4. 光照管理**

在产蛋期间,一般光照 16~18 h,自然光照不足时,要早、晚补充光照。

**5. 日常管理**

注意笼舍清洁卫生,定期对料槽、水槽进行清洗消毒;注意鹑群精神状态、食欲和粪便的观察,发现病鹑及时隔离治疗;保持鹑舍安静,做好日常的记录;鹑的产蛋时间主要集中在午后至晚上 8 时前,15:00—16:00 为产蛋高峰期,拣蛋时间最好集中在早晨一次性完成,不要零星拣蛋,以保持安静的环境。鹌鹑的抗病能力虽极强,但仍要注意控制疾病。

随堂练习

1. 鹌鹑有哪些生活习性?

2. 鹌鹑的饲养管理有哪些要求?

## 任务 8.3　雉鸡的饲养管理

【课堂学习】

雉鸡又称野鸡、山鸡、环颈雉,属于鸡形目、雉科、雉属。本节介绍雉鸡的生活习性、繁育特点和饲养管理要点。

### 一、雉鸡的生活习性

**1. 适应性强**

雉鸡分布较广,栖息在海拔 300~3 000 m 的各种陆地生态环境中。夏季能耐 32 ℃以上高温,冬季在−35 ℃以下也能在雪地上行走、觅食,能饮有冰碴的水,且不怕雨淋,在恶劣环境条件下也能栖居过夜。

**2. 集群性强**

雉鸡有集群习性,在冬季集群越冬;在繁殖期,形成以公雉为核心的相对稳定的"婚配群",在自己的领地上活动。幼雉孵出后,母雉带领幼雉成群活动,成为"血亲群"。幼雉能独立生活时,重新组成"觅食群"。

**3. 胆怯而机警**

平时雉鸡总是不住地抬头张望,观察周围的动静,即使在采食时也不例外。当发现敌害时便迅速逃避,当敌害迫近时即起飞,不久又滑翔落下。

**4. 食性杂,食量小**

雉鸡喜食植物的嫩叶、种子、果实等以及豆类、谷类,也食昆虫。雉鸡的嗉囊较小,只能容纳少量食物,因此,雉鸡喜欢少食多餐。

**5. 叫声特殊**

雉鸡用悦耳的低叫来互相呼唤。受惊时,爆发出尖锐的"咯咯"声。公雉求偶时发出清脆叫声,并拍打翅膀,诱引母雉。天气炎热时,雉鸡不叫或很少鸣叫。

**6. 性情活泼、善于奔走**

雉鸡只能短距离低飞且不能持久,但脚强健,善于到处游走,并左顾右盼,不时跳跃。

## 二、雉鸡的繁育特点

在自然条件下,雉鸡具有季节性繁殖的特点,每年 2—3 月开始繁殖,5—6 月是产卵旺季,7—8 月逐渐减少,9 月份停产。年产蛋两窝,每窝 10~15 枚,蛋重 25~28 g,多呈浅黄色的椭圆形。

**1. 初配时间和利用年限**

雉鸡一般 10 月龄左右达到性成熟,如已经到繁殖季节即可考虑适时放配,我国北方地区一般在 3 月中旬,南方地区一般 2 月初放配。种母雉可用 2 年,种公雉可用 3 年。

**2. 雉群大小及公母比例**

雉鸡繁殖季节群体不宜过大,一般 100~150 只为一群,而且群与群之间设置遮挡视线的屏障,以免影响交配。公母比例一般为 1∶(5~8)。

**3. 适时放对配种**

放配时间依据气候、季节、营养水平及个体发育情况等因素综合考虑后确定,也可通过试配方法确定。过早放配不仅影响种雉群成活率,而且还会促使公雉早衰,过晚则会造成种蛋的浪费。

**4. 保护"王子雉"与设置屏障**

公母雉合群后,公雉经过数日争斗,产生"王子雉","王子雉"在母雉群中享有优先交配权。"王子雉"产生后不得随意放入新公雉,以维护"王子雉"地位,减少公雉体力消耗,稳定雉群,但应在网内或运动场上设置屏障,以避开"王子雉"的视线,使其他公雉能与母雉正常交配,提高受精率。

**5. 雉鸡的孵化**

雉鸡的人工孵化与鸡基本相同,对温度的要求比鸡略低,一般 1~7 d 为 37.8 ℃,8~14 d 为 37.6 ℃,15~20 d 为 37.4 ℃,21~24 d 为 36.8~37 ℃。孵化期间可让温度有高低变化,以刺激胚胎发育。雉鸡孵化湿度比鸡要高一些,1~20 d 为 60%~65%,21~24 d 为 70%~75%。雉鸡卵孵化过程中要经常凉蛋,每天 1 次,每次 10~20 min。具体时间可根据不同季节和孵化舍的具体舍温灵活掌握,一般以蛋表面温度降至 30~32 ℃为宜。

## 三、雉鸡的饲养管理

根据雉鸡生长发育的特点,可将雉鸡的饲养管理分为 3 个阶段:0~8 周龄为育雏期,9~19 周龄为青年期,20 周龄后为成年雉。

**（一）育雏期的饲养管理**

**1. 精心饲喂,保证营养**

雏雉食量小,饲喂注意少喂勤添。开食料要柔软,适口性好,营养丰富且易于消化,可喂玉米面拌熟鸡蛋（100 只雏雉每日加 3~4 只蛋），2 日龄即可喂含粗蛋白 25% 以上的全价料。1~3 d 每隔 2~3 h 喂一次，4~14 d 每天喂 6 次，15~28 d 每天喂 5 次，4 周后每天喂 3~4 次。

**2. 控制环境，加强管理**

温度是育雏期特别是 1~10 日龄雏雉的首要环境条件，要根据外界温度变化和雏雉的表现情况，灵活掌握给温，育雏温度应随着雏雉日龄的增加而降低，雏雉 1~3 日龄温度为 34~35 ℃，以后逐渐下降，至 25 日龄以后为常温，一般不低于 18 ℃；相对湿度 1~10 日龄 65%~70%，11 日龄以后 55%~65%；应经常通风换气，保持室内空气新鲜，及时清粪、清扫地面。雏雉鸡有神经质，易造成惊群，操作时动作要轻，保持环境安静，减少惊扰及预防兽害。

**3. 预防啄癖**

雉鸡非常好斗，到 2 周时，就会有啄癖发生。一方面要加强雉鸡营养，改善光照、通风等条件；另一方面，可在 10~14 日龄时进行断喙，还可以给雉鸡戴鼻环。

**（二）育成期的饲养管理**

青年雉鸡的生长速度快，日增重可达 10~15 g，如作为肉用商品，此阶段饲养期满即可上市。

雉鸡 8 周龄时，如留种，则应将体形外貌符合标准要求的挑选出来留做种用，转入青年雉舍饲养。为使雉鸡达到最佳的生长发育和繁殖要求，要根据雉鸡不同时期、不同阶段的营养需要，提供全价饲料。为保证雉鸡在繁殖期获得较高的产蛋率和受精率，在饲养过程中应经常抽测体重，以便灵活掌握雉鸡日粮的能量和蛋白质水平。对于 9~19 周龄的青年雉鸡，为保证其繁殖性能，应进行适当的限饲，以防过肥。雉鸡性情活跃，为使青年雉得到充分发育，培育合格的后备种雉，在舍外设运动场，并在运动场上罩网或给雉鸡剪翼羽、断翅、装翼箍等，以防飞逃。青年雉喙生长迅速，一旦饲养管理不当，啄癖现象更加严重，故在 8~9 周龄时进行第二次断喙，以后每隔 4 周修一次。

雉鸡虽经驯化，但仍保持野生习性，怕人，对色彩反应特别敏感，易受惊吓，饲养人员的着装应相对固定，避免噪声干扰，尽量谢绝外人参观，以防惊群。经常翻晾和补充垫草，每日清理粪便，食槽和水槽应清洁卫生，保证舍内外的清洁。

**（三）成年雉的饲养管理**

成年雉鸡是指 20 周龄以后的雉鸡。青年母雉鸡到 10 月龄可达到性成熟，公雉鸡比母雉鸡性成熟晚 1 个月左右。种用雉鸡饲养管理的目的是培育健壮的种雉鸡，提高产蛋量和受精率。种雉鸡饲养时间较长，可分为繁殖准备期（3—4 月）、繁殖期（5—7 月）、换羽期（8—9 月）、越冬期（10 月—翌年 2 月）。

**1. 繁殖准备期**

繁殖准备期正值天气转暖，日照时间渐长，为促使雉鸡发情，应适当提高日粮能量和蛋白质水平，添加多种维生素和微量元素，降低饲养密度，种雉鸡饲养面积约为 0.8 m²/只。

整顿雉鸡群,选留体质健壮、发育整齐的雉鸡进行组群,合理搭配公母雉鸡的比例,每群100 只左右。

此期还应修整雉鸡舍。网室地面铺垫 5 cm 的细沙,将产蛋箱安放在雉鸡舍较暖处,箱内铺少量木屑,产蛋箱底部应有 5°倾斜,以便蛋产出后自动滚入集蛋槽。在运动场内设置一些障碍,以减少公雉鸡争偶打斗,保证所有公雉都能正常与母雉交配。

**2. 繁殖期**

雉鸡在繁殖期需要提高蛋白质水平,并注意维生素和微量元素的补充。

东北雉一般在 4 月 15 日左右开始交配,公母比例为 1∶(6~7)。母雉鸡一般在 4 月下旬到 5 月上旬开始产蛋。美国七彩雉于 3 月 20 日左右开始交配。东北雉应在 4 月 15 日左右将日粮改为繁殖日粮,美国七彩雉于 3 月 15 日更改日粮,此期采食量逐渐增加,对日粮营养水平的要求也随之增加。

(1)注意营养调控,增加动物蛋白质喂量:进入繁殖期的雉鸡,要求营养丰富,尤其是动物性蛋白质饲料要求充分,只有这样才能满足雉鸡交配和产蛋需要。

(2)帮助种雉及早确立“王子雉”:雉群在“王子雉”确立后安定下来,这样有利于交配,减少死亡。

(3)供给清洁充足饮水,保证舍内外环境卫生。

(4)搭棚避光,防暑降温:5—7 月是产蛋季节,在我国北方 6 月中旬至 7 月末,正值炎热天气,如果阳光直射,则影响种雉的性活动,减少交配次数,使蛋的受精率下降。因此,在北方炎热天气,须采取降温措施。

(5)有计划地对公雉进行轮换制:到繁殖后期,部分公雉的交配能力会下降,应及时更换,但对新的公雉要加强看护,防止争斗严重。

(6)勤拣蛋:公母雉鸡都有啄蛋的坏习惯,应安放足够的产蛋箱,并勤拣蛋,如发现破蛋要及时将蛋壳和内容物清理干净,不留痕迹,防止雉鸡造成啄蛋癖。

(7)合理光照:适当延长光照时间,可以使雉鸡提前开产,延长产蛋期,增加产蛋量。

**3. 换羽期**

产蛋结束后开始换羽,为了加快换羽,日粮粗蛋白质要适当降低,同时在饲料中加入 1% 的生石膏粉,有助于新羽长出。此期应淘汰病、弱雉鸡及产蛋性能下降和超过使用年限的种雉。留下的母、公雉鸡应分开饲养。

**4. 越冬期**

越冬期应对种雉群进行调整,选出育种群和一般繁殖群。对种雉进行断喙、接种疫苗等工作,同时做好保温工作,以利于开春后种雉早开产、多产。

**(四)雉鸡的日粮配方示例**

雉鸡的日粮配方参见表 8-5。

表 8-5 雉鸡饲料配方

| 成分/% | 0~4 周龄 | 5~9 周龄 | 10~16 周龄 | 种雉 |
|---|---|---|---|---|
| 小麦 | 41 | 56 | 70 | 61 |
| 高粱 | 10 | 10 | 8 | 10 |
| 细麸 | | | 5 | 5 |
| 肉粉(50%) | 12 | 12 | 10 | 11 |
| 大豆饼粉 | 31 | 18 | 5 | 4 |
| 鱼粉 | 3 | 3 | 1 | 2 |
| 苜蓿粉 | | | | 3 |
| 石灰石 | | | | 3 |
| 牛羊油 | 2 | | | |
| 配合添加剂 | 1 | 1 | 1 | 1 |

 随堂练习

1. 雉鸡有哪些生活习性?

2. 如何做好种雉繁殖准备期、繁殖期、换羽期、越冬期的饲养管理工作?

## 项目测试

一、名词解释

1. 保健砂:

2. 童鸽:

3. 仔鹑:

二、填空题

1. 肉鸽生产中,常见保健砂的剂型有_____、_____、_____。

2. 鸽的孵化公母有明确的分工,通常公鸽在_____孵化,母鸽在_____孵化。

3. 列举 3 个肉鸽品种名称:_____、_____、_____。

4. 1 月龄以上的鹌鹑公母鉴别主要依据_____、_____。

5. 雉鸡的集群性较强,通常在繁殖期形成_____群,幼雉孵出后形成_____群,幼雉独立后重新组成_____群。

6. 种雉鸡的饲养期较长,一般可分为_____、_____、_____、_____ 4 个阶段。

三、选择题

1. 肉用乳鸽的填肥周龄为（      ）。

A. 2 周　　　　　　　B. 3 周　　　　　　　C. 4 周　　　　　　　D. 5 周

2. 下列属于晚成鸟的是（      ）。

A. 鸡　　　　　　　　B. 肉鸽　　　　　　　C. 鹅　　　　　　　　D. 孔雀

3. 鹌鹑的产蛋时间主要集中于（      ）。

A. 0：00—6：00　　　　　　　　　　B. 6：00—12：00

C. 12：00—20：00　　　　　　　　　D. 20：00—24：00

4. 下列不属于雉鸡生活习性的是（      ）。

A. 适应性强　　　　　　　　　　　　B. 胆怯而机警

C. 性情活泼、善于奔走　　　　　　　D. 寿命短

四、判断题

1. 在对乳鸽进行雌雄鉴别时，母雏的最后 4 根主翼羽末端较尖，尾脂腺不开叉，脚骨较长且末端较尖。　　　　　　　　　　　　　　　　　　　　　　　　　　　　　　（      ）

2. 雉鸡性情比较安静，一般不会发生啄癖，故无需实行断喙。　　　　　　（      ）

3. 仔鹑的生长强度大，此期的主要任务是促进其生长，故无需限制饲喂。　（      ）

4. 雉鸡的繁殖期一般在每年的 5—7 月。　　　　　　　　　　　　　　　　（      ）

五、简答题

1. 鸽的生活习性有哪些？

2. 怎样养好乳鸽？

3. 鹌鹑的生活习性有哪些？

4. 如何养好繁殖期的雉鸡？

# 项目 9

## 养禽场综合卫生防疫技术

 学习提要

> ■ 知识点
>
> 1. 养禽场消毒技术。
> 2. 免疫程序的制定。
> 3. 家禽用药原则。
> 4. 养禽场污物处理。
>
> ■ 技能点
>
> 1. 消毒药液的配制。
> 2. 疫苗的使用。
> 3. 粪便污物处理。

### 任务 9.1  养禽场消毒技术

【课堂学习】

本节介绍养禽场各种消毒对象、常用消毒方法及消毒注意事项。

## 一、养禽场消毒对象

### 1. 主要通道口与场区

主要通道口必须设置消毒池,消毒池的长度为进出车辆车轮 2 个周长以上。消毒池上方最好建有顶棚,防止日晒雨淋。消毒液常采用 2%~4% 的氢氧化钠溶液,每周更换 3 次。北方地区冬季严寒,可用石灰粉代替消毒液。平时应做好场区的环境卫生工作,经常使用高压水冲洗,每月对场区进行一次环境消毒。每栋禽舍的门前也要设置脚踏消毒槽,并做到每周至少更

换 2 次消毒液。工作人员进出禽舍应换穿不同的专用橡胶长靴,将换下的靴子洗净后浸泡在另一消毒槽中,并进行洗手消毒,穿戴消毒过的工作衣帽进入禽舍。有条件的可在生产区出入口处设置喷雾装置,其喷雾粒子直径为 80~100 μm,辐射面宽 1.5~2 m,射程 2~3 m,喷雾动力 10~15 kg。喷雾消毒液可采用 0.1% DDAC(主剂:氯化二甲基二癸基铵)、0.1% 新洁尔灭或 0.2% 过氧乙酸。

**2. 禽舍**

禽舍全面消毒应按禽舍排空、清扫、冲洗、干燥、消毒、干燥及再消毒的顺序进行。禽群更新的原则是"全进全出"。将所有的家禽尽量在短期内全部清转,对不同日龄共存的,可将某一日龄的禽舍及附近的家禽排空。禽舍排空后,清除饮水器、饲槽的残留物,对风扇、通风口、天花板、横梁、吊架及墙壁等部位的尘土进行清扫,然后清除所有垫料、粪肥。为了防止尘土飞扬,清扫前可事先用清水或消毒液喷洒,清除的粪便、灰尘集中处理。通过清扫,可使环境中的细菌含量减少 21.5% 左右。清扫后,用动力喷雾器或高压水枪进行冲洗,冲洗按照从上至下、从里至外的顺序进行。对较脏的地方,可事先进行人工刮除,并注意对角落、缝隙及设施背面的冲洗,做到不留死角,真正达到清洁。清扫、冲洗后,禽舍环境中的细菌可减少 50%~60%。禽舍经彻底洗净、检修维护后即可进行消毒。为了提高消毒效果,一般要求禽舍消毒使用 2 种或 3 种不同类型的消毒药进行 2~3 次消毒。通常第一次使用碱性消毒药,第二次使用表面活性剂类、卤素类、酚类等消毒药,第三次常采用甲醛熏蒸消毒。经消毒后,可使舍内环境中的细菌减少 90%。

**3. 运载工具及种蛋**

蛋箱、雏禽箱和笼具等频繁出入禽舍,必须经过严格的消毒。所有运载工具应事先洗刷干净,干燥后进行熏蒸消毒后备用。种蛋收集后经熏蒸消毒后方可进入仓库或孵化舍。

**4. 饮水**

家禽生产使用污染的水常可引起新城疫、禽霍乱等疫病的发生,特别是对水禽的危害更为严重。家禽饮水应清洁无毒、无病原菌,符合人的饮用水质标准。生产中使用的自来水、深井水是干净的,但进入禽舍后,由于暴露在空气中,舍内空气、粉尘、饲料中的细菌使饮用水二次污染。目前用于饮水消毒的药物主要是氯制剂、碘制剂或季胺化合物等,但季胺化合物只适用于 14 周龄以下鸡的饮用水的消毒,不能用于产蛋鸡。

## 二、常用消毒方法

在所有的消毒方法中,以焚烧、煮沸、高压蒸汽等热力消毒效果最好,但只能应用于耐热、比较小的物品,使用受到一定限制。养禽设施等较大的消毒对象,主要使用药物消毒。养禽场常用的消毒方法主要有以下几种。

**1. 浸泡消毒**

浸泡消毒的消毒对象主要是饲槽、饮水器、蛋盘及粪板等一些小的设备、器具。为了提高消毒效果,消毒对象必须在新配制的消毒液中浸泡数小时,最少 30 min。

**2. 喷洒消毒**

将消毒药配制成一定浓度的溶液,用喷雾器对消毒对象表面按 1 000 mL/m² 的量进行喷洒。消毒时按照从上至下,从里至外的顺序进行。此法是家禽生产中使用频率最高的一种消毒方法。

**3. 熏蒸消毒**

熏蒸消毒常用福尔马林配合高锰酸钾等进行。熏蒸前将消毒对象散开放置,并在舍内洒水,保持相对湿度在 70%,温度在 18 ℃以上。一般按照每立方米消毒空间,使用福尔马林 42 mL,高锰酸钾 21 g,消毒 12~24 h 后打开门窗,通风换气,若急用,可用氨气中和甲醛气体。

**4. 火焰喷射**

火焰喷射主要用于金属笼具、水泥地面、墙壁的消毒。

**5. 生物消毒**

利用微生物间的拮抗作用或用杀菌植物杀灭或去除外环境中的病原微生物。适用于污染的粪便、饲料及污水、污染场地的消毒净化。

**6. 带禽消毒**

带禽消毒是指家禽入舍后至出舍整个饲养期内,定期使用有效的消毒剂对禽舍环境及家禽体表喷雾,以杀死悬浮空中和附着在家禽体表的病原菌。一般鸡、鸭 10 日龄以后,鹅 8 日龄以后即可实施带禽消毒,以后可根据具体情况而定。育雏期宜每周 1 次,育成期 7~10 d 消毒 1 次,成禽可 15~20 d 消毒 1 次,发生疫情时可每天消毒 1 次。喷雾时应使舍内温度比平时高 3~4 ℃,冬季应使药液温度加热到室温,消毒液用量为 60~240 mL/m²,以地面、墙壁、天花板均匀湿润和家禽体表微湿的程度为止,最好每 3~4 周更换一种消毒药。常用来作带禽消毒的消毒药有 0.1%过氧乙酸、0.1%新洁尔灭、0.2%~0.3%次氯酸钠等。

**7. 发泡消毒**

用专用的发泡机,将高浓度的消毒液制成泡沫,散布在禽舍内面及设施表面。此法用水量仅为常规消毒法的 1/10,主要用于水资源贫乏的地区。采用发泡消毒,对一些形状复杂的器具、设备进行消毒时,由于泡沫能较好地、较长时间地附着在消毒对象的表面,故能得到较为一致的消毒效果,且能延长消毒剂的作用时间。

## 三、消毒注意事项

消毒时,应根据消毒目的和消毒对象的特点,结合具体生产实际情况,选用合适的消毒剂,同时注意避免不利因素,以提高消毒效果。环境中的有机物不仅能和许多消毒剂结合,中和消毒剂的消毒性能,而且阻碍消毒剂直接与微生物接触。硬水能使所有消毒剂效力不同程度的降低。酚类、卤素类及酸类消毒剂在酸性条件下效果好;碱类、阳离子表面活性剂在碱性条件下消毒效果好。如鸡传染性法氏囊病毒对一般的阳离子表面活性剂有抵抗力,将消毒液 pH 调至 12.5 左右时,则对其有显著的灭活作用。多数消毒药的消毒效果随温度上升而增强,一般温度升高10 ℃,消毒力增加 2~3 倍。因此,消毒时应提高消毒液的温度或环境温度,如提高温度困难,则选用受温度影响较小的消毒剂。环境湿度对气体消毒影响最为显著。各种气体消毒剂都有适宜的相对湿度,如甲醛要求相对湿度在 70% 为宜,过氧乙酸要求不低于 40% 等。一般情况下浓度越高其消毒效果越好,但势必造成消毒成本提高,对消毒对象的破坏也严重,而且有些药物浓度过高,消毒效果反而下降。无论哪种消毒剂,延长其与消毒对象接触的时间,则消毒效果提高,在实际工作中要保证有一定的作用时间,最短不应少于 30 min。

**随堂练习**

1. 养禽场常见的消毒对象有哪些?
2. 养禽场常用的消毒方法有哪些?
3. 养禽场消毒应注意哪些问题?

**知识拓展**

## 家禽传染病的流行过程

传染病在禽群中蔓延流行,必须具备传染源、传播途径和易感禽群 3 个基本环节,如缺少任何一个环节,新的传染就不可能发生,也不能构成传染病在禽群中的流行。同样,当流行已经形成时,若切断任何一个环节,流行即告终止(图 9-1)。因此,了解传染病流行过程的特点,从中找出规律性的东西,有助于制定正确的防疫措施来控制传染病的蔓延和流行,是预防和控制传染病的关键所在。

**1. 传染源**

传染源即传染病的来源,是指某种传染病的病原体在其中寄居、生长、繁殖,并能从禽体排出体外。具体说传染源就是受感染的家禽,包括患传染病的家禽和病原携带者。

(1)患传染病的家禽:不同发展阶段的病禽,其传染性大小不同。处于潜伏期的家禽大多数尚不能起到传染源的作用,但最终有可能成为传染源。前驱期、明显期的病禽,传染源作用最大,在传染病的传播过程中最为重要。恢复期的病禽身体某些部位仍然带有病原体,威胁其他易感禽群。

(2)病原携带者:即外表无临床症状,但体内有病原体存在,并且病原体能繁殖和排出体外的隐性感染的动物。病原携带者可分为潜伏期、恢复期和健康期病原携带者 3 种。如成年

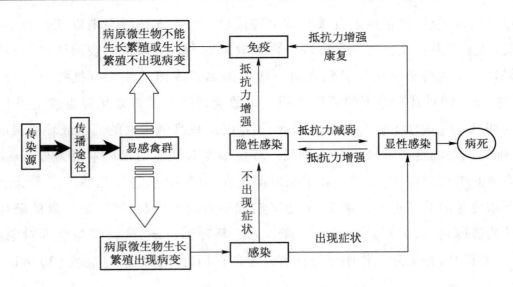

图 9-1  家禽传染病的流行过程示意图

鸡感染鸡白痢,虽不引起明显可见的临床症状,但排出的细菌可引起雏鸡发病,或产带菌的种蛋孵出带菌的雏鸡,并造成疾病的传播。

**2. 传播途径**

病原体从传染源排出后,经一定传播方式再侵入其他易感禽群所经的途径称为传播途径。了解传染病的传播途径,有助于切断病原体的继续传播,防止易感禽群遭受感染。传播途径可分为直接接触传播与间接接触传播两种。

(1)直接接触传播:在没有任何外界因素的参与下,病原体通过传染源与易感禽群直接接触而引起的传播。以此方式而传播的传染病为数不多,也不易造成广泛流行。

(2)间接接触传播:指在外界环境因素的参与下,病原体通过传播媒介使易感禽群发生传染病的方式。大多数传染病都是以这种方式传播。传播媒介可能是有生命的媒介者,如蚊、蠓、蝇、鼠、猫、狗和鸟类等,也可能是无生命的媒介物,如空气、饮水、饲料、土壤、飞沫、尘埃及羽绒等,使易感动物因吸入或食入而感染或传播。此外,还可通过人为传播,特别是饲养员、畜牧兽医工作者、参观者、车辆、饲养管理用具和采精输精用具等传播疫病。病原体经消化管、呼吸道或皮肤黏膜创伤等在同一代家禽间的横向传播,一般称为水平传播。病原体经卵巢、输卵管,最终经蛋传播给下一代,称为垂直传播。如鸡白痢、大肠杆菌病、慢性呼吸道病、减蛋综合征和传染性脑脊髓炎等,均属于经蛋垂直传播的疾病。垂直传播的疾病可以进行水平传播,但不少传染病如新城疫、鸭瘟等,只能水平传播而不会垂直传播。

**3. 易感禽群**

易感禽群指对某种传染病病原体具有易感性的家禽。易感性对传染病是否能造成流行以及疾病的严重程度如何,起着决定性作用。由于品种、日龄、免疫状态及体质强弱等情况不同,禽类对各种传染病的易感性有很大差别。此外,禽类在接种某种疫苗之后,能大大降低对该种传染病的易感性。因此,在家禽生产中常常采用多种疫苗接种,使易感家禽变为不易感,这是预防家禽传染病发生与流行经常采取的重要措施。

**禽群发生疫情的紧急措施**

**1. 隔离**

当养禽场发生传染病或疑似发生传染病时,应将病禽和疑似病禽立即隔离,指派专人饲养。在隔离的同时,要尽快诊断,以便采取有效的防制措施。经诊断属于烈性传染病时,要报告当地政府和兽医防疫部门,必要时采取封锁措施。

**2. 消毒**

为了及时消灭由病禽排于外界环境中的病原体,应对可能被污染的环境、用具进行临时消毒。当传染病扑灭后,或病禽和可疑病禽全部处理后,应对环境、用具进行全面的消毒。

**3. 紧急预防接种**

为了迅速控制和扑灭疫病流行,在正确诊断的前提下,应对受威胁的禽群运用高免血清或疫苗进行紧急预防接种。实践证明,发生疫情时进行紧急预防接种,不但可以防止疫情扩散蔓延,而且对某些疫病(如新城疫、鸭瘟及禽霍乱等)还可以减少已发病禽群的死亡损失。发生细菌性传染病时,最好先使用抗生素治疗,待无禽只死亡后再接种疫苗,以免引起更大的死亡。紧急接种应该对养禽场内所有禽只进行,先接种假定健康群,然后接种疑似病禽、病禽,每只使用一个针头。

**4. 紧急药物治疗**

在确诊的基础上尽早进行药物治疗,对控制疫病的蔓延和防止继发感染起着重要的作用。一般细菌性传染病可给予抗生素治疗,某些病毒性传染病可采取特异性抗体治疗。治疗时,不仅对病禽和疑似病禽进行治疗,同时对假定健康的家禽也要进行预防性用药。

**5. 妥善处理病禽尸体、垃圾和粪便**

病死禽尸体、垃圾和粪便应进行无害化处理,尸体深埋和焚烧,垃圾、粪便进行堆积发酵处理。

## 【技能训练 9-1】消毒药液的配制

**【目标要求】**　掌握常用消毒药的配制方法。

**【材料用具】**　称量器具(天平、台秤或杆秤),称量纸,药勺,丈量器具(直尺或卷尺),量筒,盛药容器(盆、桶或缸等耐腐蚀制品),温度计等器械;药品(依据消毒对象的性质和病原微生物特性选择合适的消毒剂），工作服，乳胶手套，胶靴，口罩，护目镜，毛巾，肥皂等防护用品。

**【方法步骤】**

**1. 消毒液配制**

（1）计算消毒液的用量：测量消毒对象（如场地、禽舍内地面、墙壁的面积和空间大小等），根据消毒面积或体积计算消毒液用量。喷洒消毒时，消毒液的用量一般为 1 mL/m²，泥土地面、运动场可适当增加。各种消毒对象消毒液参考用量见表 9-1。

表 9-1 不同消毒对象消毒液参考用量

| 物体种类 | 消毒液用量/(mL·m⁻²) |
|---|---|
| 表面光滑的木头 | 350~450 |
| 原木 | 500~700 |
| 砖墙 | 500~800 |
| 土墙 | 900~1 000 |
| 水泥地、混凝土表面 | 400~800 |
| 泥地、运动场 | 1 000~2 000 |

（2）计算消毒剂用量：根据消毒液浓度和消毒液用量计算消毒剂用量。

（3）配制消毒液：先称量出所需消毒剂和溶剂（通常为水），然后将溶剂倒入盛药容器中，再将消毒剂倒入溶剂中，完全溶解混匀即成所需消毒液。

① 使用浓度以"稀释倍数"表示时，表示 1 份的消毒剂以若干份水稀释而成，如配制稀释倍数为 1 000 倍时，即在每 1 000 mL 水中加 1 mL 消毒剂。

② 使用浓度以"比例"表示时，表示溶质（消毒剂）1 份相当于溶液的份数，如配制比例为 1∶1 000 时，即 1 份溶质（消毒剂）加溶剂配成 1 000 份。

③ 使用浓度（质量分数）以"$\%(m/m)$"表示时，表示在 100 g 溶液中所含溶质的克数；使用浓度（体积分数）以"$\%(V/V)$"表示时，表示在 100 mL 溶液中所含溶质的毫升数；使用浓度（质量浓度）以"$\%(m/V)$"表示时，表示在 100 mL 溶液中所含溶质的克数；"$\%(V/m)$"表示在 100 g 溶液中所含溶质的毫升数。

④ 由高浓度溶液配制成低浓度溶液时，稀释配制计算公式为：$c_1 \cdot V_1 = c_2 \cdot V_2$（$c_1$ 为稀释前溶液浓度，$c_2$ 为稀释后溶液浓度，$V_1$ 为稀送前溶液体积，$V_2$ 为稀释后溶液体积）。

**2. 注意事项**

（1）使用前应认真阅读说明书，搞清消毒剂的有效成分及含量，看清标签上的标示浓度及稀释倍数。消毒剂均以含有效成分的量表示，如含氯消毒剂以有效氯含量表示，60%二氯异氰尿酸钠为原粉中含 60%有效氯，20%过氧乙酸指原液中含 20%的过氧乙酸，5%新洁尔灭指原液中含 5%的新洁尔灭。对这类消毒剂稀释时不能将其当成 100%计算使用浓度,而应按其实际含量计算。

（2）配制消毒液的容器必须刷洗干净,选择的量器大小要适宜,以免造成误差。

（3）根据消毒对象和消毒目的选择有效而安全的浓度,不可随意加大或减少药物的浓度。浓度越大,不仅提高消毒成本,而且对机体、器具和环境的损伤或破坏作用也越大。

（4）某些消毒剂（如生石灰）遇水会产热,应在耐热容器中配制。

（5）消毒药应现配现用,不要长时间放置,以免降低效力或失效。

（6）做好个人防护,穿工作服,戴乳胶手套、严禁用手直接接触,以免灼伤。

**3. 常用消毒液的配制**

（1）3%来苏儿的配制:取来苏儿 3 份,放入容器内,加清水 97 份,混合均匀即成。

（2）2%氢氧化钠的配制:称取 20 g 氢氧化钠,装入容器内,加入适量蒸馏水（最好加热后冷却到 60~70 ℃）,搅拌使其溶解,再加水至 1 000 mL,即得。

（3）熟石灰的配制:称取生石灰（氧化钙）1 kg,装入容器内,加水 350 mL,生成粉末状即为熟石灰,用于阴湿地面、污水池、粪地周围等处撒布消毒。

（4）20%石灰乳的配制:先称取 1 kg 生石灰,装入容器内,将 350 mL 水缓慢加入生石灰内,稍停,使石灰变为粉状的熟石灰时,再加入余下的 4 650 mL 水,搅匀即成 20%石灰乳。亦可称取 1 kg 熟石灰,加入 5 kg 水,搅拌混匀即成。配制时最好用陶瓷缸或木桶等。

（5）30%草木灰水的配制:用新鲜干燥、筛过的草木灰 30 kg,加水 100 kg,煮沸 20~30 min（边煮边搅拌）,去渣即可。

（6）漂白粉乳剂及澄清液的配制:先将漂白粉用少量水制成糊状,再按所需浓度加入全部水。称取漂白粉（含有效氯 25%）200 g 置于容器中,加入水 1 000 mL ,混匀所得悬液即为 20%漂白粉乳剂;将配制的 20%漂白粉乳剂静置一段时间,上清液即为 20%漂白粉澄清液,使用时稀释成所需浓度。

（7）75%（V/V）乙醇溶液的配制:量取 95%（V/V）医用乙醇 789.5 mL,加纯化水稀释至 1 000 mL,即为 75%（V/V）乙醇,配制完成后密闭保存。

（8）2%碘酊的配制:称取碘化钾 15 g 于量杯内,加纯化水 20 mL 溶解后,再加入碘片 20 g 及 95%（V/V）医用乙醇 500 mL,搅拌使其充分溶解,再加入纯化水至 1 000 mL,搅匀,滤过,即为 2%碘酊。

（9）0.1%高锰酸钾的配制:称取 1 g 高锰酸钾,装入容器内,加水 1 000 mL,使其充分溶解即成。

（10）碘甘油的配制:称取碘化钾 10 g,加入 10 mL 纯化水溶解后,再加碘 10 g,搅拌使其充分溶解后,加入甘油至 1 000 mL,搅匀即得。

【实习作业】　完成表 9-2。

**表 9-2 消毒液的配制**

| 消毒对象 | |
|---|---|
| 消毒方法 | |
| 消毒液名称及浓度 | |
| 消毒药品的计算 | 面积(体积)：         m² （m³）<br>消毒药品用量： |
| 配制方法 | |
| 注意事项 | |

## 任务9.2 免疫与接种技术

**【课堂学习】**

本节主要介绍养禽场各种免疫接种途径、免疫程序的制定及免疫失败的原因。

### 一、免疫接种途径

家禽生产中常用的免疫接种途径有皮下注射、肌肉注射、滴鼻、点眼、饮水、刺种、涂擦及气雾等方法,免疫接种途径与禽类局部免疫和全身免疫有关,应根据生产实际合理选择。此外,各种疫苗都有其各自的最佳免疫接种方法,使用时应按说明书进行,不要轻易更改接种方法及接种部位。

### 二、免疫程序的制定

指根据疫病种类、疫苗免疫有效期特性、家禽机体免疫反应以及免疫工作中的实际条件,而制定的可能性计划免疫的具体实施程序,它包括疫苗种类、接种对象,接种时间、方法、剂量及次数等。由于各地养禽种类、规模、饲养方式、技术条件及疫病流行情况各不相同,不可能有一个通用的免疫程序。必须根据本单位的具体情况,依据本地区家禽疫病的流行特点、家禽的健康状况及饲养管理条件、家禽的种类和用途、家禽的日龄及体内抗体水平、疫苗间是否有协同或干扰作用、接种的先后次序等多方面因素,综合考虑,制定一个科学、有效、经济及可靠的免疫程序。免疫程序不是一成不变的,应根据免疫监测结果及突发疾病的发生情况进行必要的修改和补充。

**1. 鸡的免疫程序**

鸡的参考免疫程序如表 9-3～表 9-6。

表 9-3　商品蛋鸡免疫程序

| 日龄 | 疫苗种类 | 接种方法 |
|---|---|---|
| 1 | 马立克氏病弱毒苗 | 皮下注射 |
| 7 | 新城疫Ⅳ系弱毒苗 | 点眼、滴鼻 |
| 7 | 传染性支气管炎弱毒苗 | 点眼、滴鼻 |
| 14 | 传染性法氏囊病疫苗 | 饮水 |
| 21 | 传染性法氏囊病疫苗 | 饮水 |
| 28 | 新城疫Ⅳ系弱毒苗 | 点眼、滴鼻 |
| 28 | 传染性支气管炎弱毒苗 | 点眼、滴鼻 |
| 30 | 鸡痘弱疫苗 | 刺种 |
| 45 | 传染性喉气管炎弱毒苗 | 点眼 |
| 60 | 新城疫Ⅰ系疫苗 | 肌肉注射 |
| 90 | 鸡痘弱疫苗 | 刺种 |
| 120 | 新城疫减蛋综合征二联苗 | 肌肉注射 |
| 130 | 传染性支气管炎多价灭活苗 | 肌肉注射 |

表 9-4　蛋种鸡免疫程序

| 日龄 | 疫苗种类 | 接种方法 |
|---|---|---|
| 1 | 马立克氏病弱毒苗 | 皮下注射 |
| 1 | 传染性支气管炎弱毒苗 | 点眼、滴鼻 |
| 7 | 新城疫Ⅳ系弱毒苗 | 点眼、滴鼻 |
| 14 | 传染性法氏囊病弱毒苗 | 饮水 |
| 14 | 鸡痘弱毒苗 | 刺种 |
| 21 | 传染性法氏囊病弱毒苗 | 饮水 |
| 28 | 新城疫 $C_{30}$ 弱毒苗 | 点眼、滴鼻 |
| 49 | 新城疫Ⅳ系弱毒苗 | 点眼、滴鼻 |
| 49 | 传染性支气管炎弱毒苗 | 点眼、滴鼻 |
| 70 | 传染性脑脊髓炎弱毒苗 | 饮水 |
| 70 | 传染性喉气管炎弱毒苗 | 点眼 |
| 70 | 鸡痘弱毒苗 | 刺种 |
| 91 | 新城疫Ⅳ系弱毒苗 | 点眼、滴鼻 |
| 91 | 传染性法氏囊病灭活苗 | 肌肉注射 |
| 120 | 新城疫减蛋综合征二联苗 | 肌肉注射 |
| 140 | 传染性支气管炎多价灭活苗 | 肌肉注射 |
| 245 | 传染性法氏囊病灭活苗 | 肌肉注射 |
| 245 | 新城疫灭活苗 | 肌肉注射 |
| 350 | 新城疫灭活苗 | 肌肉注射 |
| 350 | 传染性法氏囊病灭活苗 | 肌肉注射 |

**表 9-5  肉鸡饲养参考免疫程序**

| 日龄 | 疫苗种类 | 免疫方法 |
|---|---|---|
| 7 | 新支肾二联三价苗 | 点眼滴鼻 |
| 12~14 | 传染性法氏囊病疫苗 | 饮水 |
| 18 | 新支二联苗 | 饮水 |
| 24 | 传染性法氏囊病疫苗 | 饮水 |
| 33~35 | 新城疫克隆苗 | 饮水 |

**表 9-6  肉种鸡的免疫程序**

| 日龄 | 疫苗种类 | 接种方法 |
|---|---|---|
| 1 | 马立克氏病疫苗 | 皮下或肌肉注射 |
| 3 | 新城疫Ⅱ系苗 | 滴鼻或点眼 |
| 7 | 新城疫-肾型传支二联苗 | 滴鼻或饮水 |
| 12 | 新城疫Ⅳ系苗 | 滴鼻或点眼 |
| | 新城疫油苗 | 肌肉注射 |
| 16 | 病毒性关节炎疫苗 | 饮水 |
| 20 | 传染性法氏囊炎疫苗（中毒） | 滴鼻或点眼 |
| 25 | 鸡痘疫苗 | 翅下刺种 |
| | 鸡传染性鼻炎油苗 | 肌肉注射 |
| 30 | 新城疫-传染性支气管炎 H52 二联苗 | 点眼或饮水 |
| 35 | 传染性喉气管炎疫苗 | 点眼 |
| 41 | 传染性法氏囊炎疫苗 | 饮水 |
| 60 | 新城疫Ⅰ系苗 | 肌肉注射 |
| 70 | 鸡痘疫苗 | 翅下刺种 |
| 80 | 传染性脑脊髓炎疫苗 | 饮水 |
| 90 | 传染性喉气管炎疫苗（发病区） | 点眼 |
| 120 | 新城疫-减蛋综合二联油苗 | 肌肉注射 |
| 130 | 病毒性关节炎油苗 | 肌肉注射 |
| 140 | 传染性法氏囊炎油苗 | 肌肉注射 |
| 300 | 传染性法氏囊炎油苗 | 肌肉注射 |

## 2. 鸭的免疫程序

鸭的参考免疫程序如表 9-7、表 9-8。

表 9-7    商品鸭的免疫程序

| 日龄 | 疫苗种类 | 接种方法 |
|---|---|---|
| 4 | 鸭传染性浆膜炎-大肠杆菌二联多价蜂胶苗 | 颈部皮下注射 |
| 7 | 鸭肝炎高免血清或卵黄抗体 | 肌肉注射 |
| 10 | 禽流感(H5+H9)灭活疫苗 | 颈部皮下注射 |
| 15 | 鸭传染性浆膜炎-大肠杆菌二联多价蜂胶苗 | 肌肉注射 |

表 9-8    种鸭的免疫程序

| 日龄 | 疫苗种类 | 接种方法 |
|---|---|---|
| 4 | 鸭传染性浆膜炎-大肠杆菌二联多价蜂胶苗 | 颈部皮下注射 |
| 7 | 鸭肝炎高免血清或卵黄抗体 | 肌肉注射 |
| 10 | 禽流感(H5+H9)灭活疫苗 | 颈部皮下注射 |
| 15 | 鸭传染性浆膜炎-大肠杆菌二联多价蜂胶苗 | 肌肉注射 |
| 21 | 鸭瘟活疫苗 | 颈部皮下注射 |
| 28 | 鸭巴氏杆菌多价蜂胶苗 | 肌肉注射 |
| 140 | 禽流感(H5+H9)灭活疫苗、鸭传染性浆膜炎-大肠杆菌二联多价蜂胶苗 | 肌肉注射 |
| 147 | 鸭瘟-鸭肝炎二联活疫苗 | 肌肉注射 |
| 161 | 鸭巴氏杆菌多价蜂胶苗 | 肌肉注射 |
| 287 | 禽流感(H5+H9)灭活疫苗 | 肌肉注射 |
| 294 | 鸭瘟活疫苗 | 肌肉注射 |
| 301 | 鸭传染性浆膜炎-大肠杆菌二联多价蜂胶苗 | 肌肉注射 |
| 308 | 鸭巴氏杆菌多价蜂胶苗 | 肌肉注射 |

### 3. 鹅的免疫程序

鹅的免疫程序可参照:1 日龄肌肉注射小鹅瘟高免血清或高免蛋黄液;10 日龄内肌肉注射鹅副黏病毒病疫苗;8~15 日龄肌肉注射小鹅瘟高免血清或高免蛋黄液和皮下或肌肉注射禽流感(H5 亚型)灭活疫苗;20~30 日龄肌肉注射鹅的鸭瘟弱毒疫苗和小鹅瘟弱毒疫苗;开产前 1个月肌肉注射鹅的鸭瘟弱毒疫苗、小鹅瘟弱毒疫苗、鹅副黏病毒病疫苗、禽流感(H5 亚型)灭活疫苗;以后每隔半年肌肉注射鹅的鸭瘟弱毒疫苗、小鹅瘟弱毒疫苗、鹅副黏病毒病疫苗、禽流感(H5 亚型)灭活疫苗,必要时增加禽霍乱疫苗的免疫,并缩短接种间隔时间。

## 三、免疫失败的原因

造成免疫失败的原因非常复杂,应根据现场调查研究进行具体分析。疫苗选择不当,疫苗质量差,疫苗运输、保管不当等,均可导致免疫失败。此外,某些疫病可使机体正常的免疫反应受到抑制。超强毒株的出现,也可导致原有的疫苗对机体不能保护。免疫接种中无菌观念不强;接种剂量不足或过量;随意更改免疫接种途径和部位;多种疫苗联合使用;不了解当地疫病流行情况,盲目引进疫苗等都可导致免疫失败或疫情扩散。家禽机体内营养缺乏能直接影响免疫效果,严重时会引起免疫缺陷。

 随堂练习

1. 养禽场常用免疫接种途径有哪些?

2. 为什么不同养禽场的免疫程序不同?

3. 为何进行过免疫接种的家禽还有可能发生相应的疾病?

## 【技能训练9-2】疫苗的使用

【目标要求】　了解家禽生产中的常用疫苗,熟悉疫苗的保存、运送和用前检查方法,掌握免疫接种的方法与步骤。

【材料用具】　根据不同方法,准备所需要的材料。金属注射器(10 mL、20 mL、50 mL 等规格),连续注射器(1 mL、5 mL 等规格),玻璃注射器(1 mL、2 mL、5 mL 等规格),金属皮内注射器(螺口),针头(兽用 12~14 号、人用 6~9 号、螺口皮内 19~25 号),皮肤刺种针,点眼器,胶头滴管,饮水器,气雾发生器或喷雾器,空气压缩机,带盖搪瓷盘,镊子,煮沸消毒锅或高压蒸汽灭菌器,脱脂棉,纱布,棉球缸,疫苗或免疫血清,稀释液或生理盐水,量筒,水桶,稀释瓶,疫苗冷藏箱,冰块,脸盆,毛巾,肥皂,工作服,工作帽,护目镜,口罩,胶靴,乳胶手套,免疫接种登记表或卡片等。

【方法步骤】

**1. 疫苗的保存、运送**

(1)运输疫苗时,要逐瓶妥善包装,衬以厚纸等包装材料后装箱,防止运输过程中损坏瓶子和散播活的弱毒病原体。

(2)运送途中应注意避免高温、暴晒和反复冻融,并尽快送到保存地点或预防接种的场所。凡须低温保存的活疫苗,应按制品要求的温度进行包装运输。

(3)弱毒冻干疫苗应冷藏运输。灭活疫苗、诊断液及血清应在 2~8 ℃温度条件下运输。夏季要采取降温措施,冬季要采取防冻措施,避免冻结。细胞结合型疫苗必须用液氮罐冷冻运输。运输过程中,要随时检查温度,尽快运达目的地。少量运送时,将制品装入盛有冰块的保温瓶或保温箱内运输;大量运送时,应用冷藏运输车运输。

(4)各种生物制品应保存在低温、阴暗及干燥的场所,避免光照直射。兽医生物制品厂应设置相应的冷库,防疫部门也应根据条件设置冷库或冷藏箱。严格按照疫苗说明书规定的要求存放在相应的设备中。弱毒冻干疫苗在-15 ℃条件下保存,温度越低,保存时间越长;灭活疫苗在 2~8 ℃条件下保存,不能低于 0 ℃,更不能冻结;细胞结合型疫苗在液氮中(-196 ℃)保存等。

(5)分类存放:按疫苗的品种和有效期分类、分批存放,并标以明显标志。不要将不同种类、不同批次的疫苗混存,以免用错和过期失效造成浪费。超过有效期的疫苗,必须及时清除并销毁。

(6)建管理台账:详细记录出入疫苗品种、批准文号、生产批号、规格、生产厂家、有效日期、数量、经办(领用)人等。

**2. 疫苗用前检查**

(1)检查瓶签:包括疫苗名称、批准文号、生产批号、出厂日期、有效期、生产厂家等。疫苗批准文号的编制格式为:疫苗类别名称+年号+企业所在地省份(自治区、直辖市)序号+企业序号+疫苗品种编号。没有瓶签、瓶签不完整或瓶签模糊不清、没有批准文号的一律不得使用。

(2)检查有效期:有有效期和失效期两种表示形式。疫苗的有效期是指在规定的贮藏条件下能够保持质量的期限。计算有效期是从疫苗的生产日期(生产批号)算起。如某批疫苗的生产批号是 20090430,有效期 2 年,即该批疫苗的有效期到 2011 年 4 月 30 日止。如具体标明有效期到 2009 年 05 月,表示该批疫苗在 2009 年 4 月 30 日之前有效。疫苗的失效期是指疫苗超过安全有效范围的日期。如标明失效期为 2009 年 7 月 1 日,表示该批疫苗可使用到 2009 年 6 月 30 日,即 7 月 1 日起失效。疫苗的有效期和失效期在表示方法上有些不同,在判定时应注意保存温度,任何疫苗超过有效期或达到失效期者,均不能再销售和使用。

(3)检查物理性状:疫苗物理性状与说明书不符者,如色泽改变、发生沉淀、破乳或超过规定量的分层、制剂内有异物或不溶凝块、发霉和异味等不可使用。

(4)检查包装:疫苗瓶破裂、瓶盖或瓶塞密封不严或松动、失真空的不可使用。

(5)检查保存方法:没有按规定方法保存的不可使用,如加氢氧化铝的死菌苗经过冻结后,其免疫力降低。

经过检查,确实不能使用的疫苗,应立即废弃,不能与可用的疫苗混放在一起,决定废弃的弱毒疫苗应煮沸消毒或予以深埋。

**3. 免疫接种工作的组织**

(1)编制免疫接种动物登记表册:根据家禽疫病免疫接种计划,统计接种对象、数目、疫苗种类,确定接种途径、方法和接种日期(应在疫病流行季节前进行接种),编制登记册或卡片,安排及组织接种和保定人员,按免疫程序有计划地进行免疫接种。

(2)做好免疫接种前的准备工作:

① 器械清洗:将注射器、点眼滴管、刺种针、饮水器等接种用具先用清水冲洗干净。喷雾

免疫前,应先用清洁卫生的水将喷雾器内桶、喷头和输液管清洗干净,不能有任何消毒剂、洗涤剂、铁锈和其他污物等残留;剪刀、镊子用清水洗净。

②　器械调试:检查针头是否有倒钩、弯曲、堵塞等现象;喷雾器或气雾发生器用定量清水进行试喷,确定喷雾器的流量和雾滴大小,以便掌握喷雾免疫时来回走动的速度。

③　器械消毒:器械消毒待冷却后放入灭菌带盖搪瓷盘中备用。

（3）人员消毒和防护:免疫接种人员剪短手指甲,用肥皂、消毒液(来苏儿或新洁尔灭溶液等)洗手,再用75%乙醇消毒手指;穿工作服、胶靴,戴乳胶手套、口罩、帽等,在进行气雾免疫时应戴护目镜。

（4）检查免疫对象健康状况:为保证免疫接种的安全和效果,接种前应对预定接种的家禽进行详细了解和检查,注意家禽的营养和健康状况。对不宜接种或暂缓接种的家禽进行登记,以便以后补种。

（5）做好宣传教育工作:免疫接种前,对饲养人员进行一般的兽医知识宣传教育,包括免疫接种的重要性和基本原理,接种后饲养管理及观察等,以便与群众合作。

**4. 疫苗稀释**

（1）仔细阅读使用说明书:应仔细阅读疫苗使用说明书,了解疫苗的用途、用法、用量和注意事项等。

（2）预温疫苗:疫苗使用前,将疫苗从冰箱等贮藏容器中取出,置于室温(15~25 ℃),平衡疫苗温度;液氮保存的活疫苗(如鸡马立克氏病细胞结合型活疫苗)应从液氮罐中取出后,迅速放入 27~35 ℃温水中速融(不能超过 10 s)后稀释。

（3）稀释疫苗:

①　先除去稀释液和疫苗瓶封口铝盖的中心部位或封口的火漆、石蜡。

②　用乙醇棉球消毒瓶塞。

③　按疫苗使用说明书注明的头(只、羽)份,按规定的稀释倍数和稀释方法用稀释液稀释疫苗。稀释液无特殊规定时,用注射用水或生理盐水稀释,有特殊规定的应用规定的专用稀释液稀释。

④　用注射器吸取适量稀释液注入疫苗瓶中,轻轻振荡,使其完全溶解。

⑤　再次消毒已消毒的稀释瓶的瓶盖。

⑥　将溶解的疫苗移入稀释瓶内。

⑦　再吸取适量稀释液注入疫苗瓶内,洗涤疫苗瓶3~4次。

⑧　将每次洗涤的液体移入稀释瓶内,补充稀释液至规定量。

**5. 吸取疫苗**

①　轻轻振摇稀释瓶,使疫苗混合均匀。

②　排净注射器、针头内水分。

③ 用 75% 乙醇棉球消毒稀释瓶瓶塞。

④ 将注射器针头刺入稀释瓶疫苗液面下,吸取疫苗。

⑤ 针筒排出溢出的药液,吸积于乙醇棉花上,并将其收集于专用瓶内集中烧毁。

**6. 免疫接种**

(1)皮下注射免疫:

① 选择注射部位:在颈背部下 1/3 处,用大拇指和食指捏住颈中线的皮肤并向上提起,使其形成一囊。亦可在胸部、大腿内侧进行。

② 保定:左手握住幼禽。

③ 注射:针头从颈部下 1/3 处与皮肤呈 45°角从前向后方向刺入皮下 0.5~1 cm,推动注射器活塞,缓缓注入疫苗,注射完后,快速拔出针头。

④ 注意事项:捏皮肤时,不能只捏住羽毛,一定要捏住皮肤;确保针头刺入皮下,注射速度不可过快;注射过程中要经常检查注射器是否正常。

(2)肌肉注射免疫:

① 选择免疫部位:在翅膀根部、胸肌或腿肌注射。

② 保定:参照上述方法。

③ 注射:注射器方向与胸骨成平行,针头与胸肌成 30°~45°角,在胸部中 1/3 处向背部方向刺入胸部肌肉。亦可在腿部肌肉注射。

④ 注意事项:针头与胸肌的角度不要超过 45°角,以免伤及内脏;注射过程中,要经常摇动疫苗瓶,使其混匀,注射速度不要太快;使用连续注射器,每注射 500 只禽,要校对一次注射剂量,确保注射剂量准确。

(3)刺种免疫:

① 选择接种部位:禽翅内侧无毛无血管处。

② 保定:参照上述方法保定。

③ 刺种:左手抓住禽的一只翅膀,右手持刺种蘸取稀释的疫苗,在翅膀内侧无毛无血管处刺针。拔出刺种针,稍停片刻,待疫苗被吸收后,再刺种一次。

④ 注意事项:每次刺种都要保证刺种针上蘸有足量的疫苗。注意不要损伤血管和骨骼。应经常摇动疫苗瓶,使疫苗混匀。一般刺种部位 7~14 d 后会出现轻微红肿、结痂,14~21 d 痂块脱落,俗称"发",这是正常的疫苗反应。无此反应,则说明免疫失败,应重新补刺。

(4)点眼、滴鼻免疫:

① 选择免疫部位:雏禽眼结膜囊内、鼻孔内。

② 保定:左手握住雏禽,食指和拇指固定住头部,将雏禽眼或一侧鼻孔向上。

③ 免疫接种:将稀释好的疫苗装入滴瓶内,装上滴头,将滴头向下拿在手中,或用点眼滴管吸取疫苗,握于手中并控制好胶头。滴头与眼或鼻保持 1 cm 左右距离,轻捏滴管,滴 1~2

滴疫苗于雏禽眼或鼻中,稍等片刻,待疫苗完全吸收后再放开。

④ 注意事项:事先应校正接种工具,根据每毫升的滴数和疫苗装量计算稀释倍数。点眼、滴鼻免疫时要注意保证疫苗被充分吸入。

(5)饮水免疫:

① 停水:鸡群停水 1~4 h,当 70%~80%的鸡找水喝时,即可进行饮水免疫。

② 稀释疫苗:饮水免疫时,饮水量为平时日耗水量的 40%。一般 4 周龄以内的鸡 12 L/1 000羽,4~8 周龄的鸡 20 L/1 000 羽,8 周龄以上的鸡 40 L/1 000 羽。计算好疫苗和稀释液用量后,在稀释液中加入 0.1%~0.3%脱脂奶粉,搅匀,疫苗先用少量稀释液溶解稀释后再加入其余溶液于大容器中,一起搅匀,立即使用。

③ 免疫:将配制好的疫苗水加入饮水器,给鸡饮用,并于 1~1.5 h 内饮完。

④ 注意事项:免疫前应将饮水器具用净水或开水洗刷干净。饮水器应充足并分布均匀,确保每只鸡都能饮到足够的疫苗水。饮水器应避免阳光暴露,不要使用金属容器。稀释液(饮用水)应清洁卫生、不含消毒药和抗生素(一般用中性蒸馏水、凉温开水或深井水)。停水时间应根据气温和免疫对象确定,一般冬季停水时间长些,夏季短些,蛋鸡停水时间长些,肉鸡短些。夏季宜安排在早晨进行饮水免疫。

(6)气雾免疫接种:

① 计算疫苗用量:一般 1 日龄雏鸡喷雾量为 0.15~0.2 mL/羽,平养鸡 0.25~0.5 mL/羽,笼养鸡为 0.25 mL/羽。

② 配制疫苗:疫苗用量计算好后,用生理盐水或纯化水将其稀释,配制好的疫苗装入雾化器瓶中。

③ 免疫接种:将雏鸡装在纸箱中,排成一排,喷雾器在距雏鸡 30~40 cm 处向鸡喷雾,边走边喷,使气雾全面覆盖鸡群,使鸡群在气雾后头背部羽毛略有潮湿感觉为宜。喷完后将纸箱叠起,使雏鸡在纸箱中停留 30 min。平养鸡应在清晨或晚上进行喷雾,当鸡舍暗至刚能看清鸡只时,将鸡轻轻赶至较长的一面墙根,在距鸡 50 cm 处时进行喷雾,成年笼养鸡喷雾方法与平养鸡基本相似。

④ 气雾免疫注意事项:

雾粒大小要适中。雾粒过大,在空气中停留时间短,进入呼吸道的机会少或进入呼吸道后被滞留;雾粒过小,则吸入后往往因呼吸道绒毛运动而被排出。一般粒子大小在 1~10 μm 为有效粒子,气雾发生器的有效粒子在 70%以上者为合格。每次使用气雾发生器前或新使用的气雾发生器,都须进行粒子大小的测定,合格后方可使用。

气雾免疫房舍应密闭,关闭排气扇或通风系统,减少空气流动,并应避免直射阳光,保证舍内有适宜的温度与湿度。夜间气雾免疫最好,此时鸡群密集而安静,喷雾 20~30 min 后打开排气扇或通风系统。

气雾免疫应选择安全性高,效果好的疫苗,而且通常应使用加倍的剂量。稀释疫苗应该用生理盐水或纯化水,最好加入 0.1% 的脱脂奶粉。

注意个人安全防护。操作者应穿工作衣裤和胶靴,戴大而厚的口罩,如出现症状,应及时就医。

（7）其他免疫方法:

① 毛囊涂擦法:先将家禽腿部内侧拔去 3~5 根羽毛,然后用棉签蘸取疫苗逆向涂擦毛囊,此法目前较少应用。

② 泄殖腔接种法:将家禽的肛门向上,翻出肛门黏膜,然后滴上疫苗或用棉签蘸取疫苗在肛门黏膜上涂擦 3~5 次。

**7. 免疫接种后的护理与观察**

家禽接种疫苗后,可发生暂时性的抵抗力降低现象,故应有较好的护理和管理条件。此外,由于家禽接种疫苗后,有时可能会发生反应,故接种后,应进行详细的观察,观察期限一般为 7~10 d。产蛋禽在短期内可能出现停产或产蛋量下降,其他禽应无不良反应。如发现严重反应甚至死亡,要及时查找原因,了解疫苗情况和使用方法。蛋禽或种禽开产后一般不宜再接种疫苗。

**8. 建立免疫档案**

防疫员在进行免疫接种后,要及时、准确地填写免疫档案。免疫档案载明以下内容:

（1）家禽养殖场:名称、地址、家禽种类、数量、免疫日期、疫苗名称、疫苗生产厂、批号(有效期)、免疫方法、免疫剂量、家禽养殖代码、家禽标识顺序号、免疫人员、用药记录以及备注(记录本次免疫中未免疫家禽)等。

（2）家禽散养户:户主姓名、地址、家禽种类、数量、免疫日期、疫苗名称、疫苗生产厂、批号(有效期)、免疫方法、免疫剂量、家禽标识顺序号、免疫人员、用药记录以及备注(记录本次免疫中未免疫家禽)等。

（3）免疫档案保存时间:家禽为 2 年,种禽长期保存。

【实习作业】　完成表 9-9。

表 9-9　疫苗的使用

| 疫苗名称 | |
| --- | --- |
| 疫苗保存及运送方法 | |
| 疫苗检查 | 瓶签:<br><br>有效期:<br><br>物理性状:<br><br>包装:<br><br>保存方法:<br><br>经检查该疫苗能否使用:能(　)否(　) |

| 疫苗稀释 | 稀释倍数：<br>稀释步骤： |
|---|---|
| 免疫接种 | 接种对象：<br>接种方法： |
| 免疫后观察 | |

## 任务9.3　药物使用技术

【课堂学习】

本节主要介绍家禽用药的特点及用药原则。

### 一、家禽用药的特点

由于家禽的解剖结构、生理功能与其他动物不同，导致对药物的吸收、分布、转运、排泄以及对药物的敏感性各不相同。主要表现为以下特点：

① 家禽对磺胺类、呋喃类、有机磷酸酯类、氯化钠、链霉素及喹乙醇等药物均较敏感，使用时应特别小心。此外，大量注射硫酸卡那霉素可使家禽呼吸抑制而死。

② 家禽味觉很差，无呕吐动作，所以采食有毒物质时，不能用催吐药，只能作嗉囊切开术，及时排除未吸收的毒物。

③ 药物在家禽体内的代谢时间较短，某些药物在人体内为长效或中效的，在禽体内为中效和短效。

④ 家禽的尿液大多数情况下为酸性，所以在使用某些药物（如磺胺类）时，应考虑其尿液的 pH。

### 二、家禽用药原则

一般以预防效果最佳、不良反应小、价廉易得为原则。选择治疗药物时最好通过药敏试验筛选敏感药物，切勿长期使用某种药物或频繁更换。预防或治疗时用药量要足，疗程要足够。联合使用时，应以协同作用最大、拮抗作用最小为原则。严格掌握剂量，不得把治疗量当成预防量，或把治疗量和预防量当作促生长添加量长期使用，以防中毒及损伤脏器。许多抗生素药物在停药后，在家禽体内仍有残留，其蛋、肉产品中仍可有一定浓度，被人食用后，则会直接危害人体健康。此外,药物残留超过规定标准,将影响产品进入国际市场。因此,应选择那些排泄迅速而残留少的药物,同时在产品上市前一定时间内,必须停药一段时间。

兽药生产企业、经销商和养殖户应从大局出发,停止生产、销售、使用已明确禁用的药物,确保我国动物源性食品的安全卫生。食品动物中禁止使用的药品及其他化合物见表 9-10(农业农村部公告第 250 号)。

**表 9-10　食品动物中禁止使用的药品及其他化合物清单**

| 序号 | 药品及其他化合物名称 |
| --- | --- |
| 1 | 酒石酸锑钾(Antimony potassium tartrate) |
| 2 | $\beta$-兴奋剂($\beta$-agonists)类及其盐、酯 |
| 3 | 汞制剂:氯化亚汞(甘汞)(Calomel)、醋酸汞(Mercurous acetate)、硝酸亚汞(Mercurous nitrate)、吡啶基醋酸汞(Pyridyl mercurous acetate) |
| 4 | 毒杀芬(氯化烯)(Camahechlor) |
| 5 | 卡巴氧(Carbadox)及其盐、酯 |
| 6 | 呋喃丹(克百威)(Carbofuran) |
| 7 | 氯霉素(Chloramphenicol)及其盐、酯 |
| 8 | 杀虫脒(克死螨)(Chlordimeform) |
| 9 | 氨苯砜(Dapsone) |
| 10 | 硝基呋喃类:呋喃西林(Furacilinum)、呋喃妥因(Furadantin)、呋喃它酮(Furaltadone)、呋喃唑酮(Furazolidone)、呋喃苯烯酸钠(Nifurstyrenate sodium) |
| 11 | 林丹(Lindane) |
| 12 | 孔雀石绿(Malachite green) |
| 13 | 类固醇激素:醋酸美仑孕酮(Melengestrol Acetate)、甲基睾丸酮(Methyltestosterone)、群勃龙(去甲雄三烯醇酮)(Trenbolone)、玉米赤霉醇(Zeranal) |
| 14 | 安眠酮(Methaqualone) |
| 15 | 硝呋烯腙(Nitrovin) |
| 16 | 五氯酚酸钠(Pentachlorophenol sodium) |
| 17 | 硝基咪唑类:洛硝达唑(Ronidazole)、替硝唑(Tinidazole) |
| 18 | 硝基酚钠(Sodium nitrophenolate) |
| 19 | 己二烯雌酚(Dienoestrol)、己烯雌酚(Diethylstilbestrol)、己烷雌酚(Hexoestrol)及其盐、酯 |
| 20 | 锥虫砷胺(Tryparsamile) |
| 21 | 万古霉素(Vancomycin)及其盐、酯 |

随堂练习

1. 家禽用药应注意哪些原则？

2. 如何避免药物残留？

## 任务9.4　养禽场污物处理技术

【课堂学习】

本节主要介绍养禽场污物的生物处理法、掩埋处理法、焚烧处理法和化学药品处理法等处理方法。

### 一、生物处理法

生物处理法是处理养禽场污物最常用的一种方法，其基本原理是利用自然界的大量微生物（主要是细菌）氧化分解有机物的能力，去除污物中的病毒、细菌（不能杀死芽孢）、寄生虫卵等病原体。根据微生物作用的不同，生物处理法又分为好氧生物处理法和厌氧生物处理法。根据处理方法的不同，通常有发酵法和堆积法两种。

**1. 发酵池法**

发酵池法适用于饲养大量家禽的场所，多用于稀薄粪便的发酵。

（1）选址：距离饲养场所 200～250 m 以外，远离居民、河流、水井等。

（2）修建发酵池：挖筑两个或两个以上的发酵池（池的大小、数量视处理粪便的多少而定），可以是圆形或方形。池的边缘与底部用砖砌后并用水泥抹上，使其不透水。如土质干固，地下水位又较低时，亦可不必用砖和水泥。

（3）积粪：使用时先在池底倒一层干粪，然后将每天清除出的粪便、垫草等倒入池内。

（4）封盖：快满时，在粪表面铺一层干粪或杂草，上面盖一层泥土封好，或用木盖将其盖好，以利于发酵和保持卫生。

（5）清池：经 1～3 个月发酵即可出粪清池。在此期间每天清除的粪便污物可倒入另一个发酵池，轮换使用。

**2. 堆粪法**

堆粪法适用于干固粪便的处理。

（1）选址：距畜禽饲养场 200～250 m 以外，远离居民区、河流、水井等。

（2）修建堆粪场：挖一个宽 1.5～2.5 m、两侧深度各 20 cm 的坑，由坑底两侧至中央有不大的倾斜度，长度视粪便量的多少而定。

（3）堆粪：先将坑底放一层 25 cm 厚的无传染病污染的粪便或干草，其上堆放欲消毒的粪便、垫草、污物等。

（4）密封发酵：粪堆高达 1~1.5 m 时，在粪堆外面再堆上 10 cm 厚的非传染性粪便或谷草，并抹上 10 cm 厚的泥土。如此密封发酵 2~4 个月。

（5）清坑：夏季 1~2 个月，冬季 3~4 个月，即可出粪清坑。

**3. 生物处理法注意事项**

（1）选址应注意远离动物饲养和屠宰场所、学校、公共场所、居民住宅区、村庄、饮用水源地、河流等。

（2）修建发酵池时要求坚固，防止渗漏。

（3）采用堆肥法时，堆料内不能只堆放粪便，还应堆放垫料、稻草等有机质丰富的材料，以保证微生物活动所需营养。堆料应疏松，以保证微生物活动所需氧气。堆料应有一定湿度，含水量以 50%~70% 为宜。

## 二、掩埋法

（1）做好处理前准备工作。

（2）掩埋：将粪便与漂白粉或新鲜的生石灰混合均匀，然后深埋于地下，一般埋的深度在 2 m 左右。

（3）掩埋处理注意事项：

① 掩埋地点应远离学校、公共场所、居民住宅区、村庄、饮用水源地、河流等。

② 应选择地势高燥，地下水位较低的地方。

③ 掩埋消毒法简单易行，但病原微生物有经地下水散布的危险，且损失大量的肥料，故很少采用。

## 三、焚烧法

焚烧法是消灭一切病原微生物最有效的方法，但焚烧法既费钱又费力，只有在不适合用掩埋法处理或处理最危险的传染病禽污物时使用。可用焚烧炉，如无焚烧炉，可以挖掘焚烧坑，进行焚烧处理。

（1）做好处理前准备工作。

（2）挖坑：在地上挖一个宽 75~100 cm，深 75 cm 的焚烧坑，在距坑底 40~50 cm 处加一层铁炉底（炉底孔以不使粪便漏下为度）。

（3）焚烧：坑内放置木材等燃料，炉底上放置欲消毒的粪便。如果粪便太潮湿，可混合一些干草，以利燃烧。

（4）焚烧处理注意事项：

① 注意防止焚烧时的烟尘、恶臭等对周围大气环境的污染。

② 注意安全,防止火灾。

③ 大量焚烧粪便显然是不合适的,只用于消毒患烈性传染病畜禽的粪便。

## 四、化学药品处理法

适用于粪便消毒的化学消毒剂有漂白粉或 10%～20% 漂白粉液、0.5%～1% 的过氧乙酸、5%～10% 硫酸苯酚合剂、20% 石灰乳等。使用时应细心搅拌,使消毒剂浸透混匀。这种方法操作麻烦,且难以达到彻底消毒的目的,故实际工作中也不常用。

 随堂练习

常用的养禽场污物处理技术有哪些? 各有何优缺点?

 知识拓展

### 疫源地消毒的原则

**1. 实施消毒的时间**

疫源地实施消毒的时间越早越好。一般县级动物卫生防疫监督机构在接到快报动物疫情报告后,应在 6～12 h 内实施消毒,其他动物疫病在 12～48 h 内实施消毒。消毒持续时间应根据动物疫病流行情况及病原体监测结果确定。

**2. 实施消毒的范围**

消毒的范围应为可能被传染病动物排出病原体污染的范围或根据疫情监测的结果确定。

**3. 消毒方法的选择**

应根据消毒剂的性能、消毒对象及病原体种类而定。尽量避免破坏消毒对象和造成环境污染。

**4. 疑似及不明原因动物疫病疫源地的消毒处理**

对疑似疫病疫源地按疑似的疫病疫源地进行消毒处理。不明原因的,应根据流行病学特征确定消毒对象和范围,采取严格的消毒方法进行处理。

**5. 疫源地消毒中的杀虫、灭鼠**

疫区内的吸血昆虫、老鼠在疫病传播上具有重要作用,在对疫源地实施消毒的同时,应做好疫源地的杀虫、灭鼠工作。

## 项目测试

一、名词解释

1. 免疫程序：

2. 紧急预防接种：

3. 消毒：

4. 传染源：

5. 垂直传播：

二、填空题

1. 家禽生产中常用的免疫接种途径有 _____、_____、_____、_____、_____、_____、_____、_____等方法。

2. 尸体无害化处理的方法有_____、_____、_____等。

3. 家畜传染病的间接接触传播，通常有 4 个途径，它们是_____、_____、_____和_____。

三、判断题

1. 蚊、蝇等能影响环境卫生，但不会传播疾病。　　　　　　　　　　　　（　　）

2. 为及时消灭刚从传染源排出的病原体而采取的消毒应称为随时消毒。　（　　）

3. 对于已污染的孵坊所孵的雏鹅，为防止小鹅瘟的发生应立即紧急注射小鹅瘟高免血清。

（　　）

4. 某乡镇养殖场发生动物疫情时，该乡镇人民政府可以根据需要自行采取封锁措施。

（　　）

5. 给动物接种疫苗的目的是提高动物的特异性免疫能力。　　　　　　　（　　）

6. 注射器械煮沸消毒时，应将针筒、活芯、针头分开放置。　　　　　　（　　）

7. 一般而言，消毒剂浓度越大，消毒效果越好。　　　　　　　　　　　（　　）

8. 各类疫苗都应在低温避光条件下运输、储存。　　　　　　　　　　　（　　）

9. 某单位发生疫病时，只需要做好本单位的扑灭措施。　　　　　　　　（　　）

10. 增大疫苗剂量和增加接种次数，均可提高免疫效果。　　　　　　　（　　）

四、选择题

1. 发生动物疫情时，当地（　　　　）以上畜牧兽医行政管理部门应立即派人到现场进行疫情调查。

A. 县级　　　　　　　　　B. 乡级　　　　　　　　　C. 省级　　　　　　　　　D. 地市级

2. 防疫工作的方针是(　　　)。

A. 预防为主　　　　　　B. 隔离和封锁　　　　　C. 治疗　　　　　　D. 免疫接种

3. 当发生传染病时,对疫源地进行的消毒称(　　　)。

A. 临时消毒　　　　　　B. 预防消毒　　　　　　C. 终末消毒　　　　D. 全面消毒

4. 隔离是防制传染病的重要措施之一,根据诊断检疫的结果,可以将全部受检家畜分为不同的类型,以便分别对待,以下分类正确的是(　　　)。

A. 病畜和健康家畜　　　　　　　　　　　B. 病畜、可疑感染家畜和健康家畜

C. 病畜和可疑感染家畜　　　　　　　　　D. 病畜、可疑感染家畜和假定健康家畜

5. 紧急接种的范围,通常应为疫区和受威胁区内(　　　)。

A. 已发病动物　　　　　　　　　　　　　B. 尚未发病动物

C. 所有动物　　　　　　　　　　　　　　D. 与发病动物接触的动物

# 项目 10

## 养禽场经营管理

 学习提要

> ■ **知识点**
>
> 1. 养禽场日常管理工作的内容。
>
> 2. 养禽场工作人员的岗位职责。
>
> 3. 家禽生产的成本分析。
>
> 4. 养禽场生产计划的内容及制定方法。
>
> ■ **技能点**
>
> 1. 编制禽群周转计划。
>
> 2. 分析养禽场的经济效益。

## 任务 10.1  养禽场日常管理工作

【课堂学习】

养禽场通常以各种规章制度作为日常管理工作的依据。本节介绍养禽场技术操作规程、工作日程、综合防疫制度、岗位责任制以及劳动定额的制定。

### 一、制定技术操作规程

技术操作规程是养禽场按照科学的管理制定的日常工作技术规范。养禽场各项技术措施和管理都要通过技术操作规程加以执行,同时,它也是检验生产的依据。不同饲养阶段的禽群,按照生产周期制定不同的技术操作规程,通常包括以下主要内容:

① 对饲养管理任务提出具体的生产指标,使饲养人员有明确的目标。

② 指出不同饲养阶段禽群饲养管理要点。

③ 按不同的操作内容分段列条,提出切合实际的要求。

④ 应采用先进的技术和成功的经验。

## 二、制定工作日程

制定工作日程,是指将禽舍每日从早到晚按时划分,规定出每项具体工作内容,使每日的饲养管理工作有规律地按时完成。以笼养蛋鸡为例,制定工作日程如下,供参考。

① 5:30　抽查触摸鸡只嗉囊,以掌握消化情况。

② 6:30　喂料;观察鸡群采食、饮水、粪便情况,检查食槽、饮水器情况,如有异常及时采取相应措施,记录室内温度,清刷水槽,打扫室内外卫生等。

③ 10:00　拣蛋。

④ 11:30　喂料,观察鸡群采食、饮水、粪便情况,检查食槽、饮水器情况。

⑤ 14:00　检查食槽、饮水器情况。

⑥ 15:00　喂料,观察鸡群采食、饮水、粪便情况。

⑦ 16:30　开灯,拣蛋,打扫室内外卫生,做好饲料消耗、产蛋、死亡、淘汰鸡数记录工作。

⑧ 20:00　喂料,抽查触摸鸡只嗉囊,以掌握消化情况。1 h 后关灯。

## 三、制定综合防疫制度

为了保证养禽场安全生产,必须制定严格的综合防疫制度,主要包括以下内容:

**1. 场区卫生防疫制度**

① 养禽场谢绝参观。

② 机动车辆和人员必须经消毒后方可入场。消毒液可用3%烧碱水,每周更换2次。

③ 场区道路两旁植树绿化,设置排水沟,有一定坡度,排水方向从清洁区向污染区。

④ 生活管理区要求卫生整洁,每月消毒2次。

⑤ 非工作人员不得进入生产区,工作人员必须在消毒室洗澡,更换消毒过的衣服和鞋帽方可进入。

⑥ 生产区净、污道分开,工作人员、饲料车走净道,出粪车、淘汰禽、病死禽处理走污道。

⑦ 生产区无杂草、无垃圾,不准堆放杂物,每月用3%烧碱水泼洒场区地面3次。

⑧ 场内禁止饲养其他畜禽和鸟类。不得外购鸡和蛋,所需鸡和蛋由场内供应。

**2. 舍内卫生防疫制度**

① 新建禽舍要求:屋顶、墙壁和地面用消毒液消毒。饮水器、食槽、其他设备清洗、消毒后方可进鸡。

② 旧禽舍要求:首先撤除舍内养禽设备,包括饮水器、料桶、笼子等,彻底清扫地面粪便、羽毛,以及窗台、屋顶每一个角落灰尘,然后用高压水枪由上到下、由内向外冲洗,要求无羽毛、

粪便和灰尘。待禽舍干燥后,再用消毒液从上到下将整个禽舍喷雾消毒一次。撤出的饮水器、料桶、垫网等用消毒液浸泡 30 min;然后用清水冲洗,置阳光下暴晒 2~3 d。进禽前 6~7 d,封闭门窗,控制温度 22~27 ℃,相对湿度 75%~80%,每立方米空间用高锰酸钾 21 g,福尔马林 42 mL 熏蒸消毒 24 h 后,打开门窗通风 2 d。

③ 禽舍门口设置消毒池和消毒盆,消毒液每天更换一次。工作人员进入禽舍前必须洗手、脚踏消毒液。

④ 饲养人员不可互相串舍。用具必须固定在本舍使用,新购工具必须消毒后方可进入。

⑤ 及时拣出死鸡、病鸡、残鸡、弱鸡,作出诊断并采取相应措施。

⑥ 做好灭鼠工作。

⑦ 采取"全进全出"的饲养工艺流程。

⑧ 舍内每周进行带鸡喷雾消毒 2 次,鸡舍工作间每天清扫一次,每周消毒一次。

**3. 种禽场的防疫要求**

① 各级养禽场应建立自己的孵化室。

② 防止粪便污染种蛋,污染的种蛋不应送入孵化室。

③ 所产种蛋要经初选(拣出脏蛋、破蛋、双黄蛋、小型蛋、软壳蛋和畸形蛋等),放入消毒柜,每立方米空间用福尔马林溶液 30 mL,高锰酸钾 15 g,熏蒸消毒 30 min,送入蛋库储存。

④ 种蛋按舍分别储存、孵化、育雏。

## 四、建立岗位责任制

在养禽场的生产管理中,要使每一项生产工作都有人去做,并按期做好,需要建立联产计酬的岗位责任制。现介绍几种办法,供参考。

**1. 完全承包法**

对饲养员停发工资和一切其他收入,每只禽按入舍禽计算上缴蛋量,超过部分全部归己。育成禽、淘汰禽、饲料、禽蛋均按场内价格记账结算,经营销售由场部组织进行。

**2. 超产提成承包法**

饲养员的基本工资固定,确定各项承包指标,承包指标为平均性指标,要经过努力才能超额完成。奖罚的比例以奖多罚少为原则。

**3. 计件工资法**

部分工种可采取此办法。如每加工 1 t 饲料、每鉴别一只母雏,工资报酬是多少。销售人员可以按销售额提成。

**4. 目标责任制**

根据具体工作岗位,制定工作目标,并实施考核。完成目标者拿工资,年终还有奖金,完不成者将按规定处理。

## 五、养禽场的劳动定额

关于养鸡场工作人员的劳动定额,应根据集约化养鸡的机械化水平、管理因素、所有制形式、个人劳动报酬和各地区收入差异、劳动资源等综合因素进行考虑。就目前饲养水平和我国自动化程度,一般可以达到如下定额(表10-1),供参考。

表 10-1　养鸡生产劳动定额

| 工种 | 内容 | 定额 | 条件 |
|------|------|------|------|
| 蛋鸡育雏 | 第一周值班 | 6 000 只/2 人 | 注射疫苗需要帮工 |
| 育成期 | 笼养 | 4 000~6 000 只/人 | 人工饲喂,自动清粪,自动饮水 |
| | 机械化喂养 | 6 000 只/人 | 自动饮水,机械喂料,自动清粪 |
| 产蛋期 | 人工授精 | 3 000 只/人 | 人工拣蛋 |
| | | 2 000 只/人 | 采精授精需要帮工 |

根据此定额,对工作人员工作程序分解测定工作量如下:要求饲养人员到饲料库自己拖料,收蛋后装箱入库。假如饲养 4 000 只蛋鸡,日耗料 500 kg 左右,产蛋 3 500 枚左右(产蛋高峰期),其中拖料 60 min,匀料 45 min,拣蛋 100 min,自动清粪 60 min,刷洗水槽 40 min,其他准备工作 30 min。即一般每天实际工作约 5.5 h 即可完成每日的工作量。各养鸡场应根据自身的生产规模和机械化程度因地制宜地进行测定。最后根据工作效益或经济效益与个人收入挂钩,对饲养人员实行不同形式的个人承包制,最大限度地发挥每个人的生产积极性。

 随堂练习

如何做好养禽场的日常管理工作?

## 任务 10.2　养禽场人员岗位职责

【课堂学习】

养禽场不同岗位工作人员有不同的职责。本节介绍养禽场场长、技术员、饲养员的岗位职责。

## 一、场长的工作职责

（1）负责养禽场全面工作，制定全年生产计划和经济指标，总结全年工作。

（2）主管养禽场财务工作，制定养禽场财务预算，规范财务管理，做到财务公开。

（3）制定场内各项规章制度，负责职工的学习、培训、考核和晋级工作。

（4）负责养禽场内各生产单位之间及养禽场与地方有关部门的协调工作。

（5）深入生产一线，加强调查研究，正确指导全场工作。

（6）及时了解市场信息，以便修订和调整生产计划。

（7）定期检查生产计划和各项管理制度的执行情况。

（8）妥善处理各种突发事件。

## 二、技术员的工作职责

（1）根据本场生产计划，制定饲料供应计划。

（2）对养禽场、禽舍及饲养器具等进行消毒，检查消毒效果。定期更换消毒池内的消毒液。

（3）根据本场实际情况制定防疫计划，按计划实施免疫接种工作，并适时检查免疫效果。认真统计和上报全场防疫统计报表。

（4）与饲养员一起对家禽进行预防性投药，定期进行驱虫。

（5）对病禽进行临床诊断、治疗和护理。

（6）负责引种时的检疫工作。

（7）熟悉发生疫情时的处理办法，密切关注场内外疫情发生情况，及时掌握疫情发生动态，按规定程序上报疫情并做好相关处理工作。

## 三、饲养员的工作职责

（1）遵纪守法，自觉执行场内的各项规章制度。

（2）认真学习家禽饲养基本知识，掌握家禽饲养的基本技能。

（3）认真贯彻各项饲养操作规程，按操作规程做好喂料、喂水、清洁和消毒工作。

（4）认真观察家禽的采食、饮水、粪便、活动和休息情况，发现病禽应及时处理或报告兽医技术人员。

（5）及时检查水槽、食槽等器具，发现问题及时解决。

（6）正确保管和使用饲料，杜绝饲料浪费现象。

（7）填写各项生产记录，并定期分析。

随堂练习

养禽场场长、技术员、饲养员各有哪些工作职责？

## 任务 10.3　家禽生产的成本分析

【课堂学习】

家禽生产成本是衡量家禽生产活动的最重要的经济尺度。本节介绍养禽场成本分析及成本费用的控制方法。

### 一、家禽生产成本的构成

家禽生产成本可以分为生产成本、制造费用和期间费用等部分。

**1. 生产成本**

包括人员工资、直接材料和其他直接支出，养禽场为生产禽产品而发生的间接费用，也计入生产成本。

（1）人员工资：人员工资是指直接从事养禽生产人员的工资、奖金、津贴及补贴等。

（2）直接材料：直接材料是指不同生产阶段的消耗。如在养禽过程中育雏、育成和成禽饲养阶段，自产和外购的混合饲料及各种动植物饲料、矿物质饲料、维生素、氨基酸及抗氧化剂等，孵化生产阶段的种蛋等。

（3）其他直接支出：其他直接支出是指不能列入上述各项而实际已经消耗的直接费用。

**2. 制造费用**

制造费用是指养禽场组织和管理各生产部门车间发生的费用，是间接成本。如各分场（车间）管理人员的工资及福利费、固定资产折旧费、修理费、水电费、燃料动力费、物资消耗、劳动保护费、低值易耗品消费、办公费、差旅费、运输费和其他费用等。

**3. 期间费用**

期间费用是指不能直接归属于某个特定产品生产成本的费用，它包括销售费用、管理费用和财务费用。

（1）销售费用：销售费用是指养禽场销售过程中为销售产品而发生的、应由当期负担的费用。包括包装费、保险费、宣传广告费以及为销售本场产品而专设的销售机构的职工工资、福利费、业务费等费用。

（2）管理费用：管理费用是指行政管理部门为组织和管理生产经营活动而发生的各种费

用。包括公司经费、工会经费、劳动保险费、咨询费、审计费、诉讼费、排污费、绿化费、土地使用费、税金、技术转让费等。

（3）财务费用：财务费用是指养禽场筹集生产经营所需资金而发生的费用。如贷款利息、银行及其他金融机构的手续费等。

## 二、家禽生产成本的控制

影响养禽场利润的直接因素有 3 个：销售量、价格和成本；其中销售量和价格主要决定于养禽场规模和市场行情，而成本会随着养禽场生产和经营管理方式的不同而变化。以下是控制生产成本的几种措施。

### 1. 减少人力资源的损失

节约人力资源，排除人力资源的浪费和损失，才能使养禽场在竞争中处于成本优势地位。要发现和解决过剩人员，防止管理与销售等人员的人事费用的浪费，以目标成果考核职工，从根本上防止养禽场无效工作的增加和人力资源的浪费。

### 2. 减少物资损耗

对生产设计进行成本分析，选择最佳设计方案。通过价值分析寻求最低成本的原材料，降低采购费用和原材料成本。

### 3. 减少管理损失

生产适销对路的产品，加强市场开发工作，减少库存产品的损失；减少产品营销过程中的坏账损失和货款拖欠的损失等。

 随堂练习

1. 养禽场的生产成本费用由哪几部分构成？
2. 如何控制和降低养禽场的成本费用？

## 任务 10.4　养禽场的经济核算方法

【课堂学习】

经济核算是对生产过程中物化劳动和活劳动的消耗进行记载、计算和监督，对经营成果进行考核、对比、分析、评价，提出增收节支的措施。本节介绍养禽场产品核算和资产核算方法及提高养禽场经济效益的途径。

## 一、产品核算

### 1. 产值利润及产值利润率

产值利润是产品产值减去生产成本后的余额。产值利润率是一定时期内总利润与产品产值之比。计算公式为：

$$产值利润率 = \frac{利润总额}{产品产值} \times 100\%$$

### 2. 销售利润及销售利润率

$$销售利润 = 销售收入 - 成本 - 期间费用 - 税金$$

$$销售利润率 = \frac{产品销售利润}{产品销售收入} \times 100\%$$

## 二、资产核算

### 1. 流动资产的核算方法

流动资产是指可在一年内或长于一年的一个营业周期内运用的资产，如饲料费用、兽药费用等。流动资产具有以下特点：第一，占有形态具有变动性；第二，占有数量具有流动性；第三，循环与生产经营周期具有一致性。

（1）货币资产：包括库存现金、银行存款、其他货币资产（银行汇票存款、信用卡存款、在途货币资金等）。

（2）结算资金核算：包括应收票据、应收账款和预付货款等。

（3）存货的核算：包括储备资产、生产中资产和商品资产，以实际成本计算其价值。

（4）短期投资：企业利用正常经营中暂时闲置的资金，购买持有期不超过一年的且可随时变现的有价证券或其他投资。

（5）待摊费用：企业已经发生但应由本期和以后各期负担的分摊期限在一年以上的各项费用，如以经营租赁方式租入的固定资产发生的改良支出等。

$$企业流动资产总值 = 货币资产 + 结算资金 + 存货 + 短期投资 + 待摊费用$$

### 2. 固定资产的核算方法

固定资产是指使用年限超过一年，单件价值在规定标准，并在使用过程中保持原有物质形态的资产。如禽舍、孵化机等。

（1）平均年限法：

$$年折旧额 = \frac{原值 - 残值}{折旧年限} \times 100\%$$

（2）年数总和法：

$$各年折旧率 = \frac{预计使用年限 - 已使用年限}{年序数之和} \times 100\%$$

$$各年折旧额 = (原值 - 残值) \times 各年折旧率$$

## 三、提高养禽场经济效益的途径

经济效益是指产出与投入的差额。提高经济效益可以从以下几个方面考虑。

**1. 尽可能降低生产成本**

养禽成本的最主要部分是饲料成本,约占总成本的 70%。加强内部管理、科学安排生产、充分利用禽舍面积和笼位、减少低值易耗品的损失及正确使用药物等都是降低生产成本的措施。

**2. 增加产出,提高产品质量**

选择高产优良品种,加强饲养管理,充分发挥良种的生产潜力,制定切实可行的生产计划,提高蛋、肉等产品的品质。

**3. 实行生产、加工、销售一体化经营**

家禽及其产品直接推向市场的经济收益较低,进行产品的深加工,产品的产值可能会成倍增长。

**4. 充分调动员工的积极性**

生产中最活跃的因素是人,要协调好人事关系,充分调动每一个人的积极性和主观能动性,加强工作人员的责任感和事业心,坚持多劳多得的分配原则。

**5. 建场投资应适当**

建场投资必须要进行认真的市场调查、市场预测和经济核算,尽可能降低投资额。

**6. 做好疾病防治工作**

从开始建场到正常生产都必须坚持预防为主的工作方针,提高成活率,减少或消除一些致病因素对家禽生产性能的影响。

**7. 树立企业形象,促进销售工作**

产品销售是养禽场的主要工作。加强对买方市场的认识,以产品质量作为企业形象的基础,培育市场,充分利用营销策略促进产品的销售。

## 四、案例分析

某商品蛋鸡场年饲养产蛋鸡 20 000 只,固定资产建设花费 750 000 元,使用年限 10 年,预计残值 30 000 元。根据往年生产记录,育雏期和育成期成活率均为 95%。请计算企业销售利润率。

**（一）计算固定资产折旧额**

（1）平均年限法：年折旧额 $= \dfrac{750\,000 - 30\,000}{10} = 72\,000$（元）

（2）年数总和法：见表 10-2。

表 10-2　年数总和法计算各年折旧率、折旧额表

| 使用年限 | 年折旧率 | 年折旧额/元 |
|---|---|---|
| 1 | 10/55 = 18.2% | （750 000 − 30 000）×18.2% = 131 040 |
| 2 | 9/55 = 16.4% | （750 000 − 30 000）×16.4% = 118 080 |
| 3 | 8/55 = 14.5% | （750 000 − 30 000）×14.5% = 104 400 |
| 4 | 7/55 = 12.7% | （750 000 − 30 000）×12.7% = 91 440 |
| 5 | 6/55 = 10.9% | （750 000 − 30 000）×10.9% = 78 480 |
| 6 | 5/55 = 9.1% | （750 000 − 30 000）×9.1% = 65 520 |
| 7 | 4/55 = 7.3% | （750 000 − 30 000）×7.3% = 52 560 |
| 8 | 3/55 = 5.5% | （750 000 − 30 000）×5.5% = 39 600 |
| 9 | 2/55 = 3.6% | （750 000 − 30 000）×3.6% = 25 920 |
| 10 | 1/55 = 1.8% | （750 000 − 30 000）×1.8% = 12 960 |

注：年序数之和 = 1+2+3+4+5+6+7+8+9+10 = 55。

**（二）计算全年各项生产费用**

见表 10-3。

表 10-3　全年各项生产费用

| 序号 | 项目 | 合计费用/元 |
|---|---|---|
| 1 | 购进 22 000 只初生雏鸡 | 39 600 |
| 2 | 购进 800 000 kg 饲料 | 960 000 |
| 3 | 药品疫苗 | 22 000 |
| 4 | 燃料动力费 | 30 000 |
| 5 | 水电费 | 18 000 |
| 6 | 工人工资 | 80 000 |
| 7 | 固定资产折旧费 | 72 000 |
| 8 | 运输费 | 20 000 |
| 9 | 低值易耗品 | 8 000 |
| 10 | 管理费 | 8 000 |
| 11 | 维修费 | 5 000 |
| 合计 | | 1 262 600 |

**（三）计算单位主产品成本**

上述成本费用是指生产和销售产品时所投入的经济资源。在计算单位主产品成本时还要减联产品、副产品等的收入。育雏期成活率、育成期成活率均为 95%，假设产蛋期死淘率为 5%，淘汰蛋鸡平均体重 1.9 kg，每千克价格 6.40 元，以入舍鸡数计算平均每只鸡年产蛋量 16.06 kg，则单位主产品成本计算如下：

- 联产品（淘汰鸡）数量 = 22 000×95%×95%×95% ≈ 18 862（只）
- 联产品收入 = 18 862×1.9×6.40 = 229 362（元）
- 主产品（鸡蛋）成本 = 成本费用−联产品收入 = 1 262 600−229 362 = 1 033 238（元）
- 主产品数量 = 20 000×16.06 = 321 200（kg）
- 单位主产品成本 = 主产品成本÷主产品数量 = 1 033 238÷321 200 ≈ 3.22（元/kg）

**（四）计算产品产值**

假设鸡蛋市场价平均为 5.00 元/kg，期间费用共计 40 000 元，税率为产品收入的 3%。则：

$$产品产值 = 主产品产值+联产品产值$$

$$= 321\ 200×5.00+18\ 862×1.9×6.40$$

$$= 1\ 835\ 362（元）$$

**（五）计算产值利润率**

$$利润总额 = 产品产值−成本$$

$$= 1\ 835\ 362−1\ 262\ 600$$

$$= 572\ 762（元）$$

$$产值利润率 = \frac{利润总额}{产品产值}×100\%$$

$$= \frac{572\ 762}{1\ 835\ 362}×100\%$$

$$= 31\%$$

**（六）计算销售利润率**

$$销售利润 = 销售收入−成本−期间费用−税金$$

$$= 1\ 835\ 362−1\ 262\ 600−40\ 000−1\ 835\ 362×3\%$$

$$= 477\ 701（元）$$

$$销售利润率 = \frac{产品销售利润}{产品销售收入}×100\%$$

$$= \frac{477\ 701}{1\ 835\ 362}×100\%$$

$$= 26.03\%$$

随堂练习

1. 某养禽场购进一套饲料加工设备原值 100 000 元,估计使用 8 年,尚存残值 5 000 元,试计算各年折旧率和折旧额。

2. 如何提高养禽场的经济效益?

## 任务 10.5　养禽场生产计划的制定

【课堂学习】

生产计划是养禽场全年生产任务的具体安排。制定生产计划要尽量切合实际,以便更好地组织、检查及管理生产。本节介绍制定生产计划的主要依据、禽群周转计划的制定、产品生产计划的制定和饲料供应计划的制定。

### 一、制定生产计划的主要依据

**1. 生产工艺流程**

生产计划必须以生产工艺流程作为依据。

**2. 经济技术指标**

各项经济技术指标是制定计划的重要依据。可参照饲养管理手册上提供的指标并结合本场近年来实际达到的水平,特别是近一两年来正常情况下场内达到的水平制定计划。

**3. 生产条件**

将当前生产条件与过去的条件进行对比,主要在房舍设备、家禽品种、饲料和人员等方面比较,看有否改进或倒退,根据过去的经验,酌情确定新计划增减的幅度。

**4. 创新能力**

采用新技术、新工艺或开源节流、挖掘潜力等可能增产的数量。

### 二、禽群周转计划的制定

禽群周转计划是各项计划的基础。任何一个养禽场首先要制定出禽群周转计划,才能根据禽群周转计划制定引种、产品销售、饲料供应和财务收支等一系列计划。以蛋鸡为例介绍禽群周转计划制定的方法,禽群周转模式见表 10-4。

**表 10-4　鸡群周转模式**

| 项目 | 雏鸡 | 育成鸡 | 蛋鸡 |
|---|---|---|---|
| 饲养阶段日龄 | 1~42 | 43~132 | 133~504 |
| 饲养天数 | 42 | 90 | 372 |
| 空舍天数 | 10 | 14 | 18 |
| 单栋周转天数 | 52 | 104 | 390 |
| 鸡舍栋数 | 1 | 2 | 6 |
| 365 d 养鸡批数 | 7.02 | 7.02 | 5.62 |

鸡的成活率根据企业的目标计划制定,转出数量＝购入数量×成活率,所需饲料量＝每只鸡生长至转群所需的饲料量×平均饲养只数(平均饲养只数为新转入的鸡和上期未转出的鸡的平均),365 d 养鸡批数＝(365/单栋周转天数)×鸡舍栋数,有了这些数据即可计算禽群周转计划。

## 三、产品生产计划的制定

不同经营方向的养禽场其产品也不一样。如肉鸡场的主产品是肉鸡,联产品是淘汰鸡,副产品是鸡粪;蛋鸡场的主产品是鸡蛋,联产品与副产品与肉鸡场相同。

产品生产计划应以主产品为主。如肉鸡以进雏鸡数的育成率和出栏时的体重进行估算,蛋鸡则按每饲养日即每鸡日产蛋克数估算出每日每月产蛋总质量。按饲养日计算每只鸡年产蛋 16.06 kg,按笼位计算每鸡位年产蛋 14.2 kg。有了这些数据就可以计算出每只鸡产蛋个数和产蛋率。

## 四、饲料供应计划的制定

制定养禽场的饲料供应计划首先要详细统计禽的存栏量,了解不同品种和日龄的禽饲料消耗量,然后计算每月和全年饲料需要量。不同品种和日龄的禽,饲料需要量各不相同。如一般蛋用型鸡,0~6 周龄育雏阶段每只平均需全价配合饲料约 1 kg;7~19 周龄育成阶段,每只平均需全价料 7~8 kg;20~72 周龄产蛋阶段每只平均需全价料 40~50 kg。肉用型种鸡,0~22 周龄育雏、育成阶段,每只平均需全价料 10~11 kg;23~64 周龄产蛋阶段,每只需全价料 43~45 kg。注意事项如下:

① 每只每天平均耗料是根据过去禽群实际采食量,或者按家禽饲养标准计量。

② 饲料计划中的数量应比实际采食量多5%左右,因在运输、保存等环节中会有些损耗。

③ 为使生产保持尽可能平稳,在编制的饲料计划中应有适当的储备,特别是一些紧缺饲料,以供调节。

**随堂练习**

1. 制定生产计划的主要依据是什么？
2. 饲料计划制定的注意事项有哪些？

## 【技能训练 10-1】禽群周转计划制定

【目标要求】　通过实习,要求学生掌握编制禽群周转计划的方法。
【材料用具】　计算器,生产数据等。
【方法步骤】
为饲养规模为 2 万只蛋鸡的蛋鸡场编制禽群周转计划及饲料供应计划。
【实习作业】　完成表 10-5、表 10-6、表 10-7。

表 10-5　雏鸡周转计划表（0~42 日龄）

| 月份 | 期初只数 | 购入 | | 转出 | | 成活率 | 平均饲养只数 | 所需饲料/kg |
| --- | --- | --- | --- | --- | --- | --- | --- | --- |
| | | 日期 | 数量 | 日期 | 数量 | | | |
| | | | | | | | | 1× = |
| | | | | | | | | 1× = |
| | | | | | | | | 1× = |
| | | | | | | | | 1× = |
| | | | | | | | | 1× = |
| 合计 | | | | | | | | 1× = |

表 10-6　育成鸡周转计划表（43~132 日龄）

| 月份 | 期初只数 | 转入 | | 转出 | | 成活率 | 平均饲养只数 | 所需饲料/kg |
| --- | --- | --- | --- | --- | --- | --- | --- | --- |
| | | 日期 | 数量 | 日期 | 数量 | | | |
| | | | | | | | | 8× = |
| | | | | | | | | 8× = |
| | | | | | | | | 8× = |
| | | | | | | | | 8× = |
| | | | | | | | | 8× = |
| 合计 | | | | | | | | 8× = |

**表 10-7　蛋鸡周转计划表（133~504 日龄）**

| 月份 | 期初只数 | 转入 | | 死亡数 | 淘汰数 | 存活率 | 总饲养只数 | 平均饲养只数 | 所需饲料/kg | 产蛋量/kg |
| | | 日期 | 数量 | | | | | | | |
|---|---|---|---|---|---|---|---|---|---|---|
| | | | | | | | | | 45× 　= | 16.06× 　= |
| | | | | | | | | | 45× 　= | 16.06× 　= |
| | | | | | | | | | 45× 　= | 16.06× 　= |
| | | | | | | | | | 45× 　= | 16.06× 　= |
| | | | | | | | | | 45× 　= | 16.06× 　= |
| 合计 | | | | | | | | | 45× 　= | 16.06× 　= |

## 项目测试

一、名词解释

1. 成本费用：

2. 经济核算：

3. 固定资产：

4. 销售利润率：

二、填空题

1. 成本费用由_____、_____和_____构成。

2. 影响养禽场利润的直接因素有_____、_____和_____。

3. 期间费用包括_____、_____和_____ 3 部分。

4. 产值利润是产品产值减去_____后的余额。

三、问答题

1. 提高养禽场经济效益的途径有哪些？

2. 旧禽舍使用的卫生防疫方法有哪些？

3. 饲料计划制定的注意事项有哪些？

# 参 考 文 献

史延平,赵月平.家禽生产技术.北京:化学工业出版社,2009.

王庆民,宁中华.家禽孵化与雏禽雌雄鉴别.2版.北京:金盾出版社,2008.

彭秀丽.家禽孵化工培训教材.北京:金盾出版社,2008.

郭庆宏.无公害肉鸡安全生产手册.北京:中国农业出版社,2008.

丁国志.家禽生产技术.北京:中国农业大学出版社,2007.

高玉鹏,胡建宏.无公害蛋鸡安全生产手册.北京:中国农业出版社,2007.

王三立.禽生产.重庆:重庆大学出版社,2007.

马丽娟.特种动物生产.北京:中国农业出版社,2006.

杨宁.家禽生产学.北京:中国农业出版社,2006.

王志跃.养鹅生产大全.南京:江苏科学技术出版社,2005.

徐桂芳,陈宽维.中国家禽地方品种资源图谱.北京:中国农业出版社,2004.

龚道清.工厂化养鹅新技术.北京:中国农业出版社,2004.

王宝维.特禽生产学.北京:中国农业出版社,2004.

靳胜福.畜牧业经济与管理.北京:中国农业出版社,2004.

扶国才.专业户养鸡手册.北京:中国农业出版社,2003.

江苏畜牧兽医职业技术学院.实用养鸡大全.2版.北京:中国农业出版社,2002.

豆卫.禽类生产.北京:中国农业出版社,2001.

陈艳.畜禽及饲料机械与设备.北京:中国农业出版社,2000.

防伪查询说明

用户购书后刮开封底防伪涂层，利用手机微信等软件扫描二维码，会跳转至防伪查询网页，获得所购图书详细信息。也可将防伪二维码下的 20 位密码按从左到右、从上到下的顺序发送短信至106695881280，免费查询所购图书真伪。

反盗版短信举报

编辑短信"JB，图书名称，出版社，购买地点"发送至10669588128

防伪客服电话

（010）58582300

学习卡账号使用说明

一、注册/登录

访问 http://abook.hep.com.cn/sve，点击"注册"，在注册页面输入用户名、密码及常用的邮箱进行注册。已注册的用户直接输入用户名和密码登录即可进入"我的课程"页面。

二、课程绑定

点击"我的课程"页面右上方"绑定课程"，正确输入教材封底防伪标签上的 20 位密码，点击"确定"完成课程绑定。

三、访问课程

在"正在学习"列表中选择已绑定的课程，点击"进入课程"即可浏览或下载与本书配套的课程资源。刚绑定的课程请在"申请学习"列表中选择相应课程并点击"进入课程"。

如有账号问题，请发邮件至：4a_admin_zz@ pub.hep.cn。